21世纪数学规划教材

数学基础课系列

2nd Edition

数学分析新讲

（重排本）（第二册）

Modern Introduction
to Mathematical
Analysis

张筑生 编著

北京大学出版社

PEKING UNIVERSITY PRESS

图书在版编目(CIP)数据

数学分析新讲：重排本.第二册 / 张筑生编著.—2版.—北京：北京大学出版社，2021.8

21世纪数学规划教材.数学基础课系列

ISBN 978-7-301-32337-3

Ⅰ.①数… Ⅱ.①张… Ⅲ.①数学分析-高等学校-教材 Ⅳ.①O17

中国版本图书馆CIP数据核字(2021)第144675号

书 名	数学分析新讲（重排本）（第二册）	
	SHUXUE FENXI XINJIANG（CHONGPAI BEN）（DI-ER CE）	
著作责任者	张筑生 编著	
责 任 编 辑	尹照原 刘 勇	
标 准 书 号	ISBN 978-7-301-32337-3	
出 版 发 行	北京大学出版社	
地 址	北京市海淀区成府路205号 100871	
网 址	http://www.pup.cn 新浪微博：@北京大学出版社	
电 子 信 箱	zpup@pup.cn	
电 话	邮购部 010-62752015 发行部 010-62750672	
	编辑部 010-62752021	
印 刷 者	河北博文科技印务有限公司	
经 销 者	新华书店	
	890毫米×1240毫米 A5 11.125印张 320千字	
	1990年10月第1版	
	2021年8月第2版 2025年5月第5次印刷	
定 价	42.00元	

内 容 提 要

本书的前身是北京大学数学系教学改革实验讲义.改革的基调是：强调启发性,强调数学内在的统一性,重视学生能力的培养.书中不仅讲解数学分析的基本原理,而且还介绍一些重要的应用(包括从开普勒行星运动定律推导万有引力定律).从概念的引入到定理的证明,书中作了煞费苦心的安排,使传统的材料以新的面貌出现.书中还收入了一些有重要理论意义与实际意义的新材料(例如利用微分形式的积分证明布劳威尔不动点定理等).

全书共三册.第一册内容是：一元微积分,初等微分方程及其应用.第二册内容是：一元微积分的进一步讨论,广义积分,多元函数微分学,重积分.第三册内容是：曲线、曲面与微积分,级数与含参变元的积分.

本书可作为高等院校数学学院"数学分析"基础课教材或补充读物,又可作为大、中学教师,科学工作者和工程技术人员案头常备的数学参考书.

本书是一部优秀的"数学分析"课程的教材,书中丰富的例题为读者提供了基础训练的平台.本书配套的练习题及解题指导请读者参考《数学分析解题指南》(林源渠、方企勤编,北京大学出版社,2003).

目 录

第 三 篇

一元微积分的进一步讨论

第八章　利用导数研究函数

§1　柯西中值定理与洛必达法则

本节介绍拉格朗日中值定理的一种推广——柯西中值定理,并运用这种新形式的中值定理推导关于未定型极限的洛必达(L'Hospital)法则.

1. a　柯西中值定理

我们知道,拉格朗日中值定理的几何意义是:在显式表示的可微曲线段上,至少存在一点,该点的切线平行于联结这曲线段两端的弦. 如果考察参数表示的可微曲线段

$$x = \varphi(t), \quad y = \psi(t), \quad \alpha \leqslant t \leqslant \beta,$$

那么从几何直观上可以判断,在这曲线段上也至少存在一点(相应于介于 α 和 β 之间的一个参数值 τ),该点的切线平行于联结这曲线段两端的弦,即

$$\frac{\psi'(\tau)}{\varphi'(\tau)} = \frac{\psi(\beta) - \psi(\alpha)}{\varphi(\beta) - \varphi(\alpha)}.$$

这一结果就是著名的柯西中值定理.

定理(柯西中值定理)　设函数 $f(x)$ 和 $g(x)$ 在 $[a,b]$ 上连续,在 (a,b) 上可导,并且满足条件

$$g'(x) \neq 0, \quad \forall x \in (a,b), \tag{1.1}$$

则存在 $\xi \in (a,b)$ 使得

$$\frac{f(b) - f(a)}{g(b) - g(a)} = \frac{f'(\xi)}{g'(\xi)}.$$

证明　由条件(1.1)可知

$$g(b) - g(a) = g'(c)(b-a) \neq 0,$$

因而商式

$$\frac{f(b)-f(a)}{g(b)-g(a)}$$

有意义. 我们来考察辅助函数

$$F(x)=f(x)-f(a)-\frac{f(b)-f(a)}{g(b)-g(a)}(g(x)-g(a)).$$

容易验证: F 在 $[a,b]$ 上连续, 在 (a,b) 上可导, 并且

$$F(a)=F(b)=0.$$

于是, 根据罗尔定理, 存在 $\xi\in(a,b)$, 使得

$$F'(\xi)=0.$$

由此得到

$$\frac{f(b)-f(a)}{g(b)-g(a)}=\frac{f'(\xi)}{g'(\xi)}. \qquad \square$$

1. b 未定式

如果已经知道

$$\lim_{x\to a}f(x)=A,\ \lim_{x\to a}g(x)=B,\quad a,A,B\in\overline{\mathbb{R}},$$

那么除去某些例外情形, 我们可以利用下面的运算法则去求和、差、积、商及幂-指数式的极限 (假定在 $\overset{\circ}{U}(a)$ 之中函数的运算有意义):

(1) $\displaystyle\lim_{x\to a}(f(x)+g(x))=A+B$;

(2) $\displaystyle\lim_{x\to a}(f(x)-g(x))=A-B$;

(3) $\displaystyle\lim_{x\to a}(f(x)g(x))=AB$;

(4) $\displaystyle\lim_{x\to a}\frac{f(x)}{g(x)}=\frac{A}{B}$;

(5) $\displaystyle\lim_{x\to a}(f(x))^{g(x)}=\lim_{x\to a}e^{g(x)\ln f(x)}=e^{B\ln A}=A^{B}$.

对于以上各条, 所说的例外情形分别是:

(i) 在 (1) 中 A 与 B 为异号无穷大;

(ii) 在 (2) 中 A 与 B 为同号无穷大;

(iii) 在 (3) 中 A 与 B 之一为 0, 另一为无穷大;

(iv) 在 (4) 中 A 与 B 同时为 0 或者 A 与 B 同时为无穷大;

(v) 在 (5) 中 $A=1,B=\infty$, 或者 $A=0,B=0$, 或者 $A=\infty$,

$B=0$.

这些例外情形所涉及的极限类型统称为未定型. 类型(i)或(ii)被称为 $\infty-\infty$ 未定型. 类型(iii)被称为 $0 \cdot \infty$ 未定型. (iv)中的两种极限类型分别被称为 $\dfrac{0}{0}$ 未定型与 $\dfrac{\infty}{\infty}$ 未定型. (v)中的三种类型分别被称为 1^{∞} 未定型,0^{0} 未定型与 ∞^{0} 未定型.

未定型的极限式被称为未定式. 对于未定式,上面列举的运算法则(1)~(5)失去效用,必须另寻解决问题的途径. 下面将要介绍的洛必达法则,在一定的条件下,提供了确定未定型极限的有效办法——通常称为未定式的定值法.

1. c 洛必达法则

下面的定理 1 和定理 2 都称为**洛必达法则**. 为了叙述方便,我们以 $\check{U}(a)$ 表示 a 的某个去心邻域,它可以是以下几种情形之一:

$$a\in\mathbb{R}, \check{U}(a)=(a-\eta,a+\eta);$$
$$a=+\infty, \check{U}(a)=(H,+\infty);$$
$$a=-\infty, \check{U}(a)=(-\infty,-H);$$
$$a=\infty, \check{U}(a)=(-\infty,-H)\bigcup(H,+\infty).$$

定理 1 设 $a\in\overline{\mathbb{R}}$ 或 $a=\infty$;$l\in\overline{\mathbb{R}}$ 或 $l=\infty$. 如果函数 f 和 g 在 a 点的去心邻域 $\check{U}(a)$ 上可导,$g'(x)\neq0$,$\forall x\in\check{U}(a)$,并且满足:

(1) $\lim\limits_{x\to a}f(x)=\lim\limits_{x\to a}g(x)=0$;

(2) $\lim\limits_{x\to a}\dfrac{f'(x)}{g'(x)}=l$,

则有

$$\lim_{x\to a}\frac{f(x)}{g(x)}=l.$$

定理 2 设 $a\in\overline{\mathbb{R}}$ 或 $a=\infty$;$l\in\overline{\mathbb{R}}$ 或 $l=\infty$. 如果函数 f 和 g 在 a 点的去心邻域 $\check{U}(a)$ 上可导,$g'(x)\neq0$,$\forall x\in\check{U}(a)$,并且满足:

$(1)'$ $\lim\limits_{x\to a}g(x)=\infty$;

(2) $\lim\limits_{x \to a} \dfrac{f'(x)}{g'(x)} = l$,

则有

$$\lim_{x \to a} \frac{f(x)}{g(x)} = l.$$

在证明上面两个定理之前,我们先对问题做一番分析,尽可能地减少所必须考虑的情形.

首先,在两定理的证明中,只需就 $l = 0$ 或 l 为无穷大 $(+\infty,$ $-\infty, \infty)$ 这些情形加以讨论就可以了. 事实上,对于 $l \in \mathbb{R}$ 的其他情形,只要用 $\tilde{f}(x) = f(x) - lg(x)$ 来代替 $f(x)$,就可以化为 $\tilde{l} = 0$ 的情形:

$$\lim_{x \to a} \frac{\tilde{f}'(x)}{g'(x)} = \lim_{x \to a} \left(\frac{f'(x)}{g'(x)} - l \right) = 0.$$

如果对这情形证明了

$$\lim_{x \to a} \frac{\tilde{f}(x)}{g(x)} = 0,$$

那么立即就得到

$$\lim_{x \to a} \frac{f(x)}{g(x)} = \lim_{x \to a} \left(\frac{\tilde{f}(x)}{g(x)} + l \right) = l.$$

其次,为了证明

$$\lim_{x \to a} \frac{f(x)}{g(x)} = l,$$

只需证明

$$\lim_{x \to a-} \frac{f(x)}{g(x)} = \lim_{x \to a+} \frac{f(x)}{g(x)} = l;$$

同样,为了证明

$$\lim_{x \to \infty} \frac{f(x)}{g(x)} = l,$$

只需证明

$$\lim_{x \to +\infty} \frac{f(x)}{g(x)} = \lim_{x \to -\infty} \frac{f(x)}{g(x)} = l.$$

于是,在两定理的证明中,只需考虑以下四种极限过程:

$$x \to a-, \quad x \to a+ \quad (a \in \mathbb{R})$$

及

$$x \to -\infty, \quad x \to +\infty.$$

对这四种极限过程,定理的证明是完全类似的. 我们将只对 $x \to +\infty$ 的情形详细写出证明,并将在注记中简要地叙述其他三种情形下证明应做的改变.

在正式开始证明之前,再说几句话介绍将要采取的办法(就极限过程 $x \to +\infty$ 而言). 对于 $(\Delta, +\infty)$ 中的任意两个不同的点 x 和 y 用柯西中值定理可得

$$\frac{f(x) - f(y)}{g(x) - g(y)} = \frac{f'(\xi)}{g'(\xi)}.$$

这式子的左边可以改写成

$$\frac{f(x) - f(y)}{g(x) - g(y)} = \frac{\dfrac{f(x)}{g(x)} - \dfrac{f(y)}{g(x)}}{1 - \dfrac{g(y)}{g(x)}}.$$

于是我们得到

$$\frac{f(x)}{g(x)} = \left(1 - \frac{g(y)}{g(x)}\right) \frac{f'(\xi)}{g'(\xi)} + \frac{f(y)}{g(x)}, \quad (1.2)$$

这里 ξ 介于 x 和 y 之间. 我们将利用这一式子来考察 $\dfrac{f(x)}{g(x)}$ 的极限状况.

定理 1 的证明　考虑这样的情形

$$\lim_{x \to +\infty} \frac{f'(x)}{g'(x)} = l = 0 \quad (\infty, -\infty, +\infty).$$

我们来证明

$$\lim_{x \to +\infty} \frac{f(x)}{g(x)} = 0 \quad (\infty, -\infty, +\infty).$$

根据所设条件,对于任意的 $\varepsilon > 0 (E > 0)$,存在 $\Delta > 0$,使得 $z \in (\Delta, +\infty)$ 时

$$\left|\frac{f'(z)}{g'(z)}\right| < \frac{\varepsilon}{3}.$$

（对 $l=\infty$ 的情形：

$$\left|\frac{f'(z)}{g'(z)}\right| > 2E+1;$$

对 $l=+\infty$ 的情形：

$$\frac{f'(z)}{g'(z)} > 2E+1;$$

对 $l=-\infty$ 的情形：

$$\frac{f'(z)}{g'(z)} < -2E-1).$$

对任意取定的 $x\in(\Delta,+\infty)$，因为

$$\lim_{y\to+\infty}\frac{g(y)}{g(x)} = \lim_{y\to+\infty}\frac{f(y)}{g(x)} = 0,$$

所以可取 $y\in(x,+\infty)$ 充分大，以使得

$$\frac{1}{2} < 1-\frac{g(y)}{g(x)} < \frac{3}{2},$$

$$\left|\frac{f(y)}{g(x)}\right| < \frac{\varepsilon}{2} \quad \left(<\frac{1}{2}\right).$$

于是从 (1.2) 式可得

$$\left|\frac{f(x)}{g(x)}\right| \leqslant \left(1-\frac{g(y)}{g(x)}\right)\left|\frac{f'(\xi)}{g'(\xi)}\right| + \left|\frac{f(y)}{g(x)}\right|$$

$$\leqslant \frac{3}{2}\cdot\frac{\varepsilon}{3} + \frac{\varepsilon}{2} = \varepsilon.$$

（对 $l=\infty$ 的情形：

$$\left|\frac{f(x)}{g(x)}\right| \geqslant \left(1-\frac{g(y)}{g(x)}\right)\left|\frac{f'(\xi)}{g'(\xi)}\right| - \left|\frac{f(y)}{g(x)}\right|$$

$$\geqslant \frac{1}{2}(2E+1) - \frac{1}{2} = E;$$

对于 $l=+\infty$ 的情形：

$$\frac{f(x)}{g(x)} \geqslant \left(1-\frac{g(y)}{g(x)}\right)\frac{f'(\xi)}{g'(\xi)} - \left|\frac{f(y)}{g(x)}\right|$$

$$\geqslant \frac{1}{2}(2E+1) - \frac{1}{2} = E;$$

对于 $l = -\infty$ 的情形：

$$\frac{f(x)}{g(x)} \leqslant \left(1 - \frac{g(y)}{g(x)}\right)\frac{f'(\xi)}{g'(\xi)} + \left|\frac{f(y)}{g(x)}\right|$$

$$\leqslant \frac{1}{2}(-2E-1) + \frac{1}{2} = -E.$$

这就完成了所述情形下定理 1 的证明. $\quad\square$

注记 对于 $x \to a-$，$x \to a+$，或者 $x \to -\infty$ 的情形，上述定理 1 的证明所需要做的改变主要是：把 $x \in (\Delta, +\infty)$ 换成 $x \in (a-\delta, a)$，$x \in (a, a+\delta)$，或者 $x \in (-\infty, -\Delta)$；把 $y \in (x, +\infty)$ 换成 $y \in (x, a)$，$y \in (a, x)$，或者 $y \in (-\infty, x)$.

定理 2 的证明 与定理 1 的证明十分类似，我们可以简要地予以说明. 首先取 Δ 充分大，使得 $z \in (\Delta, +\infty)$ 时有

$$\left|\frac{f'(z)}{g'(z)}\right| < \frac{\varepsilon}{3}$$

（或对 $l = \infty, +\infty, -\infty$ 情形的相应不等式）. 对任意取定的 $y \in (\Delta, +\infty)$，因为

$$\lim_{x \to +\infty} \frac{g(y)}{g(x)} = \lim_{x \to +\infty} \frac{f(y)}{g(x)} = 0,$$

所以可取 $x \in (y, +\infty)$ 充分大，使得

$$\frac{1}{2} < 1 - \frac{g(y)}{g(x)} < \frac{3}{2},$$

$$\left|\frac{f(y)}{g(x)}\right| < \frac{\varepsilon}{2} \quad \left(< \frac{1}{2}\right).$$

于是，利用(1.2)式就可得到

$$\left|\frac{f(x)}{g(x)}\right| \leqslant \left(1 - \frac{g(y)}{g(x)}\right)\left|\frac{f'(\xi)}{g'(\xi)}\right| + \left|\frac{f(y)}{g(x)}\right|$$

$$\leqslant \frac{3}{2} \cdot \frac{\varepsilon}{3} + \frac{\varepsilon}{2} = \varepsilon$$

（或对 $l = \infty, +\infty, -\infty$ 情形的相应估计）. 这样，我们就证明了定理 2. $\quad\square$

为了求某些未定式的极限,有时需要接连几次运用洛必达法则.例如,设 $\lim\limits_{x\to a}\dfrac{f(x)}{g(x)}$ 是 $\dfrac{0}{0}$ 或 $\dfrac{\infty}{\infty}$ 型未定式.为了确定它的值,我们需要求 $\lim\limits_{x\to a}\dfrac{f'(x)}{g'(x)}$ 的极限.如果这仍是未定式,我们又需要求 $\lim\limits_{x\to a}\dfrac{f''(x)}{g''(x)}$ 的极限.这样继续下去,直至求得某个极限 $\lim\limits_{x\to a}\dfrac{f^{(k)}(x)}{g^{(k)}(x)}$.我们把这过程写成一串等式

$$\lim_{x\to a}\frac{f(x)}{g(x)}=\lim_{x\to a}\frac{f'(x)}{g'(x)}=\cdots=\lim_{x\to a}\frac{f^{(k)}(x)}{g^{(k)}(x)}.$$

计算过程中应注意随时约分化简或者分离出容易求极限的因式,以免越算越复杂.若化简后已不再是未定式了,就可按通常的办法求极限.

例 1 求极限 $\lim\limits_{x\to 0}\dfrac{x-\sin x}{x^3}$.

解 $\lim\limits_{x\to 0}\dfrac{x-\sin x}{x^3}=\lim\limits_{x\to 0}\dfrac{1-\cos x}{3x^2}=\lim\limits_{x\to 0}\dfrac{\sin x}{6x}=\lim\limits_{x\to 0}\dfrac{\cos x}{6}=\dfrac{1}{6}$.

例 2 求极限 $\lim\limits_{x\to +\infty}\dfrac{x^k}{e^x}$, $k\in\mathbb{N}$[①].

解 $\lim\limits_{x\to +\infty}\dfrac{x^k}{e^x}=\lim\limits_{x\to +\infty}\dfrac{kx^{k-1}}{e^x}=\cdots=\lim\limits_{x\to +\infty}\dfrac{k!}{e^x}=0$.

例 3 求极限 $\lim\limits_{x\to +\infty}\dfrac{\ln x}{x^\alpha}$ $(\alpha>0)$.

解 $\lim\limits_{x\to +\infty}\dfrac{\ln x}{x^\alpha}=\lim\limits_{x\to +\infty}\dfrac{\dfrac{1}{x}}{\alpha x^{\alpha-1}}=\lim\limits_{x\to +\infty}\dfrac{1}{\alpha x^\alpha}=0$.

例 4 设 $f(x)$ 在 a 点有二阶导数 $f''(a)$,试证

$$\lim_{h\to 0}\frac{f(a+h)+f(a-h)-2f(a)}{h^2}=f''(a).$$

证明 根据假定,f 在 a 点有二阶导数,因而在 a 点邻近应该具有一阶导数.按照洛必达法则有

————————

① 在本书中,全体自然数的集合 $\mathbb{N}$ 不包含 0.

$$\lim_{h \to 0} \frac{f(a+h) + f(a-h) - 2f(a)}{h^2}$$

$$= \lim_{h \to 0} \frac{f'(a+h) - f'(a-h)}{2h}$$

$$= \frac{1}{2} \lim_{h \to 0} \left[\frac{f'(a+h) - f'(a)}{h} + \frac{f'(a-h) - f'(a)}{-h} \right]$$

$$= \frac{1}{2} [f''(a) + f''(a)] = f''(a).$$

例 5 考察分段表示的函数

$$f(x) = \begin{cases} e^{-\frac{1}{x}}, & \text{如果 } x > 0, \\ 0, & \text{如果 } x \leqslant 0. \end{cases}$$

试证 f 在 $\mathbb{R}$ 上可导任意多次.

证明 显然函数 f 在 $x \neq 0$ 处可导任意多次. 只需考察这函数在 $x = 0$ 处的可导性. 首先注意到

$$\lim_{x \to 0+} \frac{f(x) - f(0)}{x} = \lim_{x \to 0+} \frac{e^{-\frac{1}{x}}}{x}$$

$$= \lim_{x \to 0+} \frac{\dfrac{1}{x}}{e^{\frac{1}{x}}} = \lim_{t \to +\infty} \frac{t}{e^t} = 0,$$

$$\lim_{x \to 0-} \frac{f(x) - f(0)}{x} = 0.$$

因此

$$f'(0) = 0.$$

我们求得

$$f'(x) = \begin{cases} \dfrac{1}{x^2} e^{-\frac{1}{x}}, & \text{如果 } x > 0, \\ 0, & \text{如果 } x \leqslant 0. \end{cases}$$

假设

$$f^{(k)}(x) = \begin{cases} P_{2k}\left(\dfrac{1}{x}\right) e^{-\frac{1}{x}}, & \text{如果 } x > 0, \\ 0, & \text{如果 } x \leqslant 0 \end{cases}$$

(这里 $P_{2k}(u)$ 是变元 u 的 $2k$ 次多项式). 于是, 对于 $x > 0$ 有

$$f^{(k+1)}(x) = \left[P_{2k}\left(\frac{1}{x}\right) - P'_{2k}\left(\frac{1}{x}\right) \right] \frac{1}{x^2} \mathrm{e}^{-\frac{1}{x}}$$

$$= P_{2(k+1)}\left(\frac{1}{x}\right) \mathrm{e}^{-\frac{1}{x}}.$$

我们来考察 f 在 $x=0$ 处的 $k+1$ 阶导数. 利用洛必达法则可以求得

$$\lim_{x \to 0+} \frac{f^{(k)}(x) - f^{(k)}(0)}{x} = \lim_{x \to 0+} \frac{f^{(k+1)}(x)}{1}$$

$$= \lim_{x \to 0+} \frac{P_{2(k+1)}\left(\frac{1}{x}\right)}{\mathrm{e}^{\frac{1}{x}}} = 0.$$

另外显然有

$$\lim_{x \to 0-} \frac{f^{(k)}(x) - f^{(k)}(0)}{x} = 0.$$

这样,我们证明了

$$f^{(k+1)}(0) = 0.$$

根据归纳原理,我们已经证明了:函数 f 在 $\mathbb{R}$ 上可导任意多次,并且

$$f^{(n)}(x) = \begin{cases} P_{2n}\left(\dfrac{1}{x}\right) \mathrm{e}^{-\frac{1}{x}}, & \text{如果 } x > 0, \\ 0, & \text{如果 } x \leqslant 0. \end{cases}$$

注记 设 f 是例 5 中所定义的函数,我们来考察函数

$$\varphi(x) = f(1 - x^2) = \begin{cases} \mathrm{e}^{-\frac{1}{1-x^2}}, & \text{如果 } |x| < 1, \\ 0, & \text{如果 } |x| \geqslant 1. \end{cases}$$

由例 5 可知,这函数也在 $\mathbb{R}$ 上可导任意多次. 函数 φ 的图形中段隆起($|x| < 1$ 时 $\varphi(x) > 0$),两侧水平展开($|x| \geqslant 1$ 时 $\varphi(x) = 0$). 人们把这样的函数叫作钟形函数或隆起函数(bump function). 像这样的无穷次可微函数在数学的许多分支中都有重要应用. 针对不同的具体情形,还可构造满足特定要求的钟形函数. 例如,我们可以构造一个无穷次可微函数 ψ,要求它满足这样一些条件(请参看图 8-1):

$$0 \leqslant \psi(x) \leqslant 1, \quad \forall x \in \mathbb{R},$$
$$\psi(x) = 1, \quad \text{如果 } |x| < 1,$$
$$\psi(x) = 0, \quad \text{如果 } |x| \geqslant 2.$$

读者容易验证,由下式定义的函数 ψ 就满足我们的要求:

$$\psi(x) = \frac{f(4 - x^2)}{f(4 - x^2) + f(x^2 - 1)}.$$

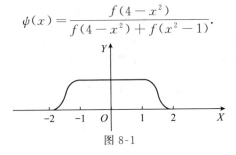

图 8-1

1. d 其他类型未定式的定值法

其他类型的未定式,一般都能转化为 $\dfrac{0}{0}$ 型未定式或者 $\dfrac{\infty}{\infty}$ 型未定式,因而在一定的条件下也能利用洛必达法则来定值.

$0 \cdot \infty$ 型未定式 设 $\lim\limits_{x \to a} f(x) = 0$,$\lim\limits_{x \to a} g(x) = \infty$,则极限式 $\lim\limits_{x \to a} f(x) g(x)$ 是 $0 \cdot \infty$ 型未定式. 我们可以把它写成

$$\lim_{x \to a} f(x) g(x) = \lim_{x \to a} \frac{f(x)}{\dfrac{1}{g(x)}},$$

这就化成了 $\dfrac{0}{0}$ 型未定式.

$\infty - \infty$ 型未定式 设 $\lim\limits_{x \to a} f(x)$ 与 $\lim\limits_{x \to a} g(x)$ 是同号的无穷大,则极限式 $\lim\limits_{x \to a} (f(x) - g(x))$ 是 $\infty - \infty$ 型未定式. 我们可以把它写成

$$\lim_{x \to a} \left(\frac{1}{\dfrac{1}{f(x)}} - \frac{1}{\dfrac{1}{g(x)}} \right) = \lim_{x \to a} \frac{\dfrac{1}{g(x)} - \dfrac{1}{f(x)}}{\dfrac{1}{f(x) g(x)}},$$

这也化成了 $\dfrac{0}{0}$ 型未定式.

$1^{\infty}, 0^0$ 和 ∞^0 型未定式 设 $\lim\limits_{x \to a} f(x) = 1$,$\lim\limits_{x \to a} g(x) = \infty$,则极限式 $\lim\limits_{x \to a} [f(x)]^{g(x)}$ 是 1^{∞} 型未定式. 我们可以把它写成

$$\lim_{x\to a} e^{g(x)\ln f(x)} = e^{\lim_{x\to a} g(x)\ln f(x)}$$

于是,问题归结为求 $0 \cdot \infty$ 型未定式的极限:

$$\lim_{x\to a} g(x)\ln f(x).$$

对于 0^0 和 ∞^0 型未定式,也可做类似的讨论.

请注意,为了把其他形式的未定式转化成 $\dfrac{0}{0}$ 或 $\dfrac{\infty}{\infty}$ 型未定式,需要根据实际情况灵活地进行变换. 如果死套上面所说的一般程序,有时会弄得十分烦琐.

例 6 求极限 $\lim\limits_{x\to 0}\left(\dfrac{1}{x^2} - \cot^2 x\right).$

解 这是一个 $\infty - \infty$ 型未定式,它容易转化成 $\dfrac{0}{0}$ 型未定式:

$$\lim_{x\to 0}\left(\frac{1}{x^2} - \cot^2 x\right) = \lim_{x\to 0}\frac{\sin^2 x - x^2\cos^2 x}{x^2\sin^2 x}$$

$$= \lim_{x\to 0}\frac{\sin x + x\cos x}{\sin x} \cdot \frac{\sin x - x\cos x}{x^2\sin x}$$

$$= \lim_{x\to 0}\left(1 + \frac{x}{\sin x}\cos x\right)\left(\frac{\sin x - x\cos x}{x^2\sin x}\right).$$

前一因式的极限为

$$\lim_{x\to 0}\left(1 + \frac{x}{\sin x}\cos x\right) = 2.$$

为求得后一因式的极限,我们用洛必达法则:

$$\lim_{x\to 0}\frac{\sin x - x\cos x}{x^2\sin x} = \lim_{x\to 0}\frac{x\sin x}{2x\sin x + x^2\cos x}$$

$$= \lim_{x\to 0}\frac{\sin x}{2\sin x + x\cos x} = \lim_{x\to 0}\frac{\cos x}{3\cos x - x\sin x} = \frac{1}{3}.$$

于是,所求的极限为

$$\lim_{x\to 0}\left(\frac{1}{x^2} - \cot^2 x\right) = \frac{2}{3}.$$

例 7 我们把

$$M_t(x) = \left(\frac{x_1^t + x_2^t + \cdots + x_n^t}{n}\right)^{\frac{1}{t}}$$

称为 n 个正数 $x_1, x_2, \cdots, x_n$ 的 t 次方平均数,并记

$$G(x) = \sqrt[n]{x_1 x_2 \cdots x_n},$$
$$M = \max\{x_1, x_2, \cdots, x_n\},$$
$$m = \min\{x_1, x_2, \cdots, x_n\}.$$

试证

(1) $\lim\limits_{t \to 0} M_t(x) = G(x)$;

(2) $\lim\limits_{t \to +\infty} M_t(x) = M$;

(3) $\lim\limits_{t \to -\infty} M_t(x) = m$.

证明　(1) 中的极限是 1^∞ 型的. 通过取对数就可以把它转化成 $\dfrac{0}{0}$ 型:

$$\ln M_t(x) = \frac{\ln(x_1^t + x_2^t + \cdots + x_n^t) - \ln n}{t}.$$

利用洛必达法则,我们求得

$$\lim_{t \to 0} \ln M_t(x) = \lim_{t \to 0} \frac{\ln(x_1^t + \cdots + x_n^t) - \ln n}{t}$$
$$= \lim_{t \to 0} \frac{x_1^t \ln x_1 + \cdots + x_n^t \ln x_n}{x_1^t + \cdots + x_n^t}$$
$$= \frac{\ln(x_1 x_2 \cdots x_n)}{n} = \ln G(x),$$
$$\lim_{t \to 0} M_t(x) = \lim_{t \to 0} e^{\ln M_t(x)} = e^{\ln G(x)} = G(x);$$

(2) 不妨设

$$x_1 \leqslant \cdots \leqslant x_k < x_{k+1} = \cdots = x_n = M,$$

于是

$$\lim_{t \to +\infty} \ln M_t(x) = \lim_{t \to +\infty} \frac{\ln(x_1^t + \cdots + x_n^t) - \ln n}{t}$$
$$= \lim_{t \to +\infty} \frac{x_1^t \ln x_1 + \cdots + x_n^t \ln x_n}{x_1^t + \cdots + x_n^t}$$
$$= \lim_{t \to +\infty} \frac{\left(\dfrac{x_1}{x_n}\right)^t \ln x_1 + \cdots + \left(\dfrac{x_n}{x_n}\right)^t \ln x_n}{\left(\dfrac{x_1}{x_n}\right)^t + \cdots + \left(\dfrac{x_n}{x_n}\right)^t}$$

$$= \frac{(n-k)\ln M}{n-k} = \ln M,$$

$$\lim_{t \to +\infty} M_t(x) = M.$$

（3）不妨设

$$m = x_1 = \cdots = x_h < x_{h+1} \leqslant \cdots \leqslant x_n,$$

于是

$$\lim_{t \to -\infty} \ln M_t(x) = \lim_{t \to -\infty} \frac{\ln(x_1^t + \cdots + x_n^t) - \ln n}{t}$$

$$= \lim_{t \to -\infty} \frac{x_1^t \ln x_1 + \cdots + x_n^t \ln x_n}{x_1^t + \cdots + x_n^t}$$

$$= \lim_{t \to -\infty} \frac{\left(\frac{x_1}{x_1}\right)^t \ln x_1 + \cdots + \left(\frac{x_n}{x_1}\right)^t \ln x_n}{\left(\frac{x_1}{x_1}\right)^t + \cdots + \left(\frac{x_n}{x_1}\right)^t}$$

$$= \frac{h \ln m}{h} = \ln m,$$

$$\lim_{t \to -\infty} M_t(x) = m. \qquad \square$$

§2　泰勒(Taylor)公式

在第四章 §3 内,我们已经考察了无穷小增量公式与有限增量公式. 这些公式借助于线性式(即一次多项式)研究可导函数. 在这一节里,我们推广上述公式,用 n 次多项式来研究可导 n 次的函数.

2. a　带小 o 余项的泰勒公式

带小 o 余项的泰勒公式是无穷小增量公式的推广. 设函数 f 在 $U(a,\eta)$ 有定义,在 a 点可导,则据无穷小增量公式,存在一次多项式

$$A_0 + A_1(x-a)$$

$$(A_0 = f(a), \quad A_1 = f'(a))$$

使得

$$f(x) = A_0 + A_1(x-a) + o(x-a).$$

我们提出这样的问题:如果 f 在 a 点 n 次可导,那么能否有 n 次多项式

$$P(x) = A_0 + A_1(x-a) + \cdots + A_n(x-a)^n$$

使得

$$f(x) = P(x) + o((x-a)^n)? \tag{2.1}$$

我们还问道:这样的 n 次多项式 $P(x)$ 究竟能有多少个?

后一问题的解答比较简单. 假设

$$P(x) = A_0 + A_1(x-a) + \cdots + A_n(x-a)^n$$

和

$$Q(x) = B_0 + B_1(x-a) + \cdots + B_n(x-a)^n$$

分别使得

$$f(x) = P(x) + o((x-a)^n)$$

和

$$f(x) = Q(x) + o((x-a)^n),$$

那么

$$P(x) = Q(x) + o((x-a)^n),$$

即

$$A_0 + A_1(x-a) + \cdots + A_n(x-a)^n$$
$$= B_0 + B_1(x-a) + \cdots$$
$$+ B_n(x-a)^n + o((x-a)^n). \tag{2.2}$$

在这式中让 $x \to a$ 即得到

$$A_0 = B_0.$$

从(2.2)式两边消去相等的项 $A_0 = B_0$,再除以 $x-a$,我们得到

$$A_1 + A_2(x-a) + \cdots + A_n(x-a)^{n-1}$$
$$= B_1 + B_2(x-a) + \cdots$$
$$+ B_n(x-a)^{n-1} + o((x-a)^{n-1}).$$

再让 $x \to a$,又可得到

$$A_1 = B_1.$$

继续这样的手续,最后得到

$$A_i = B_i, \quad i = 0,1,\cdots,n.$$

我们证明了:满足(2.1)式的 n 次多项式

$$P(x) = A_0 + A_1(x-a) + \cdots + A_n(x-a)^n$$

如果存在就必定是唯一的.

下面再来探讨这样的多项式 $P(x)$ 的存在性问题. 为此, 先证明两个引理.

引理 1 设 $\varphi(x)$ 在 $U(a,\eta)$ 有定义, 并且在 a 点有 n 阶导数. 如果

$$\varphi(a) = \varphi'(a) = \cdots = \varphi^{(n)}(a) = 0,$$

那么

$$\varphi(x) = o((x-a)^n).$$

证明 因为 $\varphi(x)$ 在 a 点有 n 阶导数, 所以它在 a 点邻近有直到 $n-1$ 阶的导数. 我们可以用洛必达法则求以下极限:

$$\begin{aligned}
\lim_{x \to a} \frac{\varphi(x)}{(x-a)^n} &= \lim_{x \to a} \frac{\varphi'(x)}{n(x-a)^{n-1}} \\
&= \lim_{x \to a} \frac{\varphi''(x)}{n(n-1)(x-a)^{n-2}} \\
&= \cdots = \lim_{x \to a} \frac{\varphi^{(n-1)}(x)}{n(n-1)\cdots 2(x-a)} \\
&= \lim_{x \to a} \frac{1}{n!} \frac{\varphi^{(n-1)}(x) - \varphi^{(n-1)}(a)}{x-a} \\
&= \frac{1}{n!} \varphi^{(n)}(a) = 0.
\end{aligned}$$

这证明了

$$\varphi(x) = o((x-a)^n). \qquad \square$$

引理 2 设函数 $f(x)$ 和 $g(x)$ 在 $U(a,\eta)$ 有定义, 在 a 点有 n 阶导数. 如果

$$f^{(k)}(a) = g^{(k)}(a), \quad k = 0, 1, \cdots, n,$$

那么

$$f(x) = g(x) + o((x-a)^n).$$

证明 函数 $\varphi(x) = f(x) - g(x)$ 满足引理 1 中的条件, 因而

$$\varphi(x) = o((x-a)^n),$$

即

$$f(x) = g(x) + o((x-a)^n). \qquad \square$$

现在,我们来选择多项式
$$P(x)=A_0+A_1(x-a)+\cdots+A_n(x-a)^n,$$
使它满足引理 2 中关于 $g(x)$ 的条件,即要求:
$$A_0=P(a)=f(a),$$
$$A_1=P'(a)=f'(a),$$
$$2A_2=P''(a)=f''(a),$$
$$\cdots\cdots\cdots\cdots\cdots\cdots$$
$$k!A_k=P^{(k)}(a)=f^{(k)}(a),$$
$$\cdots\cdots\cdots\cdots\cdots\cdots$$
$$n!A_n=P^{(n)}(a)=f^{(n)}(a).$$
于是得到
$$P(x)=f(a)+f'(a)(x-a)+\frac{f''(a)}{2!}(x-a)^2+\cdots$$
$$+\frac{f^{(n)}(a)}{n!}(x-a)^n.$$
我们把这样的多项式称为函数 f 在 a 点的 n 次泰勒多项式.

综合上面的讨论,我们实际上已经证明了以下的重要定理:

定理 1　设函数 f 在 $U(a,\eta)$ 有定义,在 a 点有 n 阶导数,那么
$$f(x)=f(a)+f'(a)(x-a)+\frac{f''(a)}{2!}(x-a)^2+\cdots$$
$$+\frac{f^{(n)}(a)}{n!}(x-a)^n+o((x-a)^n).$$

这定理中的表示式称为带小 o 余项的泰勒公式,又称**带皮亚诺(Peano)余项**的泰勒公式. 特别地,当 $a=0$ 时,我们称相应的表示式为带小 o 余项的麦克劳林(Maclaurin)公式或者带皮亚诺余项的麦克劳林公式,简称**麦克劳林公式**.

例 1　试求 $f(x)=e^x$ 的麦克劳林公式.

解　我们有
$$f^{(k)}(x)=e^x,\ f^{(k)}(0)=1\quad(k=0,1,\cdots,n),$$
于是
$$e^x=1+x+\frac{1}{2!}x^2+\cdots+\frac{1}{n!}x^n+o(x^n).$$

例 2 求函数 $f(x)=\sin x$ 和 $g(x)=\cos x$ 的麦克劳林公式.

解 我们有

$$f^{(k)}(x)=\sin\left(x+\frac{k\pi}{2}\right), \quad f^{(2k)}(0)=0,$$

$$f^{(2k+1)}(0)=(-1)^k, \quad k=0,1,2,\cdots;$$

$$g^{(k)}(x)=\cos\left(x+\frac{k\pi}{2}\right), \quad g^{(2k)}(0)=(-1)^k,$$

$$g^{(2k+1)}(0)=0, \quad k=0,1,2,\cdots.$$

于是

$$\sin x=x-\frac{x^3}{3!}+\frac{x^5}{5!}-\cdots+(-1)^{n-1}\frac{x^{2n-1}}{(2n-1)!}+o(x^{2n}),$$

$$\cos x=1-\frac{x^2}{2!}+\frac{x^4}{4!}-\cdots+(-1)^n\frac{x^{2n}}{(2n)!}+o(x^{2n+1}).$$

例 3 求函数 $f(x)=\ln(1+x)$ 的麦克劳林公式.

解 我们有

$$f(x)=\ln(1+x),$$

$$f(0)=0,$$

$$f'(x)=\frac{1}{1+x},$$

$$f'(0)=1,$$

$$f^{(k)}(x)=(-1)^{k-1}\frac{(k-1)!}{(1+x)^k},$$

$$f^{(k)}(0)=(-1)^{k-1}(k-1)!$$

$$(k=2,3,\cdots).$$

于是得出

$$\ln(1+x)=x-\frac{x^2}{2}+\frac{x^3}{3}-\cdots+(-1)^{n-1}\frac{x^n}{n}+o(x^n).$$

例 4 求函数 $f(x)=(1+x)^\alpha$ 的麦克劳林公式.

解 计算导数得

$$f^{(k)}(x)=\alpha(\alpha-1)\cdots(\alpha-k+1)(1+x)^{\alpha-k},$$

$$f^{(k)}(0)=\alpha(\alpha-1)\cdots(\alpha-k+1) \quad (k=1,2,\cdots).$$

于是

$$(1+x)^a = 1 + \alpha x + \frac{\alpha(\alpha-1)}{2}x^2 + \cdots$$
$$+ \frac{\alpha(\alpha-1)\cdots(\alpha-n+1)}{n!}x^n + o(x^n).$$

我们引入记号

$$\binom{\alpha}{k} = \frac{\alpha(\alpha-1)\cdots(\alpha-k+1)}{k!}.$$

用这记号可以把$(1+x)^a$的麦克劳林公式写成更紧凑的形式：

$$(1+x)^a = \sum_{k=0}^{n}\binom{\alpha}{k}x^k + o(x^n).$$

为了求函数 $\arctan x$ 和 $\arcsin x$ 的麦克劳林公式，我们将要用到以下引理.

引理 3 设函数 $f(x)$ 在 $U(0,\eta)$ 有定义，在 0 点 n 次可导，如果
$$f'(x) = A'_0 + A'_1 x + \cdots + A'_{n-1}x^{n-1} + o(x^{n-1})$$
$$(A'_0, A'_1, \cdots, A'_{n-1} \in \mathbb{R}),$$
那么
$$f(x) = f(0) + A'_0 x + \frac{A'_1}{2}x^2 + \cdots + \frac{A'_{n-1}}{n}x^n + o(x^n).$$

证明 在所给的条件下，应该有
$$f'(x) = f'(0) + f''(0)x + \frac{f'''(0)}{2!}x^2 + \cdots$$
$$+ \frac{f^{(n)}(0)}{(n-1)!}x^{n-1} + o(x^{n-1}).$$

因为函数 $f'(x)$ 的麦克劳林公式是唯一的，所以必须有
$$f'(0) = A'_0, \quad f''(0) = A'_1, \quad f'''(0) = 2A'_2, \quad \cdots$$
$$f^{(n)}(0) = (n-1)!A'_{n-1}.$$
于是，根据定理 1，我们得到
$$f(x) = f(0) + f'(0)x + \frac{f''(0)}{2}x^2 + \cdots + \frac{f^{(n)}(0)}{n!}x^n + o(x^n)$$
$$= f(0) + A'_0 x + \frac{A'_1}{2}x^2 + \cdots + \frac{A'_{n-1}}{n}x^n + o(x^n). \quad \Box$$

例 5 求函数 $f(x) = \arctan x$ 的麦克劳林公式.

解 我们知道,函数 $f(x)=\arctan x$ 在 0 点可导任意多次,并且

$$f'(x)=\frac{1}{1+x^2}$$

$$=1-x^2+x^4-\cdots+(-1)^nx^{2n}+\frac{(-1)^{n+1}x^{2n+2}}{1+x^2}$$

$$=1-x^2+x^4-\cdots+(-1)^nx^{2n}+o(x^{2n+1}).$$

因而

$$f(x)=x-\frac{x^3}{3}+\frac{x^5}{5}-\cdots$$

$$+(-1)^n\frac{x^{2n+1}}{2n+1}+o(x^{2n+2}).$$

例 6 求函数 $f(x)=\arcsin x$ 的麦克劳林公式.

解 我们知道,$f(x)=\arcsin x$ 在 0 点可导任意多次,$f'(x)=(1-x^2)^{-\frac{1}{2}}$. 利用例 4 中的公式可以得到

$$f'(x)=(1-x^2)^{-\frac{1}{2}}$$

$$=1+\left(-\frac{1}{2}\right)(-x^2)+\frac{\left(-\frac{1}{2}\right)\left(-\frac{3}{2}\right)}{2!}(-x^2)^2+\cdots$$

$$+\frac{\left(-\frac{1}{2}\right)\left(-\frac{3}{2}\right)\cdots\left(-\frac{1}{2}-n+1\right)}{n!}(-x^2)^n+o(x^{2n})$$

$$=1+\frac{1}{2}x^2+\frac{1\cdot3}{2^2\cdot2!}x^4+\cdots$$

$$+\frac{1\cdot3\cdot\cdots\cdot(2n-1)}{2^nn!}x^{2n}+o(x^{2n})$$

$$=1+\frac{1}{2}x^2+\frac{3!!}{4!!}x^4+\cdots+\frac{(2n-1)!!}{(2n)!!}x^{2n}+o(x^{2n}).$$

这里我们引用了"双阶乘符号"——$m!!$,它定义如下

$$(2n-1)!!=1\cdot3\cdot\cdots\cdot(2n-1),$$

$$(2n)!!=2\cdot4\cdot\cdots\cdot(2n).$$

利用引理 3,我们求得 $f(x)=\arcsin x$ 的麦克劳林公式如下:

$$f(x) = x + \frac{1}{3 \cdot 2}x^3 + \frac{3!!}{5 \cdot 4!!}x^5 + \cdots$$

$$+ \frac{(2n-1)!!}{(2n+1) \cdot (2n)!!}x^{2n+1} + o(x^{2n+1}).$$

例 7　在原点邻近,试将函数 $f(x) = \tan x$ 展开到 4 阶项.

解　因为奇函数的导函数是偶函数,偶函数的导函数是奇函数,并且任何奇函数在原点的值都是 0,所以容易看出

$$f(0) = f''(0) = f^{(4)}(0) = 0.$$

尚需求出函数 $f(x) = \tan x$ 在原点的 1,3 阶导数. 计算得

$$f'(x) = \frac{1}{\cos^2 x}, \quad f''(x) = \frac{2\sin x}{\cos^3 x},$$

$$f'''(x) = \frac{2}{\cos^2 x} + \frac{6\sin^2 x}{\cos^4 x},$$

$$f'(0) = 1, \quad f'''(0) = 2.$$

于是,我们得到

$$\tan x = x + \frac{1}{3}x^3 + o(x^4).$$

例 8　试将函数 $f(x) = e^{\cos x}$ 在原点展开到 4 阶项.

解　我们有

$$e^{\cos x} = e \cdot e^{\cos x - 1}$$

$$= e\left[1 + (\cos x - 1) + \frac{1}{2}(\cos x - 1)^2 + o((\cos x - 1)^2)\right]$$

$$= e\left[1 + \left(-\frac{x^2}{2} + \frac{x^4}{24} + o(x^4)\right) + \frac{1}{2}\left(-\frac{x^2}{2} + o(x^2)\right)^2 + o\left(\left(-\frac{x^2}{2} + o(x^2)\right)^2\right)\right]$$

$$= e\left[1 - \frac{x^2}{2} + \frac{x^4}{6} + o(x^4)\right]$$

$$= e - \frac{e}{2}x^2 + \frac{e}{6}x^4 + o(x^4).$$

例 9　求 $\lim\limits_{x \to 0} \dfrac{\sin x - \arctan x}{\tan x - \arcsin x}$.

解　我们有

$$\lim_{x \to 0} \frac{\sin x - \arctan x}{\tan x - \arcsin x}$$

$$= \lim_{x \to 0} \frac{\left(x - \dfrac{x^3}{3!} + o(x^3)\right) - \left(x - \dfrac{x^3}{3} + o(x^3)\right)}{\left(x + \dfrac{x^3}{3} + o(x^3)\right) - \left(x + \dfrac{x^3}{3!} + o(x^3)\right)}$$

$$= \lim_{x \to 0} \frac{\dfrac{x^3}{6} + o(x^3)}{\dfrac{x^3}{6} + o(x^3)} = 1.$$

例 10　求 $\lim n^2 \left(1 - n \sin \dfrac{1}{n}\right)$.

解　我们有

$$\lim n^2 \left(1 - n \sin \frac{1}{n}\right) = \lim n^3 \left(\frac{1}{n} - \sin \frac{1}{n}\right)$$

$$= \lim n^3 \left\{\frac{1}{n} - \left[\frac{1}{n} - \frac{1}{6n^3} + o\left(\frac{1}{n^4}\right)\right]\right\}$$

$$= \lim \left[\frac{1}{6} + o\left(\frac{1}{n}\right)\right] = \frac{1}{6}.$$

例 11　求 $K = \lim \dfrac{e^n}{\left(1 + \dfrac{1}{n}\right)^{n^2}}$.

解　我们有

$$\lim \ln \frac{e^n}{\left(1 + \dfrac{1}{n}\right)^{n^2}} = \lim \left[n - n^2 \ln\left(1 + \frac{1}{n}\right)\right]$$

$$= \lim n^2 \left[\frac{1}{n} - \ln\left(1 + \frac{1}{n}\right)\right]$$

$$= \lim n^2 \left[\frac{1}{n} - \frac{1}{n} + \frac{1}{2n^2} + o\left(\frac{1}{n^2}\right)\right]$$

$$= \lim \left[\frac{1}{2} + o(1)\right] = \frac{1}{2},$$

因而

$$K = \lim e^{\ln \frac{e^n}{\left(1 + \frac{1}{n}\right)^{n^2}}} = e^{\frac{1}{2}} = \sqrt{e}.$$

作为带小 o 余项的泰勒公式的一个应用，我们来推导极值的第三充分条件.

引理 4 设 $A \neq 0$，并且

$$\varphi(h) = Ah^n + o(h^n),$$

则对充分小的 h，$\varphi(h)$ 与 Ah^n 同号.

证明 因为

$$\lim_{h \to 0} \frac{\varphi(h)}{Ah^n} = 1,$$

所以对绝对值充分小的 $h \neq 0$，应有 $\dfrac{\varphi(h)}{Ah^n} > 0$，因而 $\varphi(h)$ 与 Ah^n 有相同的符号. $\square$

定理 2（极值的第三充分条件） 设函数 f 在 $U(x_0, \eta)$ 有定义，在 x_0 点 n 次可导，并且

$$f'(x_0) = \cdots = f^{(n-1)}(x_0) = 0, \quad f^{(n)}(x_0) \neq 0,$$

则有

(1) 如果 n 是偶数，那么函数 f 在 x_0 点取得严格极值——当 $f^{(n)}(x_0) > 0$ 时 f 在 x_0 点取得严格极小值，当 $f^{(n)}(x_0) < 0$ 时 f 在 x_0 点取得严格极大值；

(2) 如果 n 是奇数，那么 x_0 不是函数 f 的极值点.

证明 我们写出函数 $f'(x)$ 在 x_0 点的泰勒公式：

$$f'(x) = \frac{f^{(n)}(x_0)}{(n-1)!}(x - x_0)^{n-1} + o((x - x_0)^{n-1}).$$

由引理 4 可知，对充分接近 x_0 的 x，

$$f'(x) \quad \text{与} \quad \frac{f^{(n)}(x_0)}{(n-1)!}(x - x_0)^{n-1}$$

有相同的符号. 因而

(1) 如果 n 是偶数，那么在 x_0 点的左右两侧导函数 $f'(x)$ 有相反的符号，因而函数 $f(x)$ 在 x_0 点取得严格极值（$f^{(n)}(x_0) > 0$ 时是

严格极小值，$f^{(n)}(x_0) < 0$ 时是严格极大值）；

（2）如果 n 是奇数，那么在 x_0 的两侧导函数 $f'(x)$ 有相同的符号，因而 x_0 点不是函数 $f(x)$ 的极值点. □

2. b 有限增量的泰勒公式

带小 o 余项的泰勒公式只适宜于讨论当 x 趋近于 a 时函数的渐近状况. 为了研究函数在较大范围内的性质，需要引入有限增量的泰勒公式. 我们把 n 次可导的函数 f 表示成

$$f(x) = P_n(x) + R_{n+1}(x),$$

这里

$$P_n(x) = f(a) + \frac{f'(a)}{1!}(x-a) + \cdots + \frac{f^{(n)}(a)}{n!}(x-a)^n$$

是函数 f 在 a 点的泰勒多项式，而

$$R_{n+1}(x) = f(x) - P_n(x)$$

称为是泰勒公式的**余项**. 在一定的条件下，我们可以把余项 $R_{n+1}(x)$ 表示成易于估计的形式.

引理 5 设函数 $\varphi(x)$ 在区间 I 有直到 n 阶的连续导数，在 I^0 有 $n+1$ 阶导数，$a, x \in I$. 如果

$$\varphi(a) = \varphi'(a) = \cdots = \varphi^{(n)}(a) = 0,$$

那么存在介于 a 和 x 之间的实数 ξ，使得

$$\varphi(x) = \frac{\varphi^{(n+1)}(\xi) \cdot (x-a)^{n+1}}{(n+1)!}.$$

证明 记 $\psi(x) = (x-a)^{n+1}$，则我们有

$$\varphi(a) = \varphi'(a) = \cdots = \varphi^{(n)}(a) = 0,$$
$$\psi(a) = \psi'(a) = \cdots = \psi^{(n)}(a) = 0.$$

对

$$\frac{\varphi(x)}{\psi(x)} = \frac{\varphi(x) - \varphi(a)}{\psi(x) - \psi(a)}$$

用柯西中值定理，可以得到

$$\frac{\varphi(x)}{\psi(x)} = \frac{\varphi'(\xi_1)}{\psi'(\xi_1)}.$$

再对

$$\frac{\varphi'(\xi_1)}{\psi'(\xi_1)} = \frac{\varphi'(\xi_1) - \varphi'(a)}{\psi'(\xi_1) - \psi'(a)}$$

用柯西中值定理，又可得到

$$\frac{\varphi(x)}{\psi(x)} = \frac{\varphi'(\xi_1)}{\psi'(\xi_1)} = \frac{\varphi''(\xi_2)}{\psi''(\xi_2)}.$$

继续这样的手续，最后得到

$$\frac{\varphi(x)}{\psi(x)} = \frac{\varphi'(\xi_1)}{\psi'(\xi_1)} = \frac{\varphi''(\xi_2)}{\psi''(\xi_2)} = \cdots = \frac{\varphi^{(n)}(\xi_n)}{\psi^{(n)}(\xi_n)} = \frac{\varphi^{(n+1)}(\xi)}{\psi^{(n+1)}(\xi)}.$$

即

$$\frac{\varphi(x)}{(x-a)^{n+1}} = \frac{\varphi^{(n+1)}(\xi)}{(n+1)!}. \qquad \square$$

定理 3（带拉格朗日余项的泰勒公式） 设函数 f 在区间 I 上有直到 n 阶的连续导数，在 I^0 有 $n+1$ 阶导数，$a, x \in I$，则

$$f(x) = f(a) + \frac{f'(a)}{1!}(x-a) + \frac{f''(a)}{2!}(x-a)^2 + \cdots$$
$$+ \frac{f^{(n)}(a)}{n!}(x-a)^n + \frac{f^{(n+1)}(\xi)}{(n+1)!}(x-a)^{n+1}.$$

换句话说就是：泰勒公式的余项 $R_{n+1}(x)$ 可以表示成

$$R_{n+1}(x) = \frac{f^{(n+1)}(\xi)}{(n+1)!}(x-a)^{n+1},$$

上式称为拉格朗日型余项.

证明 对函数

$$\varphi(x) = f(x) - f(a) - \frac{f'(a)}{1!}(x-a) - \cdots$$
$$- \frac{f^{(n)}(a)}{n!}(x-a)^n$$

应用引理 5 即得证. $\square$

注记 与拉格朗日中值定理那里的讨论类似，如果令

$$\theta = \frac{\xi - a}{x - a},$$

那么

$$\xi = a + \theta(x - a), \quad 0 < \theta < 1.$$

于是拉格朗日型余项可以写成

$$R_{n+1}(x) = \frac{f^{(n+1)}(a + \theta(x - a))}{(n + 1)!}(x - a)^{n+1}.$$

利用分部积分法也能导出泰勒公式余项的一种表示——余项的积分表示. 我们先证明以下引理,它是牛顿-莱布尼茨公式的推广.

引理 6 设函数 $\psi(t)$ 在 $[0,1]$ 上有 $n+1$ 阶连续导数,则

$$\psi(1) = \psi(0) + \frac{\psi'(0)}{1!} + \cdots + \frac{\psi^{(n)}(0)}{n!}$$

$$+ \frac{1}{n!}\int_0^1 \psi^{(n+1)}(t)(1 - t)^n \mathrm{d}t.$$

证明 根据牛顿-莱布尼茨公式,我们有

$$\psi(1) = \psi(0) + \int_0^1 \psi'(t)\mathrm{d}t.$$

对上式做分部积分 n 次,我们得出

$$\psi(1) = \psi(0) - \int_0^1 \psi'(t)\mathrm{d}(1 - t)$$

$$= \psi(0) + \psi'(0) + \int_0^1 \psi''(t)(1 - t)\mathrm{d}t$$

$$= \psi(0) + \psi'(0) - \frac{1}{2}\int_0^1 \psi''(t)\mathrm{d}(1 - t)^2$$

$$= \psi(0) + \psi'(0) + \frac{1}{2}\psi''(0) + \frac{1}{2}\int_0^1 \psi'''(t)(1 - t)^2 \mathrm{d}t$$

$$= \psi(0) + \psi'(0) + \frac{1}{2}\psi''(0) - \frac{1}{3!}\int_0^1 \psi'''(t)\mathrm{d}(1 - t)^3$$

$$= \cdots$$

$$= \psi(0) + \frac{\psi'(0)}{1!} + \frac{\psi''(0)}{2!} + \cdots$$

$$+ \frac{\psi^{(n)}(0)}{n!} + \frac{1}{n!}\int_0^1 \psi^{(n+1)}(t)(1 - t)^n \mathrm{d}t. \quad \square$$

定理 4(带积分余项的泰勒公式) 设函数 f 在区间 I 有 $n+1$ 阶连续导数, $a, x \in I$, 则

$$f(x) = f(a) + \frac{f'(a)}{1!}(x-a) + \cdots + \frac{f^{(n)}(a)}{n!}(x-a)^n$$

$$+ \frac{(x-a)^{n+1}}{n!} \int_0^1 (1-t)^n f^{(n+1)}(a+t(x-a)) \mathrm{d}t.$$

换句话说,在这种情形下,泰勒公式的余项表示成

$$R_{n+1}(x) = \frac{(x-a)^{n+1}}{n!} \int_0^1 (1-t)^n f^{(n+1)}(a+t(x-a)) \mathrm{d}t,$$

称上式为积分形式的余项.

证明 考察 t 的函数

$$\psi(t) = f(a+t(x-a)).$$

逐次对 t 求导数得

$$\psi'(t) = f'(a+t(x-a))(x-a),$$

$$\psi''(t) = f''(a+t(x-a))(x-a)^2,$$

$$\cdots\cdots\cdots\cdots\cdots\cdots\cdots\cdots\cdots\cdots\cdots\cdots$$

$$\psi^{(k)}(t) = f^{(k)}(a+t(x-a))(x-a)^k$$

$$(k = 1,2,3,\cdots).$$

对 $\psi(t)$ 用引理 6 就得到所求证的公式. $\square$

在上一定理中,对余项

$$R_{n+1}(x) = \frac{(x-a)^{n+1}}{n!} \int_0^1 (1-t)^n f^{(n+1)}(a+t(x-a)) \mathrm{d}t$$

用积分中值定理可得

$$R_{n+1}(x) = \frac{(1-\theta)^n}{n!} f^{(n+1)}(a+\theta(x-a))(x-a)^{n+1}$$

$$(0 \leqslant \theta \leqslant 1).$$

这种形式的余项称为**柯西型余项**. 我们得到了带柯西型余项的泰勒公式:

$$f(x) = f(a) + \frac{f'(a)}{1!}(x-a) + \cdots + \frac{f^{(n)}(a)}{n!}(x-a)^n$$

$$+ \frac{(1-\theta)^n}{n!} f^{(n+1)}(a+\theta(x-a))(x-a)^{n+1}$$

$$(0 \leqslant \theta \leqslant 1).$$

例 12 对于 $f(x) = \mathrm{e}^x$,我们有麦克劳林公式

$$e^x = 1 + x + \frac{x^2}{2!} + \cdots + \frac{x^n}{n!} + R_{n+1}(x),$$

这里的余项 $R_{n+1}(x)$ 可以表示为拉格朗日形式

$$R_{n+1}(x) = \frac{e^{\theta x}}{(n+1)!} x^{n+1} \quad (0 < \theta < 1),$$

或者柯西形式

$$R_{n+1}(x) = \frac{(1-\tilde{\theta})^n}{n!} e^{\tilde{\theta}x} x^{n+1} \quad (0 \leqslant \tilde{\theta} \leqslant 1),$$

或者积分形式

$$R_{n+1}(x) = \frac{x^{n+1}}{n!} \int_0^1 (1-t)^n e^{tx} \, dt.$$

作为泰勒公式的一个应用,我们来证明 e 是无理数.

例 13　试证 e 是无理数.

证明（用反证法）　假设 e 是有理数,它表示成分母为 N 的分数,取 $n > \max\{N, 3\}$. 根据函数 e^x 的拉格朗日形式的泰勒公式,我们有

$$e - 1 - \frac{1}{1!} - \frac{1}{2!} - \cdots - \frac{1}{n!} = \frac{e^{\theta}}{(n+1)!},$$

这里 $0 < \theta < 1$,因而 $1 < e^{\theta} < 3$. 上式两边乘以 $n!$ 得到

$$n!\left(e - 1 - \frac{1}{1!} - \frac{1}{2!} - \cdots - \frac{1}{n!}\right) = \frac{e^{\theta}}{n+1}.$$

但上式左边是整数,而右边

$$0 < \frac{e^{\theta}}{n+1} < 1.$$

这一矛盾说明 e 不能是有理数.　□

例 14　对于函数 $f(x) = \sin x$,我们有麦克劳林公式

$$\sin x = x - \frac{x^3}{3!} + \frac{x^5}{5!} - \cdots$$

$$+ (-1)^{n-1} \frac{x^{2n-1}}{(2n-1)!} + R_{2n+1}(x),$$

这里的余项可以表示为

$$R_{2n+1}(x) = (-1)^n \frac{\cos \theta x}{(2n+1)!} x^{2n+1} \quad (0 < \theta < 1),$$

或者

$$R_{2n+1}(x) = (-1)^n \frac{(1-\tilde{\theta})^{2n}\cos\tilde{\theta}x}{(2n)!}x^{2n+1} \quad (0 \leqslant \tilde{\theta} \leqslant 1),$$

或者

$$R_{2n+1}(x) = \frac{(-1)^n x^{2n+1}}{(2n)!}\int_0^1 (1-t)^{2n}\cos tx\, \mathrm{d}t.$$

例 15 对于函数 $f(x) = \cos x$，我们有麦克劳林公式

$$\cos x = 1 - \frac{x^2}{2} + \frac{x^4}{4!} - \cdots$$

$$+ (-1)^n \frac{x^{2n}}{(2n)!} + R_{2n+2}(x).$$

这里的余项可以表示为

$$R_{2n+2}(x) = (-1)^{n+1}\frac{\cos\theta x}{(2n+2)!}x^{2n+2} \quad (0 < \theta < 1),$$

或者

$$R_{2n+2}(x) = (-1)^{n+1}\frac{(1-\tilde{\theta})^{2n+1}\cos\tilde{\theta}x}{(2n+1)!}x^{2n+2} \quad (0 \leqslant \tilde{\theta} \leqslant 1),$$

或者

$$R_{2n+2}(x) = \frac{(-1)^{n+1}x^{2n+2}}{(2n+1)!}\int_0^1 (1-t)^{2n+1}\cos tx\, \mathrm{d}t.$$

例 16 对于函数 $f(x) = \ln(1+x)$，我们有麦克劳林公式

$$\ln(1+x) = x - \frac{x^2}{2} + \frac{x^3}{3} - \cdots$$

$$+ (-1)^{n-1}\frac{x^n}{n} + R_{n+1}(x).$$

这里的余项可以表示为

$$R_{n+1}(x) = (-1)^n \frac{x^{n+1}}{(n+1)(1+\theta x)^{n+1}} \quad (0 < \theta < 1),$$

或者

$$R_{n+1}(x) = (-1)^n \frac{(1-\tilde{\theta})^n x^{n+1}}{(1+\tilde{\theta}x)^{n+1}} \quad (0 \leqslant \tilde{\theta} \leqslant 1),$$

或者表示为积分形式.

例 17   对于函数 $f(x)=(1+x)^\alpha\ (x>-1)$，我们有麦克劳林公式

$$(1+x)^\alpha=1+\alpha x+\frac{\alpha(\alpha-1)}{2!}x^2+\cdots$$
$$+\frac{\alpha(\alpha-1)\cdots(\alpha-n+1)}{n!}x^n+R_{n+1}(x).$$

这里的余项可以表示为

$$R_{n+1}(x)=\frac{\alpha(\alpha-1)\cdots(\alpha-n)}{(n+1)!}(1+\theta x)^{\alpha-n-1}x^{n+1}$$
$$(0<\theta<1),$$

或者

$$R_{n+1}(x)=\frac{\alpha(\alpha-1)\cdots(\alpha-n)}{n!}(1-\tilde{\theta})^n(1+\tilde{\theta}x)^{\alpha-n-1}x^{n+1}$$
$$(0\leqslant\tilde{\theta}\leqslant 1),$$

或者表示为积分形式.

2. c   泰勒级数

设函数 f 在区间 I 可求导任意多次，$a,x\in I$，则对任意的 $n\in\mathbb{N}$，我们可以写出展开式

$$f(x)=\sum_{k=0}^{n}\frac{f^{(k)}(a)}{k!}(x-a)^k+R_{n+1}(x).$$

如果对取定的 x，当 $n\to+\infty$ 时余项是无穷小

$$\lim_{n\to+\infty}R_{n+1}(x)=0,$$

那么就有

$$\lim_{n\to+\infty}\sum_{k=0}^{n}\frac{f^{(k)}(a)}{k!}(x-a)^k=f(x).$$

我们引入记号 $\sum\limits_{k=0}^{+\infty}\dfrac{f^{(k)}(a)}{k!}(x-a)^k$ 表示上式左端的极限，即规定

$$\sum_{k=0}^{+\infty}\frac{f^{(k)}(a)}{k!}(x-a)^k=\lim_{n\to+\infty}\sum_{k=0}^{n}\frac{f^{(k)}(a)}{k!}(x-a)^k.$$

于是，在 $\lim\limits_{n\to+\infty}R_{n+1}(x)=0$ 的条件下，就有

$$f(x) = \sum_{k=0}^{+\infty} \frac{f^{(k)}(a)}{k!}(x-a)^k.$$

这时我们说函数 $f(x)$ 展成了**泰勒级数**,或者说泰勒级数

$$\sum_{k=0}^{+\infty} \frac{f^{(k)}(a)}{k!}(x-a)^k,$$

收敛于 $f(x)$.

特别地, $a=0$ 情形的泰勒级数,又称为**麦克劳林级数**.

下面的引理给出了保证

$$\lim_{n\to+\infty} R_{n+1}(x) = 0$$

的一个充分条件.

引理 7 设函数 $f(x)$ 在区间 I 可导任意多次, $a\in I$,

$$R_{n+1}(x) = f(x) - \sum_{k=0}^{n} \frac{f^{(k)}(a)}{k!}(x-a)^k.$$

如果存在正实数 H,Q 和自然数 N,使得

$$|f^{(n)}(x)| \leqslant HQ^n, \quad \forall x\in I, n>N,$$

那么就有

$$\lim_{n\to+\infty} R_{n+1}(x) = 0, \quad \forall x\in I,$$

即函数 f 在区间 I 上可以展成泰勒级数:

$$f(x) = \sum_{k=0}^{+\infty} \frac{f^{(k)}(a)}{k!}(x-a)^k.$$

特别地,如果存在正实数 H 和自然数 N,使得

$$|f^{(n)}(x)| \leqslant H, \quad \forall x\in I, n>N,$$

那么函数 f 在区间 I 上可以展开成泰勒级数.

证明 把余项表示成拉格朗日形式,可得如下的估计:

$$|R_{n+1}(x)| = \left| \frac{f^{(n+1)}(a+\theta(x-a))}{(n+1)!}(x-a)^{n+1} \right|$$

$$\leqslant H \frac{(Q|x-a|)^{n+1}}{(n+1)!}$$

$$(\forall x\in I, n\geqslant N).$$

由此易得

$$\lim_{n\to+\infty} R_{n+1}(x) = 0. \quad \square$$

例 18 根据引理 7，我们可以在 $(-\infty,+\infty)$ 把函数 $\sin x$ 和 $\cos x$ 展开成麦克劳林级数：

$$\sin x = \sum_{k=0}^{+\infty} (-1)^k \frac{x^{2k+1}}{(2k+1)!}$$

$$= x - \frac{x^3}{3!} + \frac{x^5}{5!} - \cdots + (-1)^n \frac{x^{2n+1}}{(2n+1)!} + \cdots,$$

$$\cos x = \sum_{k=0}^{+\infty} (-1)^k \frac{x^{2k}}{(2k)!}$$

$$= 1 - \frac{x^2}{2!} + \frac{x^4}{4!} - \cdots + (-1)^n \frac{x^{2n}}{(2n)!} + \cdots.$$

例 19 在任何区间 $[-\Delta,\Delta]$，函数 $f(x)=\mathrm{e}^x$ 满足条件

$$|f^{(n)}(x)| = |\mathrm{e}^x| \leqslant \mathrm{e}^\Delta.$$

根据引理 7，我们可以把函数 $f(x)=\mathrm{e}^x$ 展开成麦克劳林级数

$$\mathrm{e}^x = \sum_{k=0}^{+\infty} \frac{x^k}{k!} = 1 + x + \frac{x^2}{2!} + \cdots + \frac{x^n}{n!} + \cdots.$$

例 20 我们来估计函数 $f(x)=\ln(1+x)$ 的麦克劳林公式的余项. 对于 $0 \leqslant x \leqslant 1$，利用余项的拉格朗日形式可得

$$|R_{n+1}(x)| = \left| \frac{(-1)^n}{(n+1)} \frac{x^{n+1}}{(1+\theta x)^{n+1}} \right| \leqslant \frac{1}{n+1}.$$

对于 $-1 < x < 0$，利用余项的柯西形式可得

$$|R_{n+1}(x)| = \left| (-1)^n \frac{(1-\tilde{\theta})^n}{(1+\tilde{\theta}x)^{n+1}} x^{n+1} \right|$$

$$\leqslant \left(\frac{1-\tilde{\theta}}{1+\tilde{\theta}x} \right)^n \frac{|x|^{n+1}}{1-|x|}$$

$$\leqslant \frac{|x|^{n+1}}{1-|x|}$$

（因为 $x > -1$ 时，$1+\tilde{\theta}x \geqslant 1-\tilde{\theta}$）. 对于 $0 \leqslant x \leqslant 1$ 和 $-1 < x < 0$ 两种情形，由以上估计都容易证明

$$\lim_{n \to +\infty} R_{n+1}(x) = 0.$$

因而，对于 $-1 < x \leqslant 1$，函数 $f(x)=\ln(1+x)$ 可以展成麦克劳林级数

$$\ln(1+x) = \sum_{k=1}^{+\infty} (-1)^{k-1} \frac{x^k}{k}$$

$$= x - \frac{x^2}{2} + \frac{x^3}{3} - \cdots + (-1)^{n-1}\frac{x^n}{n} + \cdots.$$

特别地,对于 $x=1$,我们得到 ln2 的级数表示式

$$\ln 2 = 1 - \frac{1}{2} + \frac{1}{3} - \cdots + (-1)^{n-1}\frac{1}{n} + \cdots.$$

例 21 考察函数 $f(x)=(1+x)^\alpha$ 的麦克劳林级数公式,这里的 α 是任意实数(不妨设 α 不是 0 或自然数). 为此,写出函数 $f(x)$ 的麦克劳林公式的柯西型余项:

$$R_{n+1}(x) = \frac{\alpha(\alpha-1)\cdots(\alpha-n)}{n!}(1+\theta x)^{\alpha-1}\left(\frac{1-\theta}{1+\theta x}\right)^n x^{n+1}.$$

我们来证明:对于 $x\in(-1,1)$ 有

$$\lim_{n\to+\infty} R_{n+1}(x) = 0.$$

为此,做如下的估计:

首先,对任何 $x\in(-1,1)$ 都有

$$0 < 1+\theta x < 2,$$

$$0 \leqslant \frac{1-\theta}{1+\theta x} \leqslant 1;$$

其次,对任何取定的 $x\in(-1,1)$,存在 $q\in(0,1)$,使得

$$|x| < q < 1,$$

于是,又存在 $N\in\mathbb{N}$,使得 $n>N$ 时

$$\left|\left(1-\frac{\alpha}{n}\right)x\right| < q.$$

综合以上讨论,我们得到

$$|R_{n+1}(x)| = \left|\alpha(1-\alpha)\cdots\left(1-\frac{\alpha}{n}\right)\right|(1+\theta x)^{\alpha-1}\left(\frac{1-\theta}{1+\theta x}\right)^n |x|^{n+1}$$

$$\leqslant 2^{\alpha-1}\left|\alpha(1-\alpha)\cdots\left(1-\frac{\alpha}{N}\right)\right| |x|^{N+1}$$

$$\cdot\left|\left(1-\frac{\alpha}{N+1}\right)x\right|\cdots\left|\left(1-\frac{\alpha}{n}\right)x\right|$$

$$\leqslant 2^{\alpha-1}\left|\alpha(1-\alpha)\cdots\left(1-\frac{\alpha}{N}\right)\right| q^{n+1}.$$

这就证明了:对于任何 $x\in(-1,1)$ 都有

$$\lim_{n\to+\infty} R_{n+1}(x) = 0,$$

因而对这样的 x 有

$$(1+x)^\alpha = \sum_{k=0}^{+\infty} \binom{\alpha}{k} x^k$$

$$= 1 + \alpha x + \frac{\alpha(\alpha-1)}{2} x^2 + \cdots$$

$$+ \frac{\alpha(\alpha-1)\cdots(\alpha-n+1)}{n!} x^n + \cdots.$$

上述展式可以看成是二项式定理的推广.

注记　一个函数的泰勒级数并不一定总是收敛于这函数自身. 请看上节例 5 中的函数:

$$f(x) = \begin{cases} e^{-\frac{1}{x}}, & \text{如果 } x > 0, \\ 0, & \text{如果 } x \leqslant 0. \end{cases}$$

该函数在原点的各阶导数都等于 0:

$$f(0) = 0,\ f'(0) = 0,\ \cdots,\ f^{(k)}(0) = 0,\ \cdots.$$

因而

$$\sum_{k=0}^{n} \frac{f^{(k)}(0)}{k!} x^k \equiv 0,$$

$$\sum_{k=0}^{+\infty} \frac{f^{(k)}(0)}{k!} x^k \equiv 0.$$

对于这样的函数 f, 只要 $x > 0$, 就有

$$\sum_{k=0}^{+\infty} \frac{f^{(k)}(0)}{k!} x^k \neq f(x).$$

§3　函数的凹凸与拐点

3. a　凸函数

设函数 f 在区间 I 有定义. 我们来考察它的图形: $y = f(x)$ $(x \in I)$. 如果这图形上任意两点 $(x_1, f(x_1))$ 和 $(x_2, f(x_2))$ 之间的曲线段都在联结这两点的弦的下方(这意味着图形是向下方凸出

的),那么我们就说 f 是一个**凸函数**. 类似地可以定义凹函数(即图形向上方凸出的函数).

把上面的几何描述用式子表示出来,就得到关于凸函数(凹函数)的正式定义. 我们注意到,联结函数图形 $y=f(x)$ 上两点
$$P_1=(x_1,f(x_1)) \text{ 和 } P_2=(x_2,f(x_2))$$
的弦可以表示为参数方程
$$\begin{cases} x=x_1+t(x_2-x_1), \\ y=f(x_1)+t(f(x_2)-f(x_1)) \end{cases} \quad (0\leqslant t\leqslant 1),$$
而函数图形介于 P_1,P_2 两点间的曲线段可以表示为
$$\begin{cases} x=x_1+t(x_2-x_1), \\ y=f(x)=f(x_1+t(x_2-x_1)) \end{cases} \quad (0\leqslant t\leqslant 1).$$
条件"图形 $y=f(x)$ 介于 P_1,P_2 两点间的曲线段在联结这两点的弦的下方"可以用式子表示为
$$f(x_1+t(x_2-x_1))\leqslant f(x_1)+t(f(x_2)-f(x_1))$$
$$(\forall t\in[0,1])$$
或者
$$f((1-t)x_1+tx_2)\leqslant(1-t)f(x_1)+tf(x_2)$$
$$(\forall t\in[0,1]).$$
如果记 $\alpha_1=1-t$,$\alpha_2=t$,那么上式可以写成更对称的形式
$$f(\alpha_1x_1+\alpha_2x_2)\leqslant\alpha_1f(x_1)+\alpha_2f(x_2)$$
$$(\alpha_1,\alpha_2\geqslant0,\alpha_1+\alpha_2=1).$$

定义 (凸函数) 设函数 f 在区间 I 有定义. 如果对任意的 x_1,$x_2\in I$,$x_1<x_2$,和任意的 $\alpha_1,\alpha_2\geqslant0,\alpha_1+\alpha_2=1$,都有
$$f(\alpha_1x_1+\alpha_2x_2)\leqslant\alpha_1f(x_1)+\alpha_2f(x_2), \tag{3.1}$$
那么我们就说函数 f 在区间 I 是(下)凸的.

如果对任意的 $x_1,x_2\in I$,$x_1<x_2$,和任意的
$$\alpha_1,\alpha_2>0,\quad\alpha_1+\alpha_2=1,$$
上面的不等式(3.1)总是严格的,那么我们就说函数 f 在区间 I 是严格(下)凸的.

注记 将上面定义中(3.1)式的不等号反过来,就得到了凹函数的定义.

下面的定理列举了凸函数定义的若干等价的陈述方式.

定理 1 设函数 f 在区间 I 上有定义,则以下各项陈述互相等价:

(1) f 在区间 I 是(下)凸函数;

(2) 对任何 $x_1, x_2 \in I$,$x_1 < x_2$,和介于 x_1 与 x_2 之间的任何 x,都有

$$f(x) \leqslant \frac{x_2 - x}{x_2 - x_1} f(x_1) + \frac{x - x_1}{x_2 - x_1} f(x_2);$$

(3) 对任何 $x_1, x_2 \in I$,$x_1 < x_2$,和介于 x_1 与 x_2 之间的任何 x,都有

$$\begin{vmatrix} 1 & x_1 & f(x_1) \\ 1 & x & f(x) \\ 1 & x_2 & f(x_2) \end{vmatrix} \geqslant 0;$$

(4) 对任何 $x_1, x_2 \in I$,$x_1 < x_2$,和介于 x_1 与 x_2 之间的任何 x,都有

$$\frac{f(x) - f(x_1)}{x - x_1} \leqslant \frac{f(x_2) - f(x_1)}{x_2 - x_1}$$
$$\leqslant \frac{f(x_2) - f(x)}{x_2 - x};$$

(5) 对任何 $x_1, x_2 \in I$,$x_1 < x_2$,和介于 x_1 与 x_2 之间的任何 x,都有

$$\frac{f(x) - f(x_1)}{x - x_1} \leqslant \frac{f(x_2) - f(x)}{x_2 - x}.$$

如果把(1)中的"(下)凸"改成"严格(下)凸",并把(2),(3),(4)和(5)中的各个不等号改成严格的不等号,那么修改后的各条陈述也仍然是互相等价的.

证明 我们循以下路线证明所列的各条陈述是互相等价的:

"(1)⇒(2)⇒(3)⇒(4)⇒(5)⇒(1)".

先来证明"(1)⇒(2)". 对于介于 x_1 和 x_2 之间的 x,我们记

$$\alpha_1 = \frac{x_2 - x}{x_2 - x_1}, \quad \alpha_2 = \frac{x - x_1}{x_2 - x_1}.$$

显然有

$$\alpha_1, \alpha_2 \geqslant 0, \quad \alpha_1 + \alpha_2 = 1, \quad x = \alpha_1 x_1 + \alpha_2 x_2.$$

由凸函数的定义可得

$$\begin{aligned}
f(x) &= f(\alpha_1 x_1 + \alpha_2 x_2) \\
&\leqslant \alpha_1 f(x_1) + \alpha_2 f(x_2) \\
&= \frac{x_2 - x}{x_2 - x_1} f(x_1) + \frac{x - x_1}{x_2 - x_1} f(x_2).
\end{aligned}$$

其次证明"(2)⇒(3)". 以 $(x_2 - x_1)$ 乘(2)中的不等式可得：

$$(x_2 - x) f(x_1) - (x_2 - x_1) f(x) + (x - x_1) f(x_2) \geqslant 0.$$

这就是

$$\begin{vmatrix} 1 & x_1 & f(x_1) \\ 1 & x & f(x) \\ 1 & x_2 & f(x_2) \end{vmatrix} \geqslant 0.$$

再来证明"(3)⇒(4)". 我们有

$$\begin{aligned}
\begin{vmatrix} 1 & x_1 & f(x_1) \\ 1 & x & f(x) \\ 1 & x_2 & f(x_2) \end{vmatrix} &= \begin{vmatrix} 1 & x_1 & f(x_1) \\ 0 & x - x_1 & f(x) - f(x_1) \\ 0 & x_2 - x_1 & f(x_2) - f(x_1) \end{vmatrix} \\
&= (x - x_1)(f(x_2) - f(x_1)) \\
&\quad - (x_2 - x_1)(f(x) - f(x_1)),
\end{aligned}$$

$$\begin{aligned}
\begin{vmatrix} 1 & x_1 & f(x_1) \\ 1 & x & f(x) \\ 1 & x_2 & f(x_2) \end{vmatrix} &= \begin{vmatrix} 0 & x_1 - x_2 & f(x_1) - f(x_2) \\ 0 & x - x_2 & f(x) - f(x_2) \\ 1 & x_2 & f(x_2) \end{vmatrix} \\
&= (x_2 - x_1)(f(x_2) - f(x)) \\
&\quad - (x_2 - x)(f(x_2) - f(x_1)).
\end{aligned}$$

利用条件(3)就得到

$$\frac{f(x) - f(x_1)}{x - x_1} \leqslant \frac{f(x_2) - f(x_1)}{x_2 - x_1}$$

$$\leqslant \frac{f(x_2) - f(x)}{x_2 - x}.$$

"(4)⇒(5)"是显然的. 我们最后来证明"(5)⇒(1)". 设

$$x_1, x_2 \in I, \ x_1 < x_2,$$

$$\alpha_1, \alpha_2 \geqslant 0, \ \alpha_1 + \alpha_2 = 1.$$

我们记
$$x = \alpha_1 x_1 + \alpha_2 x_2$$
$$= \alpha_1 x_1 + (1 - \alpha_1) x_2$$
$$= (1 - \alpha_2) x_1 + \alpha_2 x_2.$$

显然有
$$\alpha_1 = \frac{x_2 - x}{x_2 - x_1}, \quad \alpha_2 = \frac{x - x_1}{x_2 - x_1}.$$

（5）中的不等式
$$\frac{f(x) - f(x_1)}{x - x_1} \leqslant \frac{f(x_2) - f(x)}{x_2 - x}$$

可以改写成
$$f(x) \leqslant \frac{x_2 - x}{x_2 - x_1} f(x_1) + \frac{x - x_1}{x_2 - x_1} f(x_2).$$

这就是
$$f(\alpha_1 x_1 + \alpha_2 x_2) \leqslant \alpha_1 f(x_1) + \alpha_2 f(x_2). \quad \square$$

注记 我们来考察凸函数 $y = f(x)$ 图形上的任意三点：
$$P_1(x_1, f(x_1)), \quad P(x, f(x)), \quad P_2(x_2, f(x_2)),$$
这里设 $x_1 < x < x_2$. 上面定理中的（4）意味着：
$$\overline{P_1 P} \text{ 的斜率} \leqslant \overline{P_1 P_2} \text{ 的斜率} \leqslant \overline{PP_2} \text{ 的斜率}.$$
这在几何上正好表示函数的图形向下方凸出（参看图 8-2）.

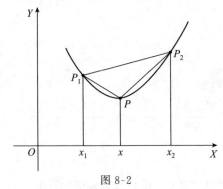

图 8-2

人们通常把下面定理中的不等式叫作詹森（Jensen）不等式.

定理 2 设 f 在区间 I 是凸函数. 则对于任何 $x_1, \cdots, x_m \in I$ 和

$$\alpha_1,\cdots,\alpha_m > 0,\quad \alpha_1 + \cdots + \alpha_m = 1,$$

都有

$$f(\alpha_1 x_1 + \cdots + \alpha_m x_m) \leqslant \alpha_1 f(x_1) + \cdots + \alpha_m f(x_m),$$

即

$$f\left(\sum_{i=1}^{m}\alpha_i x_i\right) \leqslant \sum_{i=1}^{m}\alpha_i f(x_i).$$

如果 f 是严格凸函数，$x_1,\cdots,x_m$ 不全相同，

$$\alpha_1,\cdots,\alpha_m > 0,\quad \alpha_1 + \cdots + \alpha_m = 1,$$

那么

$$f\left(\sum_{i=1}^{m}\alpha_i x_i\right) < \sum_{i=1}^{m}\alpha_i f(x_i).$$

证明 用归纳法. 对于 $m=2$，詹森不等式显然成立（这就是凸函数的定义）. 设对于 $m=k\geqslant 2$ 不等式成立. 我们来考察 $m=k+1$ 的情形. 设 $x_1,\cdots,x_k,x_{k+1}\in I$，$\alpha_1,\cdots,\alpha_k,\alpha_{k+1}>0$，并且

$$\alpha_1 + \cdots + \alpha_k + \alpha_{k+1} = 1.$$

记

$$\lambda_i = \frac{\alpha_i}{1-\alpha_{k+1}},\quad i=1,2,\cdots,k,$$

则有

$$\lambda_1,\cdots,\lambda_k > 0,\quad \lambda_1 + \cdots + \lambda_k = 1,$$

和

$$\lambda_1 x_1 + \cdots + \lambda_k x_k \in I.$$

于是

$$\begin{aligned}
&f(\alpha_1 x_1 + \cdots + \alpha_k x_k + \alpha_{k+1} x_{k+1})\\
&= f((1-\alpha_{k+1})(\lambda_1 x_1 + \cdots + \lambda_k x_k) + \alpha_{k+1} x_{k+1})\\
&\leqslant (1-\alpha_{k+1})f(\lambda_1 x_1 + \cdots + \lambda_k x_k) + \alpha_{k+1} f(x_{k+1})\\
&\leqslant (1-\alpha_{k+1})(\lambda_1 f(x_1) + \cdots + \lambda_k f(x_k)) + \alpha_{k+1} f(x_{k+1})\\
&= \alpha_1 f(x_1) + \cdots + \alpha_k f(x_k) + \alpha_{k+1} f(x_{k+1}).
\end{aligned}$$

我们指出：如果 f 是严格凸函数，并且 $x_1,\cdots,x_m$ 不全相等，那么应有严格的不等式

$$f\left(\sum_{i=1}^{m}\alpha_i x_i\right)<\sum_{i=1}^{m}\alpha_i f(x_i).$$

为说明这一事实,我们重新审查上面的归纳证明.首先,对于 $m=2$ 的情形,显然有严格的不等式(这就是严格凸函数的定义).再来考察 $m=k+1$ 的情形.这时有两种可能:一种是 $x_1,\cdots,x_k$ 不全相等;另一种是 $x_1=\cdots=x_k$,但 x_{k+1} 与这些数不同.对前一种可能情形,上面的归纳证明中的最后一个不等号应该是严格的(根据归纳法的假设).对后一种可能情形应有

$$x_{k+1}\neq\lambda_1 x_1+\cdots+\lambda_k x_k,$$

因而上面的归纳证明中的倒数第二个不等号应是严格的.　□

推论　设 f 在区间 I 是凸函数,则对于任何 $x_1,\cdots,x_m\in I$ 和 $\beta_1,\cdots,\beta_m>0$,都有

$$f\left(\frac{\beta_1 x_1+\cdots+\beta_m x_m}{\beta_1+\cdots+\beta_m}\right)\leqslant\frac{\beta_1 f(x_1)+\cdots+\beta_m f(x_m)}{\beta_1+\cdots+\beta_m}.$$

最后,我们指出:g 为凹函数(严格凹函数)的充要条件是 $f=-g$ 为凸函数(严格凸函数).因此,以上关于凸函数(严格凸函数)的一切结果,都可以翻译成关于凹函数(严格凹函数)的相应结果.我们这里不再细说了.请读者自己加以补充.

3. b　利用导数判别凹凸与拐点

定理 3　设函数 f 在区间 I 连续,在 I^0 可导.则 f 在区间 I 为凸函数(严格凸函数)的充要条件是 f' 在 I^0 单调上升(严格单调上升).

证明　先证条件的必要性.设 $x_1,x_2\in I^0$,$x_1<x_2$.只要 x 和 x' 满足

$$x_1<x<x'<x_2,$$

根据定理 1 中的(4),就一定有

$$\frac{f(x)-f(x_1)}{x-x_1}\leqslant\frac{f(x_2)-f(x_1)}{x_2-x_1}\leqslant\frac{f(x_2)-f(x')}{x_2-x'}.$$

在上式中让 $x\to x_1$,$x'\to x_2$,我们得到

$$f'(x_1)\leqslant\frac{f(x_2)-f(x_1)}{x_2-x_1}\leqslant f'(x_2).$$

（对于 f 为严格凸函数的情形，我们取 x_{12} 满足
$$x_1 < x_{12} < x_2.$$
于是有
$$f'(x_1) \leqslant \frac{f(x_{12}) - f(x_1)}{x_{12} - x_1}$$
$$< \frac{f(x_2) - f(x_{12})}{x_2 - x_{12}}$$
$$\leqslant f'(x_2).$$
这样就得到了严格的不等式
$$f'(x_1) < f'(x_2).)$$

再来考察条件的充分性. 设 f' 在 I^0 单调上升. 对任意 $x_1, x, x_2 \in I$, $x_1 < x < x_2$, 根据拉格朗日中值定理应有
$$\frac{f(x) - f(x_1)}{x - x_1} = f'(\xi_1), \quad x_1 < \xi_1 < x,$$
$$\frac{f(x_2) - f(x)}{x_2 - x} = f'(\xi_2), \quad x < \xi_2 < x_2.$$
因为 $\xi_1 < x < \xi_2$, 所以
$$f'(\xi_1) \leqslant f'(\xi_2).$$
因而
$$\frac{f(x) - f(x_1)}{x - x_1} \leqslant \frac{f(x_2) - f(x)}{x_2 - x}.$$
根据定理 1，我们断定 f 是凸函数（对 f' 在 I^0 严格单调上升的情形，可以证明 f 是严格凸函数）. $\square$

引用第四章 § 3 中根据导数判别函数单调性的法则，我们得到以下定理.

定理 4 设函数 f 在区间 I 连续，在 I^0 可导二次，则 f 在区间 I 为凸函数的充要条件是：
$$f''(x) \geqslant 0, \quad \forall x \in I^0.$$
而 f 在区间 I 为严格凸函数的充要条件是：
$$f''(x) \geqslant 0, \quad \forall x \in I^0,$$
并且 f'' 不在 I^0 的任何开子区间上恒等于 0.

注记 关于二次可导函数为凹函数的条件,也有相应的结果. 请读者自己加以讨论.

函数凹凸性改变的点称为拐点. 更确切地说,就是:

定义 设函数 f 在 $U(x_0, \eta)$ 上有定义,并且在 x_0 的左右两侧有不同的凹凸性,则称 x_0 为 f 的一个拐点[①].

根据定理 3,对于可导函数 f 来说,拐点就是 f' 改变单调性的地方(因而也就必须是 f' 的极值点). 从这一考察出发,我们得到以下的关于拐点的必要条件与充分条件.

定理 5(拐点的必要条件) 设函数 f 在 $U(x_0, \eta)$ 上有定义,在 x_0 点有二阶导数. 如果 x_0 是 f 的一个拐点,那么必有
$$f''(x_0) = 0.$$

定理 6(拐点的第一充分条件) 设函数 f 在 $U(x_0, \eta)$ 上有二阶导数,$f''(x_0) = 0$. 如果 $f''(x)$ 经过 x_0 时改变符号,那么 x_0 点是函数 f 的拐点.

定理 7(拐点的第二充分条件) 设函数 f 在 x_0 点有三阶导数. 如果
$$f''(x_0) = 0, \quad f'''(x_0) \neq 0,$$
那么 x_0 点是函数 f 的拐点.

注记 仿照极值的第三充分条件,还可陈述关于拐点的第三充分条件. 我们这里不再细说了. 有兴趣的读者可自己进行讨论.

§4 不等式的证明

利用微积分的方法证明不等式,常常通过以下几种途径:

一、应用中值定理或泰勒公式;

二、考察函数的单调性或极值;

三、考察函数的凹凸性;

四、比较图形的面积.

请看下面的例子:

---

① 有的教材上称 $(x_0, f(x_0))$ 为拐点.

例 1 对于 $x \geqslant 0$，我们有不等式

$$\frac{x}{1+x} \leqslant \ln(1+x) \leqslant x,$$

等号仅当 $x = 0$ 时成立.

证明 根据拉格朗日中值定理,应该有

$$\ln(1+x) = \ln(1+x) - \ln(1+0) = \frac{x}{1+\theta x},$$

$$0 < \theta < 1.$$

因为

$$\frac{1}{1+x} \leqslant \frac{1}{1+\theta x} \leqslant 1$$

（等号仅当 $x = 0$ 时成立），

所以

$$\frac{x}{1+x} \leqslant \ln(1+x) \leqslant x$$

（等号仅当 $x = 0$ 时成立）. $\square$

作为例 1 的应用,我们来证明：对于 $x > 0$，函数 $\left(1+\dfrac{1}{x}\right)^x$ 是递增的,而函数 $\left(1+\dfrac{1}{x}\right)^{x+1}$ 是递减的. 为此,我们考察函数

$$f(x) = x(\ln(x+1) - \ln x),$$
$$g(x) = (x+1)(\ln(x+1) - \ln x).$$

因为

$$f'(x) = \ln(x+1) - \ln x - \frac{1}{x+1}$$

$$= \ln\left(1+\frac{1}{x}\right) - \frac{\dfrac{1}{x}}{1+\dfrac{1}{x}} > 0,$$

$$g'(x) = \ln(x+1) - \ln x - \frac{1}{x}$$

$$= \ln\left(1+\frac{1}{x}\right) - \frac{1}{x} < 0,$$

所以,当 $x>0$ 时,$f(x)$ 是递增的,$g(x)$ 是递减的. 因而,当 $x>0$ 时

$$\left(1+\frac{1}{x}\right)^x = \mathrm{e}^{f(x)} \qquad \text{是递增的},$$

$$\left(1+\frac{1}{x}\right)^{x+1} = \mathrm{e}^{g(x)} \qquad \text{是递减的}.$$

例 2   求证:$\mathrm{e}^x \geqslant 1+x$,$\forall x \in \mathbb{R}$,等号仅当 $x=0$ 时成立.

证明   利用泰勒公式

$$\mathrm{e}^x = 1 + x + \frac{x^2}{2}\mathrm{e}^{\theta x},$$

可得

$$\mathrm{e}^x \geqslant 1+x,$$

上式中的等号仅当 $x=0$ 时成立.   □

例 3(推广的伯努利不等式)   对于 $\alpha>1$,$x>-1$,我们有

$$(1+x)^\alpha \geqslant 1+\alpha x,$$

等号仅当 $x=0$ 时成立.

证明   我们有

$$(1+x)^\alpha = 1 + \alpha x + \frac{\alpha(\alpha-1)}{2}(1+\theta x)^{\alpha-2}x^2$$

$$\geqslant 1+\alpha x, \quad \forall x>-1.$$

上式中的等号仅当 $x=0$ 时成立.   □

注记   例 3 中的不等式可以改写成

$$u^\alpha - 1 \geqslant \alpha(u-1), \quad \forall u>0,$$

上式中的等号仅当 $u=1$ 时成立.

例 4   求证

$$\frac{\sin x}{x} \geqslant \frac{2}{\pi}, \quad \forall x \in \left(0, \frac{\pi}{2}\right].$$

证明   考察函数

$$f(x) = \begin{cases} \dfrac{\sin x}{x}, & \text{如果 } x \neq 0, \\ 1, & \text{如果 } x=0. \end{cases}$$

这函数在 $\left[0, \dfrac{\pi}{2}\right]$ 上连续,在 $\left(0, \dfrac{\pi}{2}\right)$ 上可导,并且

$$f'(x) = \frac{x\cos x - \sin x}{x^2}$$

$$= \frac{\cos x}{x^2}(x - \tan x) < 0, \quad \forall x \in \left(0, \frac{\pi}{2}\right).$$

我们看到：函数 f 在 $\left[0, \frac{\pi}{2}\right]$ 上是单调下降的，因而

$$f(x) \geqslant f\left(\frac{\pi}{2}\right), \quad \forall x \in \left[0, \frac{\pi}{2}\right].$$

由此得到

$$\frac{\sin x}{x} \geqslant \frac{2}{\pi}, \quad \forall x \in \left(0, \frac{\pi}{2}\right]. \quad \square$$

例 5 求证：$e^x \leqslant \dfrac{1}{1-x}$，$\forall x < 1$.

证明 记 $f(x) = (1-x)e^x$，则有
$$f'(x) = -x e^x.$$
导函数 $f'(x)$ 经过 $x=0$ 这一点从正变为负，因而 $x=0$ 是函数 $f(x)$ 取得最大值的点. 我们得到
$$(1-x)e^x \leqslant 1, \quad \forall x \in \mathbb{R},$$
因而
$$e^x \leqslant \frac{1}{1-x}, \quad \forall x < 1. \quad \square$$

例 6 考察函数
$$f(x) = -\ln x, \quad x > 0.$$
因为
$$f''(x) = \frac{1}{x^2} > 0, \quad \forall x > 0,$$
所以 f 在 $(0, +\infty)$ 上是严格凸函数. 因而，对于 $x_1, \cdots, x_m \in (0, +\infty)$，以下的詹森不等式成立：
$$f(\alpha_1 x_1 + \cdots + \alpha_m x_m) \leqslant \alpha_1 f(x_1) + \cdots + \alpha_m f(x_m),$$
即
$$-\ln(\alpha_1 x_1 + \cdots + \alpha_m x_m) \leqslant -\alpha_1 \ln x_1 - \cdots - \alpha_m \ln x_m,$$
$$\forall \alpha_1, \cdots, \alpha_m > 0, \quad \alpha_1 + \cdots + \alpha_m = 1.$$

由此得到

$$x_1^{\alpha_1} \cdots x_m^{\alpha_m} \leqslant \alpha_1 x_1 + \cdots + \alpha_m x_m,$$
$$\forall \alpha_1, \cdots, \alpha_m > 0, \quad \alpha_1 + \cdots + \alpha_m = 1.$$

上式中的等号仅当 $x_1 = x_2 = \cdots = x_m$ 时成立. 这里得到的不等式, 是算术平均数与几何平均数不等式的推广. 对于 $\alpha_1 = \cdots = \alpha_m = \dfrac{1}{m}$, 上面的不等式即为算术平均数与几何平均数不等式.

　　例 7　设 $p, q > 0$, $\dfrac{1}{p} + \dfrac{1}{q} = 1$. 试证

$$x^{\frac{1}{p}} y^{\frac{1}{q}} \leqslant \frac{1}{p} x + \frac{1}{q} y, \quad \forall x, y \geqslant 0,$$

等号仅当 $x = y$ 时成立.

　　证明　这是上一例中 $m = 2$ 的情形.　　□

　　例 8　设 $a_1, \cdots, a_n$ 是不全为 0 的非负实数, $b_1, \cdots, b_n$ 也是不全为 0 的非负实数, $p, q > 0$, $\dfrac{1}{p} + \dfrac{1}{q} = 1$. 对于

$$x_i = \frac{a_i^p}{\sum\limits_{j=1}^n a_j^p}, \quad y_i = \frac{b_i^q}{\sum\limits_{j=1}^n b_j^q},$$

用例 7 中的不等式得

$$\frac{a_i b_i}{\left(\sum\limits_{j=1}^n a_j^p\right)^{\frac{1}{p}} \left(\sum\limits_{j=1}^n b_j^q\right)^{\frac{1}{q}}} \leqslant \frac{1}{p} \frac{a_i^p}{\sum\limits_{j=1}^n a_j^p} + \frac{1}{q} \frac{b_i^q}{\sum\limits_{j=1}^n b_j^q}.$$

上式两边对 $i = 1, 2, \cdots, n$ 求和, 就得到

$$\frac{\sum\limits_{i=1}^n a_i b_i}{\left(\sum\limits_{j=1}^n a_j^p\right)^{\frac{1}{p}} \left(\sum\limits_{j=1}^n b_j^q\right)^{\frac{1}{q}}} \leqslant \frac{1}{p} + \frac{1}{q} = 1,$$

$$\sum\limits_{i=1}^n a_i b_i \leqslant \left(\sum\limits_{i=1}^n a_i^p\right)^{\frac{1}{p}} \left(\sum\limits_{i=1}^n b_i^q\right)^{\frac{1}{q}}.$$

这后一不等式对于 $a_1, \cdots, a_n$ 全为 0, 或者 $b_1, \cdots, b_n$ 全为 0 的情形, 显然也成立. 我们证明了赫尔德 (Hölder) 不等式

$$\sum_{i=1}^{n} a_i b_i \leqslant \left(\sum_{i=1}^{n} a_i^p\right)^{\frac{1}{p}}\left(\sum_{i=1}^{n} b_i^q\right)^{\frac{1}{q}},$$

$$a_1, \cdots, a_n \geqslant 0, \quad b_1, \cdots, b_n \geqslant 0.$$

常遇到的一种特殊情形是：$p = q = 2$. 该情形下的赫尔德不等式就是柯西不等式：

$$\sum_{i=1}^{n} a_i b_i \leqslant \left(\sum_{i=1}^{n} a_i^2\right)^{\frac{1}{2}}\left(\sum_{i=1}^{n} b_i^2\right)^{\frac{1}{2}}.$$

注记 柯西不等式还有许多其他证法. 一种常见的证法用到以下二次三项式的判别式：

$$\sum_{i=1}^{n}(\lambda a_i + b_i)^2$$
$$= \lambda^2\left(\sum_{i=1}^{n} a_i^2\right) + 2\lambda\left(\sum_{i=1}^{n} a_i b_i\right) + \sum_{i=1}^{n} b_i^2.$$

另一种常见的证法用到这样的恒等式：

$$\left(\sum_{i=1}^{n} a_i^2\right)\left(\sum_{i=1}^{n} b_i^2\right) - \left(\sum_{i=1}^{n} a_i b_i\right)^2$$
$$= \frac{1}{2}\sum_{i=1}^{n}\sum_{j=1}^{n}(a_i b_j - b_i a_j)^2.$$

例9 设 $c > 0$, 函数 φ 在区间 $[0, c]$ 上严格递增并且连续, ψ 是 φ 的反函数,

$$\varphi(0) = 0, a \in [0, c], b \in [0, \varphi(c)].$$

通过图形面积的比较可得(参看图8-3)：

$$ab \leqslant \int_0^a \varphi(x)\mathrm{d}x + \int_0^b \psi(y)\mathrm{d}y.$$

上述不等式称为杨氏(Young)不等式.

例如,函数

$$\varphi(x) = x^{p-1} \quad (p > 1)$$

的反函数为

$$\psi(y) = y^{q-1} \quad \left(q = \frac{p}{p-1} > 1\right).$$

对这一对函数 φ 和 ψ 用杨氏不等式可得

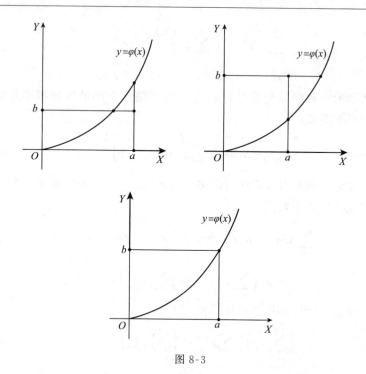

图 8-3

$$ab \leqslant \frac{1}{p}a^{p} + \frac{1}{q}b^{q} \qquad \left(\frac{1}{p} + \frac{1}{q} = 1\right).$$

取 $a = A^{\frac{1}{p}}$，$b = B^{\frac{1}{q}}$，我们重又得到了例 7 中的不等式

$$A^{\frac{1}{p}}B^{\frac{1}{q}} \leqslant \frac{1}{p}A + \frac{1}{q}B \qquad \left(p > 0,\ q > 0,\ \frac{1}{p} + \frac{1}{q} = 1\right).$$

§5　函数的作图

为了形象地表示一个函数的变化状况，有必要利用函数的图形.
按照定义，函数 $y = f(x)$ 的图形，就是 OXY 坐标系中一切坐标为

$$(x, f(x))$$

这样的点的集. 因此，作函数图形最直接的办法是描点绘图法. 但为
了标出图形上的每一个点，都需要计算一次函数值. 为了得到较准
确的图形表示，计算工作量是很大的. 我们希望尽可能地减少这一

工作量. 为此, 就要有选择地进行描点, 使得所标出的点是最能反映函数变化特征的"关键点". 例如: 函数的升降和凹凸等性质转变的点, 等等. 为了寻找这样的点, 可以利用我们前面已经讨论过的求极值点和求拐点的办法. 描点作图当然只能在有限的范围内进行. 为了对函数图形的全貌有较好的了解, 还需要考察动点沿函数图形趋于无穷远时的渐近状况.

5.a 求渐近线

考察曲线

$$\gamma : y = f(x)$$

和直线

$$\lambda : Ax + By + C = 0 \quad (A^2 + B^2 \neq 0).$$

如果 $x \to a$ 时, 点 $P(x, f(x))$ 沿曲线 γ 趋向无穷远, 并且这点到直线 λ 的距离趋于 0, 那么我们就说: $x \to a$ 时曲线 γ 以直线 λ 为**渐近线**.

我们来探讨渐近线存在的条件. 首先注意到: 点 $P(x, f(x))$ 到直线 λ 的距离可以表示为

$$d(x) = \frac{|Ax + Bf(x) + C|}{\sqrt{A^2 + B^2}},$$

因此, $x \to a$ 时曲线 γ 以直线 λ 为渐近线的充要条件是: 当 $x \to a$ 时, 点 P 沿曲线 γ 趋向无穷远, 并且

$$\lim_{x \to a}(Ax + Bf(x) + C) = 0.$$

以下分三种情形讨论.

情形 1　$\lim\limits_{x \to a} f(x) = \infty$, 这里 $a \in \mathbb{R}$. 对这种情形, 要使

$$\lim_{x \to a}(Ax + Bf(x) + C) = 0,$$

必须而且只需

$$B = 0, \quad Aa + C = 0.$$

当这条件满足时, 渐近线 λ 的方程为

$$Ax + C = 0,$$

也就是

$$x = -\frac{C}{A} = a.$$

这时我们说曲线 $y = f(x)$ 有竖直渐近线

$$x = a.$$

情形 2 $x \to +\infty$. 对这情形,要使

$$\lim_{x \to +\infty}(Ax + Bf(x) + C) = 0,$$

必须而且只需:

$$B \neq 0,$$

$$\lim_{x \to +\infty}\left(A + B\frac{f(x)}{x}\right)$$

$$= \lim_{x \to +\infty}\left(\frac{Ax + Bf(x) + C}{x} - \frac{C}{x}\right)$$

$$= 0,$$

$$\lim_{x \to +\infty}(Ax + Bf(x)) = -C.$$

这些条件等价于

$$B \neq 0,$$

$$\lim_{x \to +\infty}\frac{f(x)}{x} = -\frac{A}{B} = k,$$

$$\lim_{x \to +\infty}(f(x) - kx) = \lim_{x \to +\infty}\left(f(x) + \frac{A}{B}x\right)$$

$$= -\frac{C}{B} = b.$$

当这些条件满足时,渐近线 λ 的方程为

$$y = -\frac{A}{B}x - \frac{C}{B} = kx + b.$$

这时我们说曲线 $y = f(x)$ 有斜渐近线

$$y = kx + b.$$

情形 3 $x \to -\infty$. 对这情形的讨论与情形 2 完全类似,因此就不重复了.

通过以上分析,我们得到结论:

Ⅰ. 曲线 $y = f(x)$ 有竖直渐近线 $x = a$ 的充要条件是函数 $f(x)$ 在 a 点有无穷间断,也就是

$$\lim_{x \to a} f(x) = \infty$$

（这里设 $a \in \mathbb{R}$）；

II. 曲线 $y = f(x)$ 有斜渐近线 $y = kx + b$ 的充要条件是

$$\lim_{\substack{x \to +\infty \\ (-\infty)}} \frac{f(x)}{x} = k ,$$

$$\lim_{\substack{x \to +\infty \\ (-\infty)}} (f(x) - kx) = b .$$

请注意，这里所说的"斜渐近线"，包括 $k = 0$ 的情形，即包括了水平渐近线. 容易看出：曲线 $y = f(x)$ 有水平渐近线 $y = b$ 的充要条件是

$$\lim_{\substack{x \to +\infty \\ (-\infty)}} f(x) = b .$$

例 1 求曲线

$$y = \frac{x^2}{1 + x}$$

的渐近线（参看图 8-4）.

解 首先注意到

$$\lim_{x \to -1} y = \lim_{x \to -1} \frac{x^2}{1 + x} = \infty ,$$

由此得知曲线 $y = \dfrac{x^2}{1 + x}$ 有竖直渐近线

$$x = -1 .$$

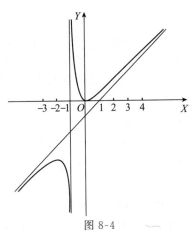

图 8-4

其次,因为

$$\lim_{x \to \infty} \frac{y}{x} = \lim_{x \to \infty} \frac{x}{1+x} = 1,$$

$$\lim_{x \to \infty} (y - x) = \lim_{x \to \infty} \left(\frac{x^2}{1+x} - x \right) = \lim_{x \to \infty} \frac{-x}{1+x} = -1,$$

所以曲线 $y = \dfrac{x^2}{1+x}$ 还有斜渐近线

$$y = x - 1.$$

例 2 求曲线 $y = e^{-x^2}$ 的渐近线.

解 因为

$$\lim_{x \to \infty} e^{-x^2} = 0,$$

所以曲线 $y = e^{-x^2}$ 有水平渐近线 $y = 0$(图 8-5).

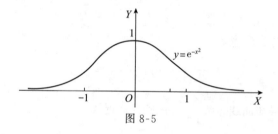

图 8-5

5. b 描点作图

在开始作图之前,应对函数的一般状况作一个大致的考察,并找出最能反映函数变化特征的一些关键性的点. 具体步骤如下:

一、考察函数的定义域,以确定在怎样的范围内选点;

二、考察函数的奇偶性与周期性,以减少描点时的计算工作量;

三、求函数图形的渐近线;

四、求 $f'(x) = 0$ 的根,并判别 $f'(x)$ 在其各根间的符号,以了解函数 $f(x)$ 在各段的升降与极值的情况;

五、求 $f''(x) = 0$ 的根,并判别 $f''(x)$ 在其各根间的符号,以了解函数 $f(x)$ 在各段的凹凸与拐点的情况;

六、再有选择地标出一些有代表性的点,例如图形与各坐标轴的交点等.

例 3 作函数 $y = e^{-x^2}$ 的图形.

解 该函数的定义域是 $(-\infty, +\infty)$,它是偶函数. 因为

$$\lim_{x \to \infty} e^{-x^2} = 0,$$

所以函数的图形以 x 轴为水平渐近线. 计算这函数的导数得

$$y' = -2x e^{-x^2},$$
$$y'' = (-2 + 4x^2) e^{-x^2}.$$

我们列表讨论函数 $y = e^{-x^2}$ 的升降与极值,凹凸与拐点:

x	$\left(-\dfrac{1}{\sqrt{2}}, 0\right)$	0	$\left(0, \dfrac{1}{\sqrt{2}}\right)$	$\dfrac{1}{\sqrt{2}}$	$\left(\dfrac{1}{\sqrt{2}}, +\infty\right)$
y'	$+$	0	$-$	$-$	$-$
y''	$-$	$-$	$-$	0	$+$
y	↗	1	↓	0.6	↘
备注		极大		拐点	

这函数的图形描绘在图 8-6 中.

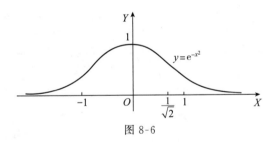

图 8-6

注记 在这例和以下各例中,我们采用以下的方便的符号来表示函数的升降与凹凸:

↗	↗	↓	↘
上升,凸	上升,凹	下降,凹	下降,凸

例 4 作函数 $y = \dfrac{2x}{1+x^2}$ 的图形.

解 该函数的定义域为 $(-\infty, +\infty)$,它是一个奇函数. 因为

$$\lim_{x \to \infty} y = \lim_{x \to \infty} \frac{2x}{1+x^2} = 0,$$

所以图形以 x 轴为水平渐近线. 计算函数的导数得

$$y' = \frac{2(1-x^2)}{(1+x^2)^2}, \quad y'' = \frac{4x(x^2-3)}{(1+x^2)^3}.$$

我们列表讨论函数 $y = \dfrac{2x}{1+x^2}$ 的升降与极值,凹凸与拐点:

x	$(-1,0)$	0	$(0,1)$	1	$(1,\sqrt{3})$	$\sqrt{3}$	$(\sqrt{3},+\infty)$
y'	$+$	$+$	$+$	0	$-$	$-$	$-$
y''	$+$	0	$-$	$-$	$-$	0	$+$
y	↗	0	↗	1	↘	$\dfrac{\sqrt{3}}{2}$	↘
备注		拐点		极大		拐点	

该函数的图形描绘在图 8-7 中.

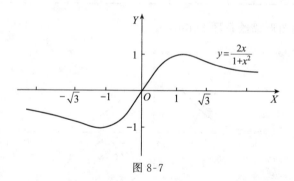

图 8-7

例 5 作函数 $y = \dfrac{x^2}{1+x}$ 的图形.

解 该函数的定义域为

$$(-\infty, -1) \bigcup (-1, +\infty).$$

因为

$$\lim_{x \to -1} y = \lim_{x \to -1} \frac{x^2}{1+x} = \infty,$$

所以图形有竖直渐近线 $x = -1$. 又因为

$$\lim_{x \to \infty} \frac{y}{x} = \lim_{x \to \infty} \frac{x}{1+x} = 1,$$

$$\lim_{x \to \infty} (y - x) = \lim_{x \to \infty} \frac{-x}{1+x} = -1,$$

所以图形有斜渐近线 $y = x - 1$. 计算函数 $y = \dfrac{x^2}{1+x}$ 的导数得

$$y' = \frac{2x + x^2}{(1+x)^2} = 1 - \frac{1}{(1+x)^2}, \quad y'' = \frac{2}{(1+x)^3}.$$

我们列表讨论函数 $y = \dfrac{x^2}{1+x}$ 的升降与极值,凹凸与拐点:

x	$(-\infty, -2)$	-2	$(-2, -1)$	$(-1, 0)$	0	$(0, +\infty)$
y'	$+$	0	$-$	$-$	0	$+$
y''	$-$	$-$	$-$	$+$	$+$	$+$
y	↗	-4	↓	↘	0	↗
备注		极大			极小	

这个函数的图形描绘在图 8-8 中.

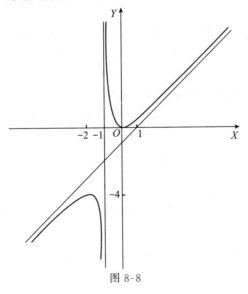

图 8-8

例 6 作函数 $y = \dfrac{x^3}{x^2-1}$ 的图形.

解 该函数的定义域是 $\mathbb{R} \setminus \{\pm 1\}$. 它是一个奇函数. 因为

$$\lim_{x \to \pm 1} y = \lim_{x \to \pm 1} \frac{x^3}{x^2-1} = \infty,$$

所以函数的图形以 $x = \pm 1$ 为竖直渐近线. 又因为

$$\lim_{x \to \infty} \frac{y}{x} = \lim_{x \to \infty} \frac{x^2}{x^2-1} = 1,$$

$$\lim_{x \to \infty} (y-x) = \lim_{x \to \infty} \frac{x}{x^2-1} = 0,$$

所以图形以 $y = x$ 为斜渐近线. 为了便于计算导数, 我们把这个函数的表示式写成

$$y = x + \frac{x}{x^2-1}$$

$$= x + \frac{1}{2(x-1)} + \frac{1}{2(x+1)}.$$

于是求得

$$y' = 1 - \frac{1}{2(x-1)^2} - \frac{1}{2(x+1)^2} = \frac{x^2(x^2-3)}{(x^2-1)^2},$$

$$y'' = \frac{1}{(x-1)^3} + \frac{1}{(x+1)^3} = \frac{2x(x^2+3)}{(x^2-1)^3}.$$

我们列表讨论函数的升降与极值, 凹凸与拐点:

x	$(-1,0)$	0	$(0,1)$	$(1,\sqrt{3})$	$\sqrt{3}$	$(\sqrt{3},+\infty)$
y'	$-$	0	$-$	$-$	0	$+$
y''	$+$	0	$-$	$+$	$+$	$+$
y	↘	0	↓	↘	$\dfrac{3\sqrt{3}}{2}$	↗
备注		拐点			极小	

这个函数的图形描绘在图 8-9 中.

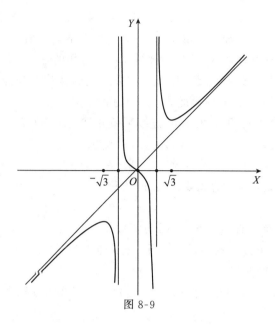

图 8-9

§6 方程的近似求解

从各种实际问题中,人们得到形式多样的方程.研究方程的求解,是一项有久远历史的数学课题.最初人们关注于代数方程,尽力寻求解的公式表示.对于一次和二次的代数方程,这种努力在古代就已获得成功.到了 16 世纪,对于三次和四次的代数方程,也找到了用四则运算和根号表示解的公式.但对于更高次的代数方程,类似的努力却毫无进展.到了 19 世纪,由于阿贝尔(Abel)和伽罗瓦(Galois)的研究,人们才了解到:对于高于四次的代数方程,不存在用四则运算及根号表示解的一般公式.其实,即使对于三次和四次的代数方程,解的公式表示就已经相当复杂了,除了某些简单情形而外,一般并不适宜做具体计算.对于高于四次的代数方程以及所谓的"超越"方程(例如像 $x \ln x - 1 = 0$ 这样的方程),就更有必要探讨近似求解的有效方法.

近似求解方程的办法有很多种,其一般格局是:设计一定的程序,使得按这个程序能够产生一个收敛于方程的根的序列$\{x_n\}$. 于是,我们可以取 n 充分大的 x_n 作为方程的根的近似值.

牛顿法(又称切线法)是一种得到广泛应用的近似求解方程的方法. 只要初始点选择得当,由这种方法产生的迭代序列能以很快的速度收敛于方程的根. 下面就来介绍这种方法.

设函数 f 在闭区间 $[a,b]$ 连续可微并且满足条件:

$$f(a) \cdot f(b) < 0;$$

$$f'(x) \neq 0, \quad \forall\, x \in [a,b].$$

于是,由连续函数的介值定理可知,方程

$$f(x) = 0$$

在 (a,b) 上至少有一个解. 又因为函数 f 在 $[a,b]$ 上严格单调的,所以在这区间中方程的解是唯一的. 记这唯一解为 c. 下面,我们来构造逼近这个解的序列.

曲线 $y = f(x)$ 在某点 $(x_0, f(x_0))$ 处的切线的方程为

$$y = f(x_0) + f'(x_0)(x - x_0).$$

为了近似求解方程 $f(x) = 0$,我们用这切线与 x 轴的交点 x_1 代替曲线 $y = f(x)$ 与 x 轴的交点 c. 换句话说,就是用方程

$$f(x_0) + f'(x_0)(x - x_0) = 0$$

的解 x_1 作为方程 $f(x) = 0$ 的解 c 的近似值. 我们求出

$$x_1 = x_0 - \frac{f(x_0)}{f'(x_0)}.$$

以 x_1 代替 x_0,重复上面的手续,又得到

$$x_2 = x_1 - \frac{f(x_1)}{f'(x_1)}.$$

如果这样的迭代手续可以一直进行下去,那么就能得到一个数列 $\{x_n\}$:

$$x_n = x_{n-1} - \frac{f(x_{n-1})}{f'(x_{n-1})}, \quad n = 1, 2, \cdots.$$

近似求解方程的这种迭代方法是牛顿首先提出的,所以叫作牛顿法. 我们需要考察:在怎样的条件下,由牛顿法产生的迭代序列收敛于方程 $f(x) = 0$ 的解 c.

为了便于讨论,我们假设函数 f 在闭区间 $[a,b]$ 上二阶连续可微并且满足条件

$$f(a) \cdot f(b) < 0,$$

$$f'(x) \cdot f''(x) \neq 0, \quad \forall x \in [a,b].$$

在这样的条件下,关于函数 f 在闭区间 $[a,b]$ 的凹凸与升降,有以下四种情形(参看图 8-10):

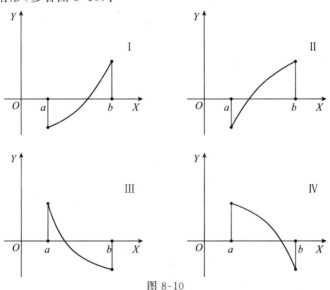

图 8-10

Ⅰ. 凸上升($f' > 0$, $f'' > 0$);

Ⅱ. 凹上升($f' > 0$, $f'' < 0$);

Ⅲ. 凸下降($f' < 0$, $f'' > 0$);

Ⅳ. 凹下降($f' < 0$, $f'' < 0$).

分析以上四种情况的典型图形,我们确信:只要选择 x_0 满足

$$f(x_0) f''(x_0) > 0,$$

就能保证

$$x_1 = x_0 - \frac{f(x_0)}{f'(x_0)}$$

与 x_0 在 c 的同侧,并且 x_1 比 x_0 离 c 更近. 因为在 c 的同一侧 f 的符号不改变,所以 x_1 也满足

$$f(x_1)f''(x_1) > 0,$$

于是又能保证

$$x_2 = x_1 - \frac{f(x_1)}{f'(x_1)}$$

与 x_1 在 c 的同侧，并且 x_2 比 x_1 离 c 更近. 这样的迭代过程可以不断进行下去而得到一串数

$$x_{n+1} = x_n - \frac{f(x_n)}{f'(x_n)}, \quad n = 0, 1, 2, \cdots.$$

单调有界序列 $\{x_n\}$ 的极限 x_* 应满足

$$x_* = x_* - \frac{f(x_*)}{f'(x_*)},$$

即

$$f(x_*) = 0.$$

因而 x_* 应是方程 $f(x) = 0$ 在闭区间 $[a, b]$ 上的唯一解 c.

根据以上分析，我们来证明：

定理 1 设函数 f 在闭区间 $[a, b]$ 上二阶连续可微并且满足条件

$$f(a) \cdot f(b) < 0,$$
$$f'(x) \cdot f''(x) \neq 0, \quad \forall x \in [a, b].$$

如果 $x_0 \in [a, b]$ 使得

$$f(x_0) \cdot f''(x_0) > 0,$$

那么由迭代程序

$$x_n = x_{n-1} - \frac{f(x_{n-1})}{f'(x_{n-1})}, \quad n = 1, 2, \cdots,$$

所产生的数列 $\{x_n\}$ 单调收敛于方程 $f(x) = 0$ 在 $[a, b]$ 上的唯一解 c.

证明 为确定起见，不妨设函数 f 在闭区间 $[a, b]$ 上是凸上升的，即 $f' > 0$, $f'' > 0$（其他情形可类似地讨论）. 对于这种情形，初始点的条件

$$f(x_0) \cdot f''(x_0) > 0$$

意味着

$$f(x_0) > 0,$$

也就是

$$x_0 > c.$$

显然有

$$x_1 = x_0 - \frac{f(x_0)}{f'(x_0)} < x_0.$$

若记

$$\varphi(x) = x - \frac{f(x)}{f'(x)},$$

则有

$$\varphi'(x) = 1 - \frac{[f'(x)]^2 - f(x)f''(x)}{[f'(x)]^2} = \frac{f(x)f''(x)}{[f'(x)]^2}.$$

我们看到

$$\begin{aligned} x_1 - c &= \varphi(x_0) - \varphi(c) \\ &= \varphi'(\xi)(x_0 - c) \\ &= \frac{f(\xi)f''(\xi)}{[f'(\xi)]^2}(x_0 - c) > 0. \end{aligned}$$

这里用到了拉格朗日中值定理,上式中的 ξ 满足条件 $x_0 > \xi > c$.

在 $f' > 0$, $f'' > 0$ 的条件下,我们证明了:只要 $x_0 > c$,就有

$$x_0 > x_1 > c.$$

利用归纳法可进一步证明

$$x_{n-1} > x_n > c, \quad n = 1, 2, \cdots.$$

数列 $\{x_n\}$ 单调下降并且有下界,因而必定收敛于极限 x_*. 在前面的讨论中,我们已经看到,这样的 x_* 应是方程 $f(x) = 0$ 在闭区间 $[a, b]$ 上的唯一解 c. $\quad\square$

对于实际计算来说,仅仅知道近似序列收敛于根 c 是不够的,还需要了解这收敛的速度. 收敛速度很慢的近似序列是根本不适宜于做实际计算的. 对于牛顿法来说,只要初始近似选择得比较好,收敛的速度将是很快的. 这从以下定理可以看出.

定理 2 设函数 f 在闭区间 $[a, b]$ 连续并有连续的一阶和二阶导数,$f'(x)$ 和 $f''(x)$ 在 $[a, b]$ 上不改变符号,$c \in (a, b)$ 是 $f(x) = 0$

的根,则按牛顿法产生的迭代序列

$$x_{n+1} = x_n - \frac{f(x_n)}{f'(x_n)}, \quad n = 0,1,2,\cdots,$$

满足

$$|x_{n+1} - c| \leqslant q|x_n - c|^2,$$

这里

$$q = \frac{M}{2m}, \quad m = \inf_{x \in [a,b]} |f'(x)|, \quad M = \sup_{x \in [a,b]} |f''(x)|.$$

证明 利用泰勒公式

$$f(c) = f(x_n) + f'(x_n)(c - x_n) + \frac{f''(\xi)}{2}(c - x_n)^2,$$

我们得到

$$x_n - \frac{f(x_n)}{f'(x_n)} - c = \frac{f''(\xi)}{2f'(x_n)}(c - x_n)^2,$$

即

$$x_{n+1} - c = \frac{f''(\xi)}{2f'(x_n)}(c - x_n)^2.$$

由此即可得到

$$|x_{n+1} - c| \leqslant q|x_n - c|^2. \quad \square$$

于是,只要初始近似 x_0 选择得比较好,逼近序列 $\{x_n\}$ 将以很快的速度收敛于根 c:如果 $|x_n - c|$ 的数量级为 10^{-k},那么 $|x_{n+1} - c|$ 的数量级差不多可达 10^{-2k}。

定理 3 用牛顿法求根时,有以下简便的误差估计

$$|x_n - c| \leqslant \frac{|f(x_n)|}{m},$$

这里

$$m = \inf_{x \in [a,b]} |f'(x)|.$$

证明 利用中值公式

$$f(x_n) - f(c) = f'(\xi)(x_n - c),$$

可得

$$x_n - c = \frac{f(x_n)}{f'(\xi)}.$$

因而

$$|x_n - c| \leqslant \frac{|f(x_n)|}{m}. \quad \Box$$

例 1 设 $a>0$. 试写出用牛顿法求算术平方根 $\sqrt{a}$ 的迭代公式.

解 记 $f(x)=x^2-a$，则有

$$f'(x)=2x>0, \quad f''(x)=2>0, \quad \forall x>0.$$

用牛顿法求解方程 $x^2-a=0$ 的迭代公式应为：

$$x_n = x_{n-1} - \frac{f(x_{n-1})}{f'(x_{n-1})}$$

$$= x_{n-1} - \frac{x_{n-1}^2 - a}{2x_{n-1}}$$

$$= \frac{1}{2}\left(x_{n-1} + \frac{a}{x_{n-1}}\right).$$

在第二章 §3 的例 3 中，我们已经看到过这一公式.

例 2 试用牛顿法解方程

$$x \ln x - 1 = 0.$$

解 记 $f(x)=x\ln x-1$，则有

$$f'(x)=\ln x+1, \quad f''(x)=\frac{1}{x}.$$

容易看出，在 $(0,1)$ 中 $f(x)<0$，因而方程无根. 对于 $x \geqslant 1$，因为 $f'(x)>0$，所以方程 $f(x)=0$ 至多只能有一个根. 又因为

$$f(1)=-1<0,$$
$$f(2)=2\ln 2-1$$
$$=\ln 4-1>0,$$

所以方程 $f(x)=0$ 的唯一根在开区间 $(1,2)$ 之中. 我们用牛顿法近似求这个根. 因为 $f(2)$ 与 $f''(2)$ 同号，所以可取 $x_0=2$. 牛顿法的迭代公式为

$$x_{n+1} = x_n - \frac{f(x_n)}{f'(x_n)}$$

$$= x_n - \frac{x_n \ln x_n - 1}{\ln x_n + 1}$$

$$= \frac{x_n + 1}{\ln x_n + 1}.$$

从 $x_0 = 2$ 开始,逐次迭代得

$$x_1 = \frac{3}{\ln 2 + 1} = 1.77185,$$

$$x_2 = \frac{2.77185}{\ln 1.77185 + 1} = 1.76324,$$

$$x_3 = \frac{2.76324}{\ln 1.76324 + 1} = 1.76323.$$

我们利用定理 3 来估计误差,因为

$$m = \inf_{x \in [1,2]} |f'(x)| = 1,$$

所以

$$|x_3 - c| \leqslant |f(x_3)| \leqslant 0.00000026.$$

我们只迭代了三次就达到相当高的精确度.

第九章 定积分的进一步讨论

§1 定积分存在的一般条件

我们把定积分定义为极限

$$\int_a^b f(x)\,\mathrm{d}x = \lim_{|P| \to 0} \sigma(f, P, \xi).$$

本节就来探讨这样的极限存在的条件. 在第六章 §1 中,我们已经指出,要使上述极限存在,函数 f 在 $[a, b]$ 上必须是有界的. 这是定积分存在的一个必要条件. 以下,我们在 f 有界的前提下做进一步的探讨. 于是,对于 $[a, b]$ 的分割

$$P : a = x_0 < x_1 < \cdots < x_n = b,$$

函数 f 在每一子区间 $[x_{k-1}, x_k]$ 上具有有穷的下确界和上确界

$$m_k = \inf_{x \in [x_{k-1}, x_k]} f(x), \quad M_k = \sup_{x \in [x_{k-1}, x_k]} f(x).$$

我们记

$$\omega_k = M_k - m_k.$$

为方便起见,还引入记号

$$m = \inf_{x \in [a, b]} f(x), \quad M = \sup_{x \in [a, b]} f(x),$$

和

$$\omega = M - m.$$

定义 我们分别把和数

$$L(f, P) = \sum_{i=1}^n m_i \Delta x_i$$

与

$$U(f, P) = \sum_{i=1}^n M_i \Delta x_i$$

称为函数 f 关于分割 P 的**下和**与**上和**.

对下和与上和进行研究是法国数学家达布(Darboux)倡议的,

所以这样的和数又称为**达布和**(**达布下和**与**达布上和**).

我们注意到: 函数 f 关于分割 P 的一切积分和(黎曼和) $\sigma(f,P,\xi)$ 都介于达布下和与达布上和之间

$$L(f,P) \leqslant \sigma(f,P,\xi) \leqslant U(f,P).$$

还容易看出: 对于给定的分割 P, 应该有

$$\inf_{\xi} \sigma(f,P,\xi) = L(f,P),$$
$$\sup_{\xi} \sigma(f,P,\xi) = U(f,P).$$

这里的 $\inf_{\xi}\sigma(f,P,\xi)$ 和 $\sup_{\xi}\sigma(f,P,\xi)$ 分别表示对一切可能的 ξ 取 $\sigma(f,P,\xi)$ 的下确界和上确界.

我们将通过对达布下和与上和的考察, 探讨函数 f 在 $[a,b]$ 上可积的充要条件.

引理 1　对于 $[a,b]$ 的分割

$$P: a = x_0 < x_1 < \cdots < x_n = b$$

和由 P 添加一个分点 $x' \in [x_{k-1}, x_k]$ 而成的分割 P', 我们有

(1) $L(f,P) \leqslant L(f,P') \leqslant L(f,P) + \omega|P|$,

(2) $U(f,P) \geqslant U(f,P') \geqslant U(f,P) - \omega|P|$.

证明　下和 $L(f,P)$ 与 $L(f,P')$ 不同之处仅仅在于前者的项

$$m_k(x_k - x_{k-1})$$

被代之以

$$m'_k(x' - x_{k-1}) + m''_k(x_k - x'),$$

这里

$$m'_k = \inf_{x \in [x_{k-1}, x']} f(x), \quad m''_k = \inf_{x \in [x', x_k]} f(x).$$

因而

$$
\begin{aligned}
L(f,P') &- L(f,P) \\
&= m'_k(x' - x_{k-1}) + m''_k(x_k - x') - m_k(x_k - x_{k-1}) \\
&= (m'_k - m_k)(x' - x_{k-1}) + (m''_k - m_k)(x_k - x').
\end{aligned}
$$

但显然有

$$m_k \leqslant \begin{matrix} m'_k \\ m''_k \end{matrix} \leqslant M_k,$$

所以

$$0 \leqslant L(f,P') - L(f,P)$$
$$\leqslant (M_k - m_k)(x_k - x_{k-1})$$
$$\leqslant (M-m)|P| = \omega|P|.$$

这就证明了结论(1)：

$$L(f,P) \leqslant L(f,P') \leqslant L(f,P) + \omega|P|.$$

至于结论(2)，可以用类似的方法来证明；也可以利用关系式

$$U(f,P) = -L(-f,P),$$

从结论(1)推出. □

推论 设分割 P' 是由分割 P 添加 l 个分点而成，则

(1) $L(f,P) \leqslant L(f,P') \leqslant L(f,P) + l\omega|P|$；

(2) $U(f,P) \geqslant U(f,P') \geqslant U(f,P) - l\omega|P|$.

引理 2 设 P_1 和 P_2 是 $[a,b]$ 的任意两个分割，则有

$$L(f,P_1) \leqslant U(f,P_2).$$

证明 以 P' 表示由 P_1 的分点与 P_2 的分点合在一起做成的分割，则有

$$L(f,P_1) \leqslant L(f,P') \leqslant U(f,P') \leqslant U(f,P_2). \quad \Box$$

以下我们记

$$\underline{I} = \sup_P L(f,P), \quad \overline{I} = \inf_P U(f,P).$$

这里的 $\sup_P L(f,P)$ 与 $\inf_P U(f,P)$ 分别表示对 $[a,b]$ 的一切可能的分割 P 取 $L(f,P)$ 的上确界与 $U(f,P)$ 的下确界. $\underline{I}$ 和 $\overline{I}$ 分别称为 f 在 $[a,b]$ 的达布**下积分**与达布**上积分**. 由引理 2 可知

$$\underline{I} \leqslant \overline{I}.$$

引理 3 我们有

(1) $\lim\limits_{|P| \to 0} L(f,P) = \underline{I}$；

(2) $\lim\limits_{|P| \to 0} U(f,P) = \overline{I}$.

证明 因为

$$\underline{I} = \sup_P L(f,P),$$

所以，对任何 $\varepsilon > 0$，存在分割

$$P_0: a = x_0 < x_1 < \cdots < x_l = b,$$

使得

$$\underline{I} - \frac{\varepsilon}{2} < L(f, P_0) \leqslant \underline{I}.$$

下面,我们指出:只要分割 P 满足

$$|P| < \delta = \frac{\varepsilon}{2l\omega + 1}$$

(这里 l 是 P_0 的分点个数),就一定有

$$\underline{I} - \varepsilon < L(f, P) \leqslant \underline{I}.$$

事实上,如果把由 P_0 和 P 的分点合在一起做成的分割记为 P',那么

$$\begin{aligned}
\underline{I} &\geqslant L(f, P) \\
&\geqslant L(f, P') - l\omega |P| \\
&\geqslant L(f, P_0) - l\omega |P| \\
&> \underline{I} - \frac{\varepsilon}{2} - \frac{\varepsilon}{2} = \underline{I} - \varepsilon.
\end{aligned}$$

以上的讨论已经证明了

$$\lim_{|P| \to 0} L(f, P) = \underline{I}.$$

同样可证

$$\lim_{|P| \to 0} U(f, P) = \overline{I}. \quad \square$$

在做了以上准备之后,我们来探讨有界函数 f 在有界闭区间 $[a, b]$ 可积的充要条件.

定理 1 设 $a, b \in \mathbb{R}$,函数 f 在闭区间 $[a, b]$ 上有定义并且有界,则以下三条件互相等价:

(1) 对任何 $\varepsilon > 0$,存在 $[a, b]$ 的分割 P,使得

$$U(f, P) - L(f, P) < \varepsilon;$$

(2) 函数 f 在 $[a, b]$ 上的达布下积分与达布上积分相等:

$$\underline{I} = \overline{I};$$

(3) 函数 f 在 $[a, b]$ 上可积.

证明 我们将循以下途径来证明这三条件的等价性:

$$“(1) \Rightarrow (2) \Rightarrow (3) \Rightarrow (1)”.$$

先来证明“(1)$\Rightarrow$(2)”. 因为

$$0 \leqslant \overline{I} - \underline{I} \leqslant U(f, P) - L(f, P),$$

所以条件(1)蕴涵

$$0 \leqslant \bar{I} - \underline{I} < \varepsilon, \quad \forall \varepsilon > 0.$$

由此即可得到

$$\bar{I} = \underline{I}.$$

再来证明"(2)⇒(3)". 记 $I = \underline{I} = \bar{I}$，则有

$$\lim_{|P| \to 0} L(f,P) = \lim_{|P| \to 0} U(f,P) = I.$$

又因为

$$L(f,P) \leqslant \sigma(f,P,\xi) \leqslant U(f,P),$$

所以

$$\lim_{|P| \to 0} \sigma(f,P,\xi) = I.$$

最后，我们来证明"(3)⇒(1)". 按照可积性的定义，存在极限

$$\lim_{|P| \to 0} \sigma(f,P,\xi) = I.$$

于是，对任何 $\varepsilon > 0$，存在 $\delta > 0$，使得只要 $|P| < \delta$，就有

$$I - \frac{\varepsilon}{3} < \sigma(f,P,\xi) < I + \frac{\varepsilon}{3}.$$

取定一个这样的分割 P，让 ξ 变动取积分和的下确界与上确界，我们得到

$$I - \frac{\varepsilon}{3} \leqslant L(f,P) \leqslant U(f,P) \leqslant I + \frac{\varepsilon}{3}.$$

由此得到

$$U(f,P) - L(f,P) \leqslant \frac{2\varepsilon}{3} < \varepsilon. \quad \square$$

注记 从上面定理的证明可以看出：对于在 $[a,b]$ 上可积的函数 f，应有

$$\int_a^b f(x)\mathrm{d}x = \underline{I} = \bar{I}.$$

下面，我们把定理1改写为更便于应用的形式. 为此，先介绍一些记号. 对于 $[a,b]$ 的分割

$$P : a = x_0 < x_1 < \cdots < x_n = b,$$

我们记

$$\Omega(f,P) = \sum_{i=1}^{n} \omega_i \Delta x_i,$$

这里

$$\omega_i = M_i - m_i.$$

显然有

$$\Omega(f,P) = U(f,P) - L(f,P),$$

因而

$$\lim_{|P| \to 0} \Omega(f,P) = \bar{I} - \underline{I}.$$

采用这样的记号,我们把定理 1 改写如下:

定理 1$'$ 设 $a,b \in \mathbb{R}$,函数 f 在闭区间 $[a,b]$ 上有定义并且有界,则以下三条件互相等价:

(1) 对任意 $\varepsilon > 0$,存在 $[a,b]$ 的分割 P,使得

$$\Omega(f,P) < \varepsilon;$$

(2) $\lim\limits_{|P| \to 0} \Omega(f,P) = 0$;

(3) f 在 $[a,b]$ 上可积.

例 1 狄利克雷函数定义为

$$D(x) = \begin{cases} 1, & \text{如果 } x \text{ 是有理数,} \\ 0, & \text{如果 } x \text{ 是无理数.} \end{cases}$$

设 $a,b \in \mathbb{R}$, $a < b$. 我们来考察函数 $D(x)$ 在 $[a,b]$ 上是否可积. 对于 $[a,b]$ 的任意分割 P,显然有

$$\Omega(D,P) = \sum_{i=1}^{n} \omega_i \Delta x_i = \sum_{i=1}^{n} \Delta x_i = b - a.$$

因而狄利克雷函数 D 在任何闭区间 $[a,b]$ 上都不可积.

例 2 黎曼函数定义为

$$R(x) = \begin{cases} \dfrac{1}{q}, & \text{如果 } x = \dfrac{p}{q}(q > 0) \text{ 是既约分数,} \\ 0, & \text{如果 } x \text{ 是无理数.} \end{cases}$$

我们来证明函数 R 在任何闭区间 $[a,b]$ 上可积.

证明 设 ε 是任意正数. 考察闭区间 $[a,b]$ 上的所有的既约分数 $\dfrac{p}{q}(q > 0)$,我们可以断定:在这些既约分数里,至多有有限多个能

够使得

$$\frac{1}{q} \geqslant \frac{\varepsilon}{2(b-a)}.$$

把这些有限个既约分数记为

$$r_1, \cdots, r_l.$$

取 $[a,b]$ 的分割 P，使得

$$|P| < \frac{\varepsilon}{4l}.$$

对这个分割 P，我们把 $\Omega(R,P)$ 分成两部分：

$$\Omega(R,P) = \sum_i' \omega_i \Delta x_i + \sum_j'' \omega_j \Delta x_j,$$

其中 $\sum_i' \omega_i \Delta x_i$ 所涉及的子区间 $[x_{i-1}, x_i]$ 上不含有任何一个 r_k，而 $\sum_j'' \omega_j \Delta x_j$ 所涉及的子区间 $[x_{j-1}, x_j]$ 上含有 r_k. 因为 $\sum''$ 的加项不超过 $2l$ 个，所以

$$\Omega(R,P) = \sum_i' \omega_i \Delta x_i + \sum_j'' \omega_j \Delta x_j$$

$$< \frac{\varepsilon}{2(b-a)} \sum_i' \Delta x_i + \sum_j'' \Delta x_j$$

$$< \frac{\varepsilon}{2(b-a)} (b-a) + 2l |P|$$

$$< \frac{\varepsilon}{2} + \frac{\varepsilon}{2} = \varepsilon.$$

这就证明了黎曼函数 R 的可积性. $\square$

§2　可积函数类

我们利用上节中推导的充要条件考察可积函数类. 将指出：这函数类对于相加、相乘和取绝对值等运算是封闭的. 还将指出：任何连续的函数或者单调的函数都属于可积函数类. 我们看到，可积函数类的范围是相当广的.

先证明一个引理.

引理　设函数 φ 在区间 J 有定义. 我们记

$$M(\varphi) = \sup_{x \in J} \varphi(x), \quad m(\varphi) = \inf_{x \in J} \varphi(x),$$
$$\omega(\varphi) = M(\varphi) - m(\varphi).$$

则有

$$\sup_{x', x'' \in J} |\varphi(x') - \varphi(x'')| = \omega(\varphi).$$

证明　对于 $\omega(\varphi) = M(\varphi) - m(\varphi) = 0$ 的情形,显然有

$$\sup_{x', x'' \in J} |\varphi(x') - \varphi(x'')| = 0 = \omega(\varphi).$$

以下设 $\omega(\varphi) = M(\varphi) - m(\varphi) > 0$.

对任何 $x', x'' \in J$, 显然有

$$\left. \begin{array}{c} \varphi(x') - \varphi(x'') \\ \varphi(x'') - \varphi(x') \end{array} \right\} \leqslant M(\varphi) - m(\varphi) = \omega(\varphi),$$

因而

$$|\varphi(x') - \varphi(x'')| \leqslant \omega(\varphi).$$

另一方面,对于任何 $0 < \varepsilon < \omega(\varphi)$,存在 $x', x'' \in J$,满足条件

$$\varphi(x') > M(\varphi) - \frac{\varepsilon}{2} > m(\varphi) + \frac{\varepsilon}{2} > \varphi(x'').$$

于是

$$\varphi(x') - \varphi(x'') > M(\varphi) - m(\varphi) - \varepsilon = \omega(\varphi) - \varepsilon,$$
$$|\varphi(x') - \varphi(x'')| > \omega(\varphi) - \varepsilon.$$

通过以上讨论,我们已经证明了

$$\sup_{x', x'' \in J} |\varphi(x') - \varphi(x'')| = \omega(\varphi). \quad \square$$

定理 1　设函数 $f(x)$ 和 $g(x)$ 在 $[a, b]$ 上可积,λ 是常数,则

(1) $f(x) \pm g(x)$ 在 $[a, b]$ 上可积;

(2) $\lambda f(x)$ 在 $[a, b]$ 上可积;

(3) $|f(x)|$ 在 $[a, b]$ 上可积;

(4) $f(x) g(x)$ 在 $[a, b]$ 上可积;

(5) 如果存在常数 $d > 0$,使得

$$|f(x)| \geqslant d, \quad \forall x \in [a, b],$$

那么函数 $\dfrac{1}{f(x)}$ 也在 $[a, b]$ 可积.

证明　结论(1)和(2)的证明已见于第六章 §1 之中. 这里我们

证明结论(3),(4),(5).

以下用 $J_i = [x_{i-1}, x_i]$ 表示分割 P 的第 i 个子区间.

(3) 因为

$$\omega_i(|f|) = \sup_{x', x'' \in J_i} ||f(x')| - |f(x'')||$$

$$\leqslant \sup_{x', x'' \in J_i} |f(x') - f(x'')|$$

$$= \omega_i(f),$$

所以有

$$\Omega(|f|, P) \leqslant \Omega(f, P).$$

利用这一关系,根据可积性的充要条件,就可得到结论(3).

(4) 可积函数必定是有界的,可设

$$|f(x)| \leqslant K, \quad |g(x)| \leqslant L, \quad \forall x \in [a, b].$$

对于任何 $x', x'' \in J_i$, 应有

$$|f(x')g(x') - f(x'')g(x'')|$$

$$= |(f(x') - f(x''))g(x') + f(x'')(g(x') - g(x''))|$$

$$\leqslant L|f(x') - f(x'')| + K|g(x') - g(x'')|.$$

于是

$$\omega_i(fg) \leqslant L\omega_i(f) + K\omega_i(g),$$

因而

$$\Omega(fg, P) \leqslant L\Omega(f, P) + K\Omega(g, P).$$

据此即可得到结论(4).

(5) 我们有

$$\omega_i\left(\frac{1}{f}\right) = \sup_{x', x'' \in J_i} \left|\frac{1}{f(x')} - \frac{1}{f(x'')}\right|$$

$$= \sup_{x', x'' \in J_i} \left|\frac{f(x'') - f(x')}{f(x')f(x'')}\right|$$

$$\leqslant \frac{1}{d^2} \sup_{x', x'' \in J_i} |f(x') - f(x'')|$$

$$= \frac{1}{d^2}\omega_i(f).$$

于是

$$\Omega\left(\frac{1}{f},P\right)\leqslant\frac{1}{d^2}\Omega(f,P).$$

据此即可得到结论(5).   □

注记   上面定理结论(3)的逆命题并不成立. 请看以下反例:

$$f(x)=\begin{cases}1, & \text{如果 } x \text{ 是有理数},\\-1, & \text{如果 } x \text{ 是无理数}.\end{cases}$$

该函数在闭区间$[0,1]$上不可积,但其绝对值$|f(x)|\equiv1$却是$[0,1]$上的可积函数.

定理 2   设$[a,b]$是$[\tilde{a},\tilde{b}]$的任意闭子区间. 如果函数 f 在$[\tilde{a},\tilde{b}]$可积,那么 f 也在$[a,b]$可积.

证明   对任意$\varepsilon>0$,存在$[\tilde{a},\tilde{b}]$的分割$\widetilde{P}$,满足

$$\Omega(f,\widetilde{P})=U(f,\widetilde{P})-L(f,\widetilde{P})<\varepsilon.$$

给$\widetilde{P}$添加分点,$\Omega(f,\widetilde{P})$不会增加. 不妨设$\widetilde{P}$的分点中已包括了a,b两点. $\widetilde{P}$在$[a,b]$中的分点给出$[a,b]$的一个分割,我们把这分割记为P. 则显然有

$$\Omega(f,P)\leqslant\Omega(f,\widetilde{P})<\varepsilon.$$

这证明了函数 f 在$[a,b]$可积.   □

定理 3   设函数 f 在闭区间$[a,b]$上有定义并且单调,则 f 在$[a,b]$上可积.

证明   设 f 是单调上升的. 对任意的$\varepsilon>0$,可取

$$\delta=\frac{\varepsilon}{f(b)-f(a)+1}.$$

只要$[a,b]$的分割

$$P:a=x_0<x_1<\cdots<x_n=b$$

满足

$$|P|<\delta,$$

就有

$$\Omega(f,P)=\sum_{i=1}^{n}\omega_i\Delta x_i<\delta\sum_{i=1}^{n}\omega_i$$

$$=\delta\sum_{i=1}^{n}[f(x_i)-f(x_{i-1})]$$

$$= \delta [f(b) - f(a)] < \varepsilon.$$

这证明了 f 的可积性.

对单调下降函数可做类似的讨论.   □

定理 4 设函数 f 在闭区间 $[a,b]$ 上连续,则 f 在 $[a,b]$ 上可积.

证明 因为函数 f 在闭区间 $[a,b]$ 上一致连续,所以对任何 $\varepsilon > 0$,存在 $\delta > 0$,使得只要 $x', x'' \in [a,b]$, $|x' - x''| < \delta$,就有

$$|f(x') - f(x'')| < \frac{\varepsilon}{b-a}.$$

考察 $[a,b]$ 的任意分割

$$P : a = x_0 < x_1 < \cdots < x_n = b.$$

只要 $|P| < \delta$,就有

$$\omega_i = M_i - m_i < \frac{\varepsilon}{b-a}, \quad i = 1, \cdots, n.$$

对这样的 P 就有

$$\Omega(f, P) = \sum_{i=1}^{n} \omega_i \Delta x_i$$

$$< \frac{\varepsilon}{b-a} \sum_{i=1}^{n} \Delta x_i$$

$$= \frac{\varepsilon}{b-a} (b-a) = \varepsilon.$$

这证明了 f 在 $[a,b]$ 上的可积性.   □

定理 5 设函数 f 在 $[a,b]$ 上有界,并且除去有限个间断点外,在其他各点连续.则 f 在 $[a,b]$ 上可积.

证明 设 f 的间断点为 $c_1, c_2, \cdots, c_l$. 对任何事先给定的充分小的 $\eta > 0$,取 l 个开区间

$$J_k = (c_k - \eta, c_k + \eta), \quad k = 1, \cdots, l.$$

这些开区间盖住了全体间断点. 在 $[a,b]$ 减去 $J_1, \cdots, J_l$ 所余下的有限个闭子区间上,函数 f 是一致连续的. 因而存在 $\delta > 0$,使得只要

$$x', x'' \in [a,b] \Big\backslash \Big(\bigcup_{k=1}^{l} J_k \Big), \quad |x' - x''| < \delta,$$

就有

$$|f(x') - f(x'')| < \eta.$$

取$[a,b]$的分割 P，使得

$$|P| < \min\{\delta, \eta\}.$$

在分割 P 的各闭子区间中，至多只有总长度不超过 $4l\eta$ 的一些子区间能与某个 J_k 相交. 我们把和数 $\Omega(f, P)$ 分成两部分：

$$\Omega(f, P) = \sum_i{}' \omega_i \Delta x_i + \sum_j{}'' \omega_j \Delta x_j,$$

其中第一部分 $\sum{}' \omega_i \Delta x_i$ 所涉及的子区间$[x_{i-1}, x_i]$不与任何 J_k 相交，第二部分 $\sum{}'' \omega_j \Delta x_j$ 所涉及的每一子区间$[x_{j-1}, x_j]$都与某个 J_k 相交. 对第一部分，应有 $\omega_i < \eta$. 对第二部分，应有 $\sum{}'' \Delta x_j < 4l\eta$. 于是

$$\begin{aligned}
\Omega(f, P) &= \sum_i{}' \omega_i \Delta x_i + \sum_j{}'' \omega_j \Delta x_j \\
&< \eta \sum_i{}' \Delta x_i + \omega \sum_j{}'' \Delta x_j \\
&\leqslant \eta(b - a) + \omega \cdot 4l\eta \\
&= [(b - a) + 4l\omega]\eta.
\end{aligned}$$

对于任何事先给定的 $\varepsilon > 0$，我们可以选取 η，使得

$$0 < \eta < \frac{\varepsilon}{b - a + 4l\omega}.$$

对这样的 η，按上述手续选取的 P 就能满足：

$$\Omega(f, P) < [(b - a) + 4l\omega]\eta < \varepsilon.$$

这证明了 f 在$[a,b]$上可积.   □

最后我们指出：改变函数 f 在有限个点处的函数值，不影响 f 的可积性，也不影响积分的值. 请看下面的定理.

定理 6 设函数 g 与函数 f 都在闭区间$[a,b]$上有定义；并设除去在有限个点 $c_1, \cdots, c_l$ 而外，g 与 f 的函数值都相等，即

$$g(x) = f(x), \quad \forall x \in [a,b] \backslash \{c_1, \cdots, c_l\}.$$

如果 f 在$[a,b]$上可积，那么 g 也在$[a,b]$上可积，并且

$$\int_a^b g(x)\,\mathrm{d}x = \int_a^b f(x)\,\mathrm{d}x.$$

证明 记

$$K = \max\{\,|g(c_1)-f(c_1)|,\cdots,|g(c_l)-f(c_l)|\,\}.$$

设 P 是 $[a,b]$ 的任意分割，则这分割的各闭子区间之中，至多只有 $2l$ 个能含有某个 c_k. 于是

$$|\sigma(g,P,\xi)-\sigma(f,P,\xi)| \leqslant 2lK|P|.$$

由此得知：当 $|P|\to 0$ 时，$\sigma(g,P,\xi)$ 与 $\sigma(f,P,\xi)$ 有相同的极限值. 这就证明了定理的结论. □

§3 定积分看作积分上限的函数， 牛顿-莱布尼茨公式的再讨论

为方便起见，不管 $a<b$ 或是 $a>b$，我们都用记号 $[a,b]$ 表示介于 a 与 b 之间（连同 a,b 在内）的所有实数的集合，并仍称之为闭区间.

引理 设函数 f 在 $[a,b]$ 上可积，并设

$$|f(x)| \leqslant K, \quad \forall x \in [a,b],$$

则

$$\left| \int_a^b f(x)\,\mathrm{d}x \right| \leqslant K|b-a|.$$

证明 先设 $a<b$. 则从

$$-K \leqslant f(x) \leqslant K, \quad \forall x \in [a,b],$$

可得

$$-K(b-a) \leqslant \int_a^b f(x)\,\mathrm{d}x \leqslant K(b-a),$$

即

$$\left| \int_a^b f(x)\,\mathrm{d}x \right| \leqslant K|b-a|.$$

再来看 $a>b$ 的情形. 这时应有

$$\left| \int_a^b f(x)\,\mathrm{d}x \right| = \left| \int_b^a f(x)\,\mathrm{d}x \right|$$

$$\leqslant K \, |a-b|$$
$$= K \, |b-a|. \quad \square$$

设 f 在 $[a,b]$ 上可积,则对任何 $x \in [a,b]$ 可以定义

$$\Phi(x) = \int_a^x f(t)\mathrm{d}t$$

(这里为了避免与积分上限相混淆,改用 t 表示积分变元). 换句话说,我们可以把定积分看作积分上限的函数.

定理 1　设函数 f 在 $[a,b]$ 上可积,则函数

$$\Phi(x) = \int_a^x f(t)\mathrm{d}t$$

在 $[a,b]$ 上连续.

证明　可积函数是有界的. 设

$$|f(t)| \leqslant K, \quad \forall t \in [a,b].$$

对任意 $x_0 \in [a,b]$,我们有

$$|\Phi(x) - \Phi(x_0)| = \left| \int_{x_0}^x f(t)\mathrm{d}t \right| \leqslant K \, |x - x_0|.$$

这就证明了 Φ 在 x_0 点的连续性. $\quad \square$

定理 2　设函数 f 在 $[a,b]$ 上可积, $x_0 \in (a,b)$. 如果 f 在 x_0 点连续,那么函数

$$\Phi(x) = \int_a^x f(t)\mathrm{d}t$$

在 x_0 点可导,并且

$$\Phi'(x_0) = f(x_0).$$

证明　因为函数 f 在 x_0 点连续,所以对任意 $\varepsilon > 0$,存在 $\delta > 0$,使得只要

$$|t - x_0| < \delta,$$

就有

$$|f(t) - f(x_0)| < \varepsilon.$$

于是,只要

$$x \in [a,b], \quad 0 < |x - x_0| < \delta,$$

就有

$$\left| \frac{\Phi(x) - \Phi(x_0)}{x - x_0} - f(x_0) \right|$$

$$= \left| \frac{1}{x - x_0} \int_{x_0}^{x} f(t)\mathrm{d}t - f(x_0) \right|$$

$$= \left| \frac{1}{x - x_0} \int_{x_0}^{x} [f(t) - f(x_0)]\mathrm{d}t \right|$$

$$= \frac{1}{|x - x_0|} \left| \int_{x_0}^{x} [f(t) - f(x_0)]\mathrm{d}t \right|$$

$$\leqslant \frac{1}{|x - x_0|} \cdot \varepsilon |x - x_0| = \varepsilon.$$

这就证明了

$$\lim_{x \to x_0} \frac{\Phi(x) - \Phi(x_0)}{x - x_0} = f(x_0). \quad \square$$

用类似的办法可以证明：对于 $a < b$ 的情形，如果函数 f 在闭区间 $[a, b]$ 上可积，在 a 点右连续（在 b 点左连续），那么函数

$$\Phi(x) = \int_{a}^{x} f(t)\mathrm{d}t$$

就在 a 点右侧可导（在 b 点左侧可导），并且

$$\Phi'_+(a) = f(a) \quad (\Phi'_-(b) = f(b)).$$

因此，如果函数 f 在闭区间 $[a, b]$ 上连续，那么函数

$$\Phi(x) = \int_{a}^{x} f(t)\mathrm{d}t$$

就在闭区间 $[a, b]$ 上连续可微，并且

$$\Phi'(x) = f(x), \quad \forall x \in [a, b].$$

对于以积分下限为变元的函数

$$\Psi(x) = \int_{x}^{b} f(t)\mathrm{d}t = -\int_{b}^{x} f(t)\mathrm{d}t,$$

也有相应的结果. 只要 f 在 $[a, b]$ 上可积，这样的函数就在 $[a, b]$ 上连续. 如果 f 在 $x_0 \in (a, b)$ 连续（在 a 点右连续，或在 b 点左连续），那么 Ψ 就在 x_0 点可导（在 a 点右侧可导，或在 b 点左侧可导），并且

$$\Psi'(x_0) = -f(x_0)$$

$$(\Psi'_+(a) = -f(a) \text{ 或 } \Psi'_-(b) = -f(b)).$$

因此，如果函数 f 在闭区间 $[a, b]$ 上连续，那么函数 Ψ 就在闭区间 $[a, b]$ 上连续可微，并且

$$\Psi'(x) = -f(x), \quad \forall x \in [a, b].$$

所有这些结果都可以仿照前面的讨论予以证明.

我们还可以考察如下形状的函数的可微性:

$$F(x) = \int_{u(x)}^{v(x)} f(t)\mathrm{d}t.$$

设函数 $u(x)$ 和 $v(x)$ 在闭区间 $[a,b]$ 上可微,并且满足条件

$$A \leqslant \begin{matrix} u(x) \\ v(x) \end{matrix} \leqslant B, \quad \forall x \in [a,b].$$

如果函数 f 在闭区间 $[A,B]$ 连续,那么函数

$$F(x) = \int_{u(x)}^{v(x)} f(t)\mathrm{d}t$$

也就在闭区间 $[a,b]$ 上可微. 事实上,我们可以取 $c \in (A,B)$ 而把函数 $F(x)$ 表示为

$$F(x) = \int_{c}^{v(x)} f(t)\mathrm{d}t - \int_{c}^{u(x)} f(t)\mathrm{d}t.$$

上式右端的每一项都是可微函数的复合. 因而函数 $F(x)$ 在闭区间 $[a,b]$ 可微分,并且根据复合函数的微分法则可得

$$F'(x) = f(v(x))v'(x) - f(u(x))u'(x).$$

利用上面讨论的结果,我们重新来考察牛顿-莱布尼茨公式. 记得在第六章 §2 中介绍牛顿-莱布尼茨公式的时候,当时为了便于证明,附加了"原函数存在"这一额外的条件. 其实,根据本节已经进行了的讨论,我们能够做出这样的判断:任何连续函数都必定具有原函数.

我们将这一重要结论写成定理的形式.

定理 3　设函数 f 在闭区间 $[a,b]$ 上连续,则

$$\Phi(x) = \int_{a}^{x} f(t)\mathrm{d}t$$

就是 f 在 $[a,b]$ 上的一个原函数. 由此可知,函数 f 在闭区间 $[a,b]$ 上的任何一个原函数 Ψ 都可以表示成如下的形式:

$$\Psi(x) = \int_{a}^{x} f(t)\mathrm{d}t + C,$$

这里的 C 是一个常数.

在第五章 §4 中我们曾谈到,有不少初等函数,它们的原函数不能表示为初等函数. 例如,以下这些不定积分就不能表示为初等函

数：

$$\int e^{-x^2}\,dx, \quad \int \sin x^2\,dx, \quad \int \cos x^2\,dx,$$

$$\int \frac{\sin x}{x}\,dx, \quad \int \frac{\cos x}{x}\,dx, \quad \int \frac{x}{\ln x}\,dx.$$

但一个不定积分不能用初等函数来表示，绝不意味着该不定积分不存在. 根据本节的讨论，我们看到：任何连续函数都具有原函数，该原函数可以用变动上限的定积分来表示.

本节的定理 3，实际上蕴涵了牛顿-莱布尼茨公式（第六章 §2 的定理 1）. 事实上，设 f 在 $[a,b]$ 上连续，F 是 f 的任何一个原函数，则根据本节定理 3 应有

$$F(x) = \int_a^x f(x)\,dx + C.$$

由此可得

$$F(b) - F(a) = \int_a^b f(x)\,dx,$$

也就是

$$\int_a^b f(x)\,dx = F(b) - F(a) = F(x)\Big|_a^b.$$

§4 积分中值定理的再讨论

下面的定理是第六章 §1 定理 4 的推广.

定理 I（第一中值定理——一般形式） 设函数 f 和 g 在 $[a,b]$ 上可积，并且满足以下条件

$$m \leqslant f(x) \leqslant M, \quad g(x) \geqslant 0, \quad \forall x \in [a,b],$$

则有

$$m\int_a^b g(x)\,dx \leqslant \int_a^b f(x)g(x)\,dx \leqslant M\int_a^b g(x)\,dx.$$

特别地，如果 f 在 $[a,b]$ 上连续，g 在 $[a,b]$ 上可积并且 $g(x) \geqslant 0$，$\forall x \in [a,b]$，那么

$$\int_a^b f(x)g(x)\,dx = f(c)\int_a^b g(x)\,dx,$$

这里 c 是 $[a,b]$ 中适当的点.

证明　由定理的条件可得

$$mg(x) \leqslant f(x)g(x) \leqslant Mg(x), \quad \forall x \in [a,b].$$

乘积 $f(x)g(x)$ 也在 $[a,b]$ 上可积. 利用积分的单调性就得到

$$m\int_a^b g(x)\mathrm{d}x \leqslant \int_a^b f(x)g(x)\mathrm{d}x \leqslant M\int_a^b f(x)\mathrm{d}x. \quad (4.1)$$

如果函数 f 在闭区间 $[a,b]$ 上连续,那么在 (4.1) 式中可取

$$m = \min_{x\in[a,b]} f(x), \quad M = \max_{x\in[a,b]} f(x).$$

考察连续函数

$$\psi(x) = f(x)\int_a^b g(t)\mathrm{d}t.$$

我们可以把 (4.1) 式写成

$$\min_{x\in[a,b]} \psi(x) \leqslant \int_a^b f(x)g(x)\mathrm{d}x \leqslant \max_{x\in[a,b]} \psi(x).$$

根据连续函数的介值定理,存在 $c\in[a,b]$,使得

$$\psi(c) = \int_a^b f(x)g(x)\mathrm{d}x,$$

即

$$\int_a^b f(x)g(x)\mathrm{d}x = f(c)\int_a^b g(x)\mathrm{d}x. \quad \square$$

应用这定理于 $g(x)\equiv 1$ 的情形,我们重新得到第六章 §1 的定理 4:设函数 f 在闭区间 $[a,b]$ 上可积(因而 f 在 $[a,b]$ 上有界). 如果

$$m \leqslant f(x) \leqslant M, \quad \forall x \in [a,b],$$

那么

$$m(b-a) \leqslant \int_a^b f(x)\mathrm{d}x \leqslant M(b-a).$$

特别地,如果 f 在 $[a,b]$ 上连续,那么存在 $c\in[a,b]$,使得

$$\int_a^b f(x)\mathrm{d}x = f(c)(b-a).$$

对上述后一结论,可做如下的几何解释:由连续曲线 $y=f(x)$ 与直线 $x=a$, $x=b$, $y=0$ 所围成的图形的面积,等于以 $[a,b]$ 为底,以 $f(c)$ 为高的矩形的面积,这里 c 是 $[a,b]$ 中适当的点(参看图 9-1).

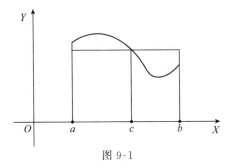

图 9-1

以下结论从几何上看也是明显的：设 $f(x)$ 在 $[a,b]$ 上单调下降并且非负，那么由曲线 $y=f(x)$ 与直线 $x=a$，$x=b$，$y=0$ 所围成的图形的面积，应该等于以 $f(a)$ 为高，以 $[a,c]$ 为底的某个矩形的面积，这里 c 是 $[a,b]$ 中适当的点（参看图 9-2）. 这一事实可证明如下：考察连续函数

$$\psi(x)=f(a)(x-a).$$

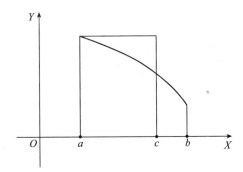

图 9-2

因为

$$\psi(a)\leqslant \int_a^b f(x)\mathrm{d}x \leqslant \psi(b),$$

所以存在 $c\in[a,b]$，使得

$$\psi(c)=\int_a^b f(x)\mathrm{d}x,$$

即

$$\int_a^b f(x)\,\mathrm{d}x = f(a)(c-a).$$

上述结果可以毫无困难地推广到以下情形：设 f 在 $[a,b]$ 上单调下降并且非负，g 在 $[a,b]$ 上可积并且非负，则存在 $c \in [a,b]$，使得

$$\int_a^b f(x)g(x)\,\mathrm{d}x = f(a)\int_a^c g(x)\,\mathrm{d}x.$$

为证明这结论，只需考察连续函数

$$\psi(x) = f(a)\int_a^x g(t)\,\mathrm{d}t,$$

并验证

$$\psi(a) \leqslant \int_a^b f(x)g(x)\,\mathrm{d}x \leqslant \psi(b).$$

通过更细致的分析，人们发现，这里对 g 所加的条件还可以放宽——函数 g 非负的限制可以取消. 这个更一般的结果，就是所谓"第二中值定理".

定理 $\mathbb{I}_1$（第二中值定理的一种情形）   设函数 f 在 $[a,b]$ 上单调下降并且非负，函数 g 在 $[a,b]$ 上可积，则存在 $c \in [a,b]$，使得

$$\int_a^b f(x)g(x)\,\mathrm{d}x = f(a)\int_a^c g(x)\,\mathrm{d}x.$$

证明   考察连续函数

$$\psi(x) = f(a)\int_a^x g(t)\,\mathrm{d}t.$$

从前面的分析得到启发，我们试图证明

$$\min_{x \in [a,b]} \psi(x) \leqslant \int_a^b f(x)g(x)\,\mathrm{d}x \leqslant \max_{x \in [a,b]} \psi(x).$$

为此，做一些技术性的变换.

对于 $[a,b]$ 的任意分割

$$P: a = x_0 < x_1 < \cdots < x_n = b,$$

我们有

$$\int_a^b f(x)g(x)\,\mathrm{d}x = \sum_{i=1}^n \int_{x_{i-1}}^{x_i} f(x)g(x)\,\mathrm{d}x.$$

由此得到

$$\left| \int_a^b f(x)g(x)\,\mathrm{d}x - \sum_{i=1}^n f(x_{i-1})\int_{x_{i-1}}^{x_i} g(x)\,\mathrm{d}x \right|$$

$$= \left| \sum_{i=1}^{n} \int_{x_{i-1}}^{x_i} [f(x) - f(x_{i-1})] g(x) \mathrm{d}x \right|$$

$$\leqslant \sum_{i=1}^{n} \int_{x_{i-1}}^{x_i} |f(x) - f(x_{i-1})| |g(x)| \mathrm{d}x$$

$$\leqslant L \sum_{i=1}^{n} \omega_i(f) \Delta x_i,$$

这里 L 是 $|g(x)|$ 在 $[a,b]$ 的上界. 从这估计可知, 当 $|P| \to 0$ 时, 应当有

$$\sum_{i=1}^{n} f(x_{i-1}) \int_{x_{i-1}}^{x_i} g(x) \mathrm{d}x \to \int_a^b f(x) g(x) \mathrm{d}x.$$

我们来证明

$$\lim_{x \in [a,b]} \psi(x) \leqslant \sum_{i=1}^{n} f(x_{i-1}) \int_{x_{i-1}}^{x_i} g(x) \mathrm{d}x \leqslant \max_{x \in [a,b]} \psi(x).$$

为此, 引入记号

$$G(x) = \int_a^x g(x) \mathrm{d}x,$$

并做如下变换:

$$\sum_{i=1}^{n} f(x_{i-1}) \int_{x_{i-1}}^{x_i} g(x) \mathrm{d}x$$

$$= \sum_{i=1}^{n} f(x_{i-1}) [G(x_i) - G(x_{i-1})]$$

$$= \sum_{i=1}^{n} f(x_{i-1}) G(x_i) - \sum_{i=1}^{n} f(x_{i-1}) G(x_{i-1})$$

$$= \sum_{i=1}^{n} f(x_{i-1}) G(x_i) - \sum_{i=0}^{n-1} f(x_i) G(x_i)$$

$$= \sum_{i=1}^{n} f(x_{i-1}) G(x_i) - \sum_{i=1}^{n-1} f(x_i) G(x_i)$$

$$= \sum_{i=1}^{n} [f(x_{i-1}) - f(x_i)] G(x_i) + f(x_n) G(x_n).$$

因为

$$f(x_{i-1}) - f(x_i) \geqslant 0, \quad f(x_n) \geqslant 0,$$

所以

$$\sum_{i=1}^{n} f(x_{i-1}) \int_{x_{i-1}}^{x_i} g(x) \mathrm{d}x$$

$$= \sum_{i=1}^{n} [f(x_{i-1}) - f(x_i)] G(x_i) + f(x_n) G(x_n)$$

$$\geqslant \left\{ \sum_{i=1}^{n} [f(x_{i-1}) - f(x_i)] + f(x_n) \right\} \min_{x \in [a,b]} G(x)$$

$$= f(a) \min_{x \in [a,b]} G(x).$$

同样可证

$$\sum_{i=1}^{n} f(x_{i-1}) \int_{x_{i-1}}^{x_i} g(x) \mathrm{d}x \leqslant f(a) \max_{x \in [a,b]} G(x).$$

我们证明了不等式

$$f(a) \min_{x \in [a,b]} G(x) \leqslant \sum_{i=1}^{n} f(x_{i-1}) \int_{x_{i-1}}^{x_i} g(x) \mathrm{d}x$$

$$\leqslant f(a) \max_{x \in [a,b]} G(x),$$

即

$$\min_{x \in [a,b]} \psi(x) \leqslant \sum_{i=1}^{n} f(x_{i-1}) \int_{x_{i-1}}^{x_i} g(x) \mathrm{d}x$$

$$\leqslant \max_{x \in [a,b]} \psi(x).$$

在这个式子中让 $|P| \to 0$ 取极限，就得到

$$\min_{x \in [a,b]} \psi(x) \leqslant \int_{a}^{b} f(x) g(x) \mathrm{d}x \leqslant \max_{x \in [a,b]} \psi(x).$$

因此，存在 $c \in [a,b]$，使得

$$\psi(c) = \int_{a}^{b} f(x) g(x) \mathrm{d}x,$$

也就是

$$\int_{a}^{b} f(x) g(x) \mathrm{d}x = f(a) \int_{a}^{c} g(x) \mathrm{d}x. \quad \square$$

注记 在定理 $\mathbb{I}_1$ 的证明中，关键的一步是做这样的变换：

$$\sum_{i=1}^{n} f(x_{i-1}) [G(x_i) - G(x_{i-1})]$$

$$= \sum_{i=1}^{n} [f(x_{i-1}) - f(x_i)] G(x_i) + f(x_n) G(x_n).$$

一般地,对于任意实数 $\alpha_0, \alpha_1, \cdots, \alpha_n$ 和 $B_0, B_1, \cdots, B_n$,我们有这样的恒等式:

(A) $\qquad \displaystyle\sum_{i=1}^{n} \alpha_{i-1} (B_i - B_{i-1}) = \sum_{i=1}^{n} (\alpha_{i-1} - \alpha_i) B_i + \alpha_n B_n - \alpha_0 B_0.$

这式又可以写成

(A′) $\qquad\qquad \displaystyle\sum_{i=1}^{n} \alpha_{i-1} \Delta B_i = \alpha_i B_i \Big|_{i=0}^{n} - \sum_{i=1}^{n} B_i \Delta \alpha_i$

$\qquad\qquad\qquad (\Delta B_i = B_i - B_{i-1},\ \Delta \alpha_i = \alpha_i - \alpha_{i-1}).$

与分部积分的公式相类比,我们把恒等式(A)或者(A′)称作分部求和公式(或称阿贝尔和差变换公式).

定理 II_2(第二中值定理的另一种情形) 设函数 f 在 $[a, b]$ 上单调上升并且非负,函数 g 在 $[a, b]$ 上可积,则存在 $c \in [a, b]$,使得

$$\int_a^b f(x) g(x) \mathrm{d}x = f(b) \int_c^b g(x) \mathrm{d}x.$$

证明 记 $f_1(x) = f(-x)$,$g_1(x) = g(-x)$,则 $f_1(x)$ 在 $[-b, -a]$ 上单调下降并且非负,$g_1(x)$ 在 $[-b, -a]$ 上可积. 于是,根据定理 II_1,存在 $-c \in [-b, -a]$,使得

$$\int_{-b}^{-a} f_1(x) g_1(x) \mathrm{d}x = f_1(-b) \int_{-b}^{-c} g_1(x) \mathrm{d}x,$$

即

$$\int_a^b f(x) g(x) \mathrm{d}x = f(b) \int_c^b g(x) \mathrm{d}x. \qquad \square$$

定理 II(第二中值定理——一般情形) 设函数 f 在 $[a, b]$ 上单调,函数 g 在 $[a, b]$ 上可积,则存在 $c \in [a, b]$,使得

$$\int_a^b f(x) g(x) \mathrm{d}x = f(a) \int_a^c g(x) \mathrm{d}x + f(b) \int_c^b g(x) \mathrm{d}x.$$

证明 设 f 是单调下降的,则 $f(x) - f(b)$ 单调下降并且非负. 于是,根据定理 II_1,存在 $c \in [a, b]$,使得

$$\int_a^b [f(x) - f(b)] g(x) \mathrm{d}x = [f(a) - f(b)] \int_a^c g(x) \mathrm{d}x,$$

即

$$\int_a^b f(x) g(x) \mathrm{d}x = f(a) \int_a^c g(x) \mathrm{d}x + f(b) \int_c^b g(x) \mathrm{d}x.$$

对 f 单调上升的情形,可做类似的讨论. □

注记 设函数 f 和 g 满足定理 II_1 的条件. 又设 $A \in \mathbb{R}$ 满足

$$A \geqslant f(a+).$$

如果令

$$\tilde{f}(x) = \begin{cases} A, & x = a, \\ f(x), & x \in (a, b], \end{cases}$$

那么 $\tilde{f}$ 和 g 也满足定理 II_1 的条件,因而存在 $c \in [a, b]$,使得

$$\int_a^b \tilde{f}(x) g(x) \mathrm{d}x = \tilde{f}(a) \int_a^c g(x) \mathrm{d}x,$$

即

$$\int_a^b f(x) g(x) \mathrm{d}x = A \int_a^c g(x) \mathrm{d}x.$$

特别地,存在 $c \in [a, b]$,使得

$$\int_a^b f(x) g(x) \mathrm{d}x = f(a+) \int_a^c g(x) \mathrm{d}x.$$

(请注意,对各种不同的情形,相应的 c 也不一样. 但为了记号简便,我们仍用同样的字母表示.)

对于定理 II_2 和一般的定理 II,也可做类似的讨论. 例如,对于 f 在 $[a, b]$ 上单调上升并且非负的情形,存在 $c \in [a, b]$,使得

$$\int_a^b f(x) g(x) \mathrm{d}x = f(b-) \int_c^b g(x) \mathrm{d}x.$$

§5 定积分的近似计算

设函数 f 在 $[a, b]$ 可积. 如果知道了 f 的原函数,那么当然可以利用牛顿-莱布尼茨公式来计算定积分 $\int_a^b f(x) \mathrm{d}x$. 但对许多情况来说,或者 f 的原函数不易求得,或者所求出的原函数表示很复杂. 这时用牛顿-莱布尼茨公式计算定积分就不方便了. 特别是在许多实际问题中,对于所涉及的被积函数,人们只知道按一定间隔测量而得的离散数值,并不了解其分析表示式. 这时就更无可能通过原函数来计算定积分了. 但按照定积分的定义,它是积分和的极限. 人们可

以用适当的积分和来作为定积分的近似值. 这就发展出各种数值积分法. 本节对数值积分的某些方法做一个简单的介绍.

5. a 矩形公式、梯形公式与抛物线公式

为了计算定积分 $\int_a^b f(x)\mathrm{d}x$. 我们做区间 $[a,b]$ 的分割

$$P: a = x_0 < x_1 < \cdots < x_n = b.$$

为了便于做近似计算,可以采取等距分割的办法,即令

$$x_i = a + i \frac{b-a}{n}, \quad i = 0, 1, \cdots, n.$$

所求的定积分可以表示成 n 项之和

$$\int_a^b f(x)\mathrm{d}x = \sum_{i=1}^n \int_{x_{i-1}}^{x_i} f(x)\mathrm{d}x.$$

在每一个子区间 $[x_{i-1}, x_i]$ 上,用较简单的图形的面积来代替 $\int_{x_{i-1}}^{x_i} f(x)\mathrm{d}x$,这是定积分近似计算的基本想法. 为了叙述方便,我们把这类较简单的图形叫作**基本图形**. 基本图形的面积应该是很容易计算的. 选取适当的矩形,适当的梯形,或者适当的以抛物线为顶的条形作为基本图形,我们分别得到近似计算积分的**矩形公式**、**梯形公式**与**抛物线公式**.

矩形公式

$$\int_a^b f(x)\mathrm{d}x \approx R_n$$

$$= \sum_{i=1}^n f\left(\frac{x_i + x_{i-1}}{2}\right)\Delta x_i$$

$$= \frac{b-a}{n} \sum_{i=1}^n f\left(\frac{x_i + x_{i-1}}{2}\right).$$

梯形公式

$$\int_a^b f(x)\mathrm{d}x \approx T_n$$

$$= \sum_{i=1}^n \frac{f(x_i) + f(x_{i-1})}{2}\Delta x_i$$

$$= \frac{b-a}{n} \sum_{i=1}^{n} \frac{f(x_i) + f(x_{i-1})}{2}$$

$$= \frac{b-a}{2n} \big[f(x_0) + 2f(x_1) + \cdots$$

$$+ 2f(x_{n-1}) + f(x_n) \big].$$

抛物线公式

$$\int_a^b f(x)\,\mathrm{d}x \approx S_n$$

$$= \sum_{i=1}^{n} \int_{x_{i-1}}^{x_i} (\lambda_i x^2 + \mu_i x + \nu_i)\,\mathrm{d}x,$$

这里,我们选择系数 $\lambda_i, \mu_i, \nu_i (i=1,\cdots,n)$,使得抛物线 $y = \lambda_i x^2 + \mu_i x + \nu_i$ 通过以下三点:

$$(x_{i-1}, f(x_{i-1})), \ \left(\frac{x_i + x_{i-1}}{2}, f\left(\frac{x_i + x_{i-1}}{2} \right) \right), \ (x_i, f(x_i)).$$

计算得

$$\int_{x_{i-1}}^{x_i} (\lambda_i x^2 + \mu_i x + \nu_i)\,\mathrm{d}x$$

$$= \frac{1}{3}\lambda_i (x_i^3 - x_{i-1}^3) + \frac{1}{2}\mu_i(x_i^2 - x_{i-1}^2) + \nu_i(x_i - x_{i-1})$$

$$= \left[\frac{1}{3}\lambda_i(x_i^2 + x_i x_{i-1} + x_{i-1}^2) \right.$$

$$\left. + \mu_i \frac{x_i + x_{i-1}}{2} + \nu_i \right] (x_i - x_{i-1})$$

$$= \frac{1}{6} \big[2\lambda_i(x_i^2 + x_i x_{i-1} + x_{i-1}^2)$$

$$+ 3\mu_i(x_i + x_{i-1}) + 6\nu_i \big](x_i - x_{i-1})$$

$$= \frac{1}{6} \left\{ (\lambda_i x_i^2 + \mu_i x_i + \nu_i) \right.$$

$$+ 4 \left[\lambda_i \left(\frac{x_i + x_{i-1}}{2} \right)^2 + \mu_i \left(\frac{x_i + x_{i-1}}{2} \right) + \nu_i \right]$$

$$\left. + (\lambda_i x_{i-1}^2 + \mu_i x_{i-1} + \nu_i) \right\} (x_i - x_{i-1})$$

$$= \frac{1}{6}\left[f(x_i) + 4f\left(\frac{x_i + x_{i-1}}{2}\right) + f(x_{i-1})\right]\Delta x_i.$$

于是,按照抛物线公式,积分近似地表示为

$$\int_a^b f(x)\mathrm{d}x \approx S_n,$$

这里

$$S_n = \frac{1}{6}\sum_{i=1}^n\left[f(x_i) + 4f\left(\frac{x_i + x_{i-1}}{2}\right) + f(x_{i-1})\right]\Delta x_i$$

$$= \frac{b-a}{6n}\sum_{i=1}^n\left[f(x_i) + 4f\left(\frac{x_i + x_{i-1}}{2}\right) + f(x_{i-1})\right].$$

我们看到,抛物线公式是矩形公式与梯形公式的线性组合

$$S_n = \frac{2}{3}R_n + \frac{1}{3}T_n.$$

注记 我们这里介绍的矩形公式,取区间$[x_{i-1}, x_i]$中点的函数值 $f\left(\frac{x_i + x_{i-1}}{2}\right)$ 作为矩形的高. 通常称这种矩形公式为**中点矩形公式**或**中矩形公式**. 实际用于计算的,除了中矩形公式而外,还有**左矩形公式**和**右矩形公式**等.

抛物线公式又称为**辛普森(Simpson)公式**.

5. b 误差估计

为了估计上段中所列各近似积分公式的误差,需要考察

$$\int_{x_{i-1}}^{x_i} f(x)\mathrm{d}x - f\left(\frac{x_i + x_{i-1}}{2}\right)(x_i - x_{i-1}),$$

$$\int_{x_{i-1}}^{x_i} f(x)\mathrm{d}x - \frac{f(x_i) + f(x_{i-1})}{2}(x_i - x_{i-1})$$

和

$$\int_{x_{i-1}}^{x_i} f(x)\mathrm{d}x$$
$$- \frac{1}{6}\left[f(x_i) + 4f\left(\frac{x_i + x_{i-1}}{2}\right) + f(x_{i-1})\right](x_i - x_{i-1}).$$

为书写简单起见,我们记

$$c = \frac{x_i + x_{i\,1}}{2}, \quad h = \frac{x_i - x_{i-1}}{2},$$

$$\psi(u) = \int_{c-u}^{c+u} f(x)\,\mathrm{d}x.$$

显然有

$$\psi(0) = 0, \quad \psi'(u) = f(c+u) + f(c-u).$$

通过简单的演算即可得到

$$\int_{x_{i-1}}^{x_i} f(x)\,\mathrm{d}x = \psi(h),$$

$$f\left(\frac{x_i + x_{i-1}}{2}\right)(x_i - x_{i-1}) = h\psi'(0),$$

$$\frac{f(x_i) + f(x_{i-1})}{2}(x_i - x_{i-1}) = h\psi'(h),$$

$$\frac{1}{6}\left[f(x_i) + 4f\left(\frac{x_i + x_{i-1}}{2}\right) + f(x_{i-1})\right](x_i - x_{i-1})$$

$$= \frac{2}{3}\left[f\left(\frac{x_i + x_{i-1}}{2}\right)(x_i - x_{i-1})\right]$$

$$+ \frac{1}{3}\left[\frac{f(x_i) + f(x_{i-1})}{2}(x_i - x_{i-1})\right]$$

$$= \frac{2}{3}h\psi'(0) + \frac{1}{3}h\psi'(h).$$

所要考察的三个式子可以分别写成

$$\psi(h) - h\psi'(0), \quad \psi(h) - h\psi'(h)$$

和

$$\psi(h) - \frac{2}{3}h\psi'(0) - \frac{1}{3}h\psi'(h).$$

我们将利用积分形式余项的泰勒公式来估计这些式子. 为了这个目的,进一步计算 $\psi(u)$ 的各阶导数:

$$\psi''(u) = f'(c+u) - f'(c-u),$$

$$\psi'''(u) = f''(c+u) + f''(c-u),$$

$$\psi^{(4)}(u) = f'''(c+u) - f'''(c-u),$$

$$\psi^{(5)}(u) = f^{(4)}(c+u) + f^{(4)}(c-u).$$

另外,还引入记号

$$M_k = \sup_{x \in [a,b]} |f^{(k)}(x)|.$$

矩形公式的误差估计

考察单条矩形公式

$$\int_{x_{i-1}}^{x_i} f(x)\,\mathrm{d}x \approx f\left(\frac{x_i + x_{i-1}}{2}\right)(x_i - x_{i-1}).$$

用上面介绍的记号,上述公式可以写成

$$\psi(h) \approx h\psi'(0).$$

我们来估计其误差

$$\psi(h) - h\psi'(0).$$

为此写出积分形式余项的泰勒公式

$$\psi(h) = \psi(0) + h\psi'(0) + \frac{h^2}{2}\psi''(0)$$

$$+ \frac{h^3}{2}\int_0^1 (1-t)^2 \psi'''(th)\,\mathrm{d}t.$$

注意到 $\psi(0) = \psi''(0) = 0$,即得到

$$\psi(h) - h\psi'(0) = \frac{h^3}{2}\int_0^1 (1-t)^2 \psi'''(th)\,\mathrm{d}t,$$

$$|\psi(h) - h\psi'(0)| \leqslant \frac{h^3}{2}\int_0^1 (1-t)^2 |\psi'''(th)|\,\mathrm{d}t$$

$$\leqslant \frac{h^3}{2}\sup_{0 \leqslant u \leqslant h}|\psi'''(u)|\int_0^1 (1-t)^2\,\mathrm{d}t$$

$$= \frac{h^3}{6}\sup_{0 \leqslant u \leqslant h}|\psi'''(u)| \leqslant \frac{h^3}{3}M_2.$$

回忆起

$$\psi(u) = \int_{c-u}^{c+u} f(x)\,\mathrm{d}x,$$

$$c = \frac{x_i + x_{i-1}}{2}, \quad h = \frac{x_i - x_{i-1}}{2},$$

我们得到

$$\left|\int_{x_{i-1}}^{x_i} f(x)\,\mathrm{d}x - f\left(\frac{x_i + x_{i-1}}{2}\right)(x_i - x_{i-1})\right|$$

$$\leqslant \frac{(x_i - x_{i-1})^3}{24} M_2.$$

由此可进一步得到

$$\left| \int_a^b f(x)\,\mathrm{d}x - R_n \right| \leqslant \frac{(b-a)^3}{24n^2} M_2.$$

这样,关于矩形公式的误差估计,我们证明了以下结果:

定理 1 设函数 $f(x)$ 在 $[a,b]$ 上有二阶连续导数,

$$M_2 = \max_{a \leqslant x \leqslant b} |f''(x)|,$$

$$x_i = a + \frac{i}{n}(b-a), \quad i = 0, 1, \cdots, n,$$

则有

$$\left| \int_a^b f(x)\,\mathrm{d}x - \frac{b-a}{n} \sum_{i=1}^n f\left(\frac{x_i + x_{i-1}}{2} \right) \right| \leqslant \frac{(b-a)^3}{24n^2} M_2.$$

梯形公式的误差估计

考察单条梯形公式

$$\int_{x_{i-1}}^{x_i} f(x)\,\mathrm{d}x \approx \frac{f(x_i) + f(x_{i-1})}{2}(x_i - x_{i-1}).$$

它可以写成

$$\psi(h) \approx h\psi'(h).$$

我们来估计其误差

$$\psi(h) - h\psi'(h).$$

把 ψ 和 ψ' 都按泰勒公式展开得:

$$\psi(h) = h\psi'(0) + \frac{h^3}{2} \int_0^1 (1-t)^2 \psi'''(th)\,\mathrm{d}t,$$

$$\psi'(h) = \psi'(0) + h^2 \int_0^1 (1-t)\psi'''(th)\,\mathrm{d}t.$$

由此得到

$$\psi(h) - h\psi'(h) = h^3 \int_0^1 \left[\frac{1}{2}(1-t)^2 - (1-t) \right] \psi'''(th)\,\mathrm{d}t$$

$$= -\frac{h^3}{2} \int_0^1 (1-t^2)\psi'''(th)\,\mathrm{d}t,$$

$$|\psi(h) - h\psi'(h)| \leqslant \frac{h^3}{2} \sup_{0 \leqslant u \leqslant h} |\psi'''(u)| \int_0^1 (1-t^2)\,\mathrm{d}t$$

$$= \frac{h^3}{3} \sup_{0 \leqslant u \leqslant h} |\psi'''(u)| \leqslant \frac{2h^3}{3} M_2,$$

$$\left| \int_{x_{i-1}}^{x_i} f(x)\,dx - \frac{f(x_i) + f(x_{i-1})}{2}(x_i - x_{i-1}) \right|$$

$$\leqslant \frac{(x_i - x_{i-1})^3}{12} M_2,$$

$$\left| \int_a^b f(x)\,dx - T_n \right| \leqslant \frac{(b-a)^3}{12n^2} M_2.$$

这样,关于梯形公式的误差估计,我们得到下述定理:

定理 2　设函数 $f(x)$ 在 $[a,b]$ 上有二阶连续导数,

$$M_2 = \max_{a \leqslant x \leqslant b} |f''(x)|,$$

$$x_i = a + \frac{i}{n}(b-a), \quad i = 0,1,\cdots,n,$$

则有

$$\left| \int_a^b f(x)\,dx - \frac{b-a}{n} \sum_{i=1}^n \frac{f(x_i) + f(x_{i-1})}{2} \right|$$

$$\leqslant \frac{(b-a)^3}{12n^2} M_2.$$

抛物线公式的误差估计

函数 $\psi(u)$ 的各偶数阶导数在 $u=0$ 处都为 0. 因此,差

$$\psi(h) - h\psi'(0) \quad 和 \quad \psi(h) - h\psi'(h)$$

都是 h^3 阶的小量. 再来考察

$$\psi(h) - \frac{2}{3}h\psi'(0) - \frac{1}{3}h\psi'(h),$$

我们发现其中的三阶项正好抵消掉,该差为 h^5 阶的小量. 正因为如此,抛物线公式比矩形公式和梯形公式更为精确.

事实上,我们有

$$\psi(h) = h\psi'(0) + \frac{h^3}{3!}\psi'''(0) + \frac{h^5}{4!}\int_0^1 (1-t)^4 \psi^{(5)}(th)\,dt,$$

$$\psi'(h) = \psi'(0) + \frac{h^2}{2!}\psi'''(0) + \frac{h^4}{3!}\int_0^1 (1-t)^3 \psi^{(5)}(th)\,dt,$$

$$\psi(h) - \frac{2h}{3}\psi'(0) - \frac{h}{3}\psi'(h)$$

$$= -\frac{h^5}{3!}\int_0^1 \left[\frac{1}{3}(1-t)^3 - \frac{1}{4}(1-t)^4\right]\psi^{(5)}(th)\,dt.$$

由此得到

$$\left|\psi(h) - \frac{2h}{3}\varphi'(0) - \frac{h}{3}3\psi'(h)\right|$$

$$\leqslant \frac{h^5}{3!}\sup_{0\leqslant u\leqslant h}|\psi^{(5)}(u)|\int_0^1\left[\frac{1}{3}(1-t)^3 - \frac{1}{4}(1-t)^4\right]dt$$

$$= \frac{h^5}{180}\sup_{0\leqslant u\leqslant h}|\psi^{(5)}(u)|$$

$$\leqslant \frac{h^5}{90}M_4,$$

$$\left|\int_{x_{i-1}}^{x_i}f(x)\,dx - \frac{1}{6}\left[f(x_i) + 4f\left(\frac{x_i+x_{i-1}}{2}\right)\right.\right.$$

$$\left.\left.+ f(x_{i-1})\right](x_i-x_{i-1})\right| \leqslant \frac{(x_i-x_{i-1})^5}{2880}M_4,$$

$$\left|\int_a^b f(x)\,dx - S_n\right| \leqslant \frac{(b-a)^5}{2880n^4}M_4.$$

这样,关于抛物线公式的误差估计,我们得到下述定理:

定理3 设函数 $f(x)$ 在 $[a,b]$ 上有 4 阶连续导数,

$$M_4 = \max_{a\leqslant x\leqslant b}|f^{(4)}(x)|,$$

$$x_i = a + \frac{i}{n}(b-a),\quad i=0,1,\cdots,n,$$

则有

$$\left|\int_a^b f(x)\,dx - S_n\right| \leqslant \frac{(b-a)^5}{2880n^4}M_4,$$

这里

$$S_n = \frac{b-a}{6n}\sum_{i=1}^n\left[f(x_i) + 4f\left(\frac{x_i+x_{i-1}}{2}\right) + f(x_{i-1})\right].$$

§6 沃利斯公式与斯特林公式

沃利斯(Wallis)公式把 $\frac{\pi}{2}$ 表示为有理数列的极限:

$$\frac{\pi}{2} = \lim \frac{1}{2n+1} \left[\frac{2 \cdot 4 \cdot \cdots \cdot (2n)}{3 \cdot 5 \cdot \cdots \cdot (2n-1)} \right]^2.$$

斯特林(Stirling)公式给出 n 充分大时 $n!$ 的渐近表示式:

$$n! \sim \sqrt{2\pi n} \ n^n e^{-n} \quad (n \to +\infty).$$

这两个公式的陈述都不涉及定积分. 之所以把这两公式放在本章里介绍,是因为我们的证明用到定积分作为工具.

6. a 沃利斯公式的证明

先来计算定积分

$$J_m = \int_0^{\pi/2} \sin^m x \, dx \quad (m = 0, 1, 2, \cdots).$$

利用分部积分公式可得

$$J_m = -\int_0^{\pi/2} \sin^{m-1} x \, d\cos x$$

$$= -(\sin^{m-1} x) \cos x \Big|_0^{\pi/2} + (m-1) \int_0^{\pi/2} (\sin^{m-2} x) \cos^2 x \, dx$$

$$= (m-1) \int_0^{\pi/2} (\sin^{m-2} x)(1 - \sin^2 x) \, dx$$

$$= (m-1) J_{m-2} - (m-1) J_m.$$

由此得到递推公式

$$J_m = \frac{m-1}{m} J_{m-2}.$$

按照这递推公式,区别 m 为奇数与 m 为偶数的情形,J_m 的计算最后归结到:

$$J_0 = \int_0^{\pi/2} 1 \, dx = \frac{\pi}{2},$$

$$J_1 = \int_0^{\pi/2} \sin x \, dx = 1.$$

这样,我们得到

$$J_{2n} = \frac{(2n-1)(2n-3)\cdots 3 \cdot 1}{(2n)(2n-2)\cdots 4 \cdot 2} \cdot \frac{\pi}{2},$$

$$J_{2n+1} = \frac{(2n)(2n-2)\cdots 4 \cdot 2}{(2n+1)(2n-1)\cdots 5 \cdot 3} \cdot 1,$$

$$n = 1, 2, 3, \cdots.$$

如果引入记号 $m!!$ 来表示那些不超过 m 而又与 m 同奇偶性的自然数的乘积,那么我们可以把 J_m 表示为

$$J_m = \begin{cases} \dfrac{(m-1)!!}{m!!} \cdot \dfrac{\pi}{2}, & \text{如果 } m \text{ 为偶数}, \\[3mm] \dfrac{(m-1)!!}{m!!}, & \text{如果 } m \text{ 为奇数}. \end{cases}$$

在做了以上准备之后,我们来证明沃利斯公式. 对于 $x \in \left[0, \dfrac{\pi}{2}\right]$,以下不等式显然成立:

$$\sin^{2n+1} x \leqslant \sin^{2n} x \leqslant \sin^{2n-1} x.$$

从 0 到 $\pi/2$ 积分就得到

$$\int_0^{\frac{\pi}{2}} \sin^{2n+1} x \, \mathrm{d}x \leqslant \int_0^{\frac{\pi}{2}} \sin^{2n} x \, \mathrm{d}x \leqslant \int_2^{\frac{\pi}{2}} \sin^{2n-1} x \, \mathrm{d}x.$$

由此得到

$$\frac{(2n)!!}{(2n+1)!!} \leqslant \frac{(2n-1)!!}{(2n)!!} \cdot \frac{\pi}{2} \leqslant \frac{(2n-2)!!}{(2n-1)!!},$$

$$\frac{1}{2n+1}\left[\frac{(2n)!!}{(2n-1)!!}\right]^2 \leqslant \frac{\pi}{2} \leqslant \frac{1}{2n}\left[\frac{(2n)!!}{(2n-1)!!}\right]^2.$$

我们来估计上式两端式子之差:

$$\left(\frac{1}{2n} - \frac{1}{2n+1}\right)\left[\frac{(2n)!!}{(2n-1)!!}\right]^2$$

$$= \frac{1}{2n(2n+1)}\left[\frac{(2n)!!}{(2n-1)!!}\right]^2 \leqslant \frac{\pi}{4n}.$$

由此可知

$$\lim \frac{1}{2n+1}\left[\frac{(2n)!!}{(2n-1)!!}\right]^2 = \lim \frac{1}{2n}\left[\frac{(2n)!!}{(2n-1)!!}\right]^2 = \frac{\pi}{2}.$$

这就证明了沃利斯公式:

$$\frac{\pi}{2} = \lim \frac{1}{2n+1}\left[\frac{(2n)!!}{(2n-1)!!}\right]^2.$$

6. b 斯特林公式

在理论研究与实际应用中,常常需要估计 $n!$ 的无穷大的阶. 一

个比较容易得到的估计是：$n!$ 的无穷大的阶介于 $n^n \mathrm{e}^{-n}$ 的阶与 n^{n+1} e^{-n} 的阶之间. 为说明这一事实,需要利用以下熟知的不等式

$$\left(1+\frac{1}{k}\right)^k < \mathrm{e} < \left(1+\frac{1}{k}\right)^{k+1},$$

也就是

$$\frac{(k+1)^k}{k^k} < \mathrm{e} < \frac{(k+1)^{k+1}}{k^{k+1}}.$$

对 $k=1,2,\cdots,n-1$ 写出上面的不等式,然后将这些不等式两端分别相乘,我们得到

$$\frac{n^{n-1}}{(n-1)!} < \mathrm{e}^{n-1} < \frac{n^n}{(n-1)!}.$$

由此即可得到

$$\mathrm{e}n^n \mathrm{e}^{-n} < n! < \mathrm{e}n^{n+1} \mathrm{e}^{-n}.$$

斯特林公式进一步指出,$n!$ 的无穷大的阶相当于 $n^{n+\frac{1}{2}} \mathrm{e}^{-n}$. 该公式断定

$$n! \sim \sqrt{2\pi n}\ \left(\frac{n}{\mathrm{e}}\right)^n = \sqrt{2\pi}\ n^{n+\frac{1}{2}} \mathrm{e}^{-n}.$$

下面,我们就来证明斯特林公式. 证明中需要用到这样一个不等式

$$0 < \left(n+\frac{1}{2}\right)\ln\left(1+\frac{1}{n}\right) - 1 < \frac{1}{4}\left(\frac{1}{n} - \frac{1}{n+1}\right).$$

为了证明这不等式,我们将利用上节中为估计近似积分的误差而推导的几个公式: 对于

$$\psi(u) = \int_{c-u}^{c+u} f(x)\,\mathrm{d}x,$$

应有

$$\psi(h) - h\psi'(0) = \frac{h^3}{2}\int_0^1 (1-t)^2 \psi'''(th)\,\mathrm{d}t,$$

$$\psi(h) - h\psi'(h) = -\frac{h^3}{2}\int_0^1 (1-t^2) \psi'''(th)\,\mathrm{d}t.$$

如果

$$f''(x) > 0, \quad \forall x \in [c-h, c+h],$$

那么

$$\psi'''(u) = f''(c+u) + f''(c-u) > 0, \quad \forall u \in [0, h].$$

于是有

$$h\psi'(0) < \psi(h) < h\psi'(h). \tag{6.1}$$

上述不等式说明,对于下凸函数,定积分的准确值大于按照(中点)矩形公式计算的近似值,小于按照梯形公式计算的近似值.

现在考察这样的情形

$$f(x) = \frac{1}{x}, \quad c = n + \frac{1}{2}, \quad h = \frac{1}{2}.$$

我们有

$$f''(x) = \frac{2}{x^3} > 0, \quad \forall x > 0,$$

$$\psi(h) = \int_{c-h}^{c+h} f(x)\,\mathrm{d}x = \int_{n}^{n+1} \frac{\mathrm{d}x}{x},$$

$$\psi'(0) = 2f(c) = \frac{2}{n + \frac{1}{2}},$$

$$\psi'(h) = f(c+h) + f(c-h) = \frac{1}{n+1} + \frac{1}{n}.$$

对于这种情形,不等式(6.1)成为

$$\frac{1}{n + \frac{1}{2}} < \int_{n}^{n+1} \frac{\mathrm{d}x}{x} < \frac{1}{2}\left(\frac{1}{n+1} + \frac{1}{n}\right).$$

由此得到

$$\frac{1}{n + \frac{1}{2}} < \ln\left(1 + \frac{1}{n}\right) < \frac{n + \frac{1}{2}}{n(n+1)},$$

$$1 < \left(n + \frac{1}{2}\right)\ln\left(1 + \frac{1}{n}\right) < \frac{\left(n + \frac{1}{2}\right)^2}{n(n+1)},$$

$$0 < \left(n + \frac{1}{2}\right)\ln\left(1 + \frac{1}{n}\right) - 1 < \frac{1}{4}\left(\frac{1}{n} - \frac{1}{n+1}\right).$$

我们来考察数列

$$a_n = \frac{n!}{n^{n+\frac{1}{2}} \mathrm{e}^{-n}}.$$

显然有

$$\ln \frac{a_n}{a_{n+1}} = \left(n + \frac{1}{2}\right) \ln\left(1 + \frac{1}{n}\right) - 1.$$

利用上面证明的不等式即得到

$$0 < \ln \frac{a_n}{a_{n+1}} < \frac{1}{4}\left(\frac{1}{n} - \frac{1}{n+1}\right),$$

$$1 < \frac{a_n}{a_{n+1}} < \mathrm{e}^{\frac{1}{4}\left(\frac{1}{n} - \frac{1}{n+1}\right)}.$$

我们看到：序列 a_n 严格单调下降，而序列 $a_n \mathrm{e}^{-\frac{1}{4n}}$ 严格单调上升，并且显然有

$$a_n \mathrm{e}^{-\frac{1}{4n}} < a_n$$

和

$$0 < a_n - a_n \mathrm{e}^{-\frac{1}{4n}}$$

$$= a_n\left(1 - \mathrm{e}^{-\frac{1}{4n}}\right)$$

$$\leqslant a_1\left(1 - \mathrm{e}^{-\frac{1}{4n}}\right) \to 0.$$

由闭区间套原理可知：存在唯一实数 a，满足

$$a_n \mathrm{e}^{-\frac{1}{4n}} < a < a_n, \quad \lim_{n \to +\infty} a_n = a.$$

我们证明了

$$n! \sim a n^{n+\frac{1}{2}} \mathrm{e}^{-n} \quad (n \to +\infty). \tag{6.2}$$

为了求得 a 的具体数值，我们将利用沃利斯公式：

$$\frac{\pi}{2} = \lim \frac{1}{2n+1} \left[\frac{(2n)!!}{(2n-1)!!}\right]^2$$

$$= \lim \frac{1}{2n+1} \left\{\frac{[(2n)!!]^2}{(2n)!}\right\}^2$$

$$= \lim \frac{1}{2n+1} \left\{\frac{(2^n n!)^2}{(2n)!}\right\}^2$$

$$= \lim \frac{1}{2n+1} \left\{\frac{2^{2n}(n!)^2}{(2n)!}\right\}^2$$

从(6.2)式得到

$$n! \sim an^{n+\frac{1}{2}} e^{-n}, \quad (2n)! \sim a(2n)^{2n+\frac{1}{2}} e^{-2n}.$$

将 $n!$ 与 $(2n)!$ 的渐近等价表示式代入沃利斯公式就得到

$$\frac{\pi}{2} = \lim \frac{1}{2n+1} \left\{ \frac{2^{2n} a^2 n^{2n+1} e^{-2n}}{a(2n)^{2n+\frac{1}{2}} e^{-2n}} \right\}^2$$

$$= \lim \frac{1}{2n+1} \left(\sqrt{\frac{n}{2}} a \right)^2$$

$$= \frac{a^2}{4},$$

从而得到

$$a = \sqrt{2\pi}.$$

这样,我们证明了斯特林公式

$$\lim \frac{n!}{n^{n+\frac{1}{2}} e^{-n}} = \sqrt{2\pi},$$

也就是

$$n! \sim \sqrt{2\pi n}\ n^n e^{-n}$$

或者

$$n! \sim \sqrt{2\pi n}\ \left(\frac{n}{e} \right)^n.$$

我们实际上证明了

$$a_n e^{-\frac{1}{4n}} < \sqrt{2\pi} < a_n,$$

也就是

$$\sqrt{2\pi n}\ \left(\frac{n}{e} \right)^n < n! < \sqrt{2\pi n}\ \left(\frac{n}{e} \right)^n e^{\frac{1}{4n}}.$$

若记

$$\theta = \theta_n = 4n \ln \frac{n!}{\sqrt{2\pi n} \left(\dfrac{n}{e} \right)^n},$$

则有

$$0 < \theta < 1.$$

于是,斯特林公式又可以写成

$$n! = \sqrt{2\pi n} \left(\frac{n}{e}\right)^n e^{\frac{\theta}{4n}}, \quad 0 < \theta < 1.$$

对上面的证明稍做改进,可以得到更精细的表示式

$$n! = \sqrt{2\pi n} \left(\frac{n}{e}\right)^n e^{\frac{\tilde{\theta}}{12n}}, \quad 0 < \tilde{\theta} < 1.$$

我们把这部分讨论放在补充内容中.

补 充 内 容

设函数 f 在 $[c-h, c+h]$ 上有 4 阶连续导数,记

$$\psi(u) = \int_{c-u}^{c+u} f(x)\,dx.$$

上一节中讨论矩形公式与抛物线公式的误差时,曾导出以下两式

$$\psi(h) - h\psi'(0) = \frac{h^3}{2}\int_0^1 (1-t)^2 \psi'''(th)\,dt,$$

$$\psi(h) - \frac{2}{3}h\psi'(0) - \frac{1}{3}h\psi'(h)$$

$$= -\frac{h^5}{3!}\int_0^1 \left[\frac{1}{3}(1-t)^3 - \frac{1}{4}(1-t)^4\right]\psi^{(5)}(th)\,dt.$$

对于

$$f(x) = \frac{1}{x}, \quad c = n + \frac{1}{2}, \quad h = \frac{1}{2},$$

我们有

$$f''(x) = \frac{2}{x^3} > 0,$$

$$f^{(4)}(x) = \frac{24}{x^5} > 0, \quad \forall x > 0;$$

$$\psi'''(u) = f''(c+u) + f''(c-u) > 0,$$

$$\psi^{(5)}(u) = f^{(4)}(c+u) + f^{(4)}(c-u) > 0, \quad \forall u \in [0, h].$$

因而

$$h\psi'(0) < \psi(h) = \int_{c-h}^{c+h} \frac{dx}{x} < \frac{2h}{3}\psi'(0) + \frac{h}{3}\psi'(h),$$

即

$$\frac{1}{n+\dfrac{1}{2}} < \int_n^{n+1} \frac{\mathrm{d}x}{x} < \frac{2}{3} \cdot \frac{1}{n+\dfrac{1}{2}} + \frac{1}{6}\left(\frac{1}{n}+\frac{1}{n+1}\right),$$

$$\frac{1}{n+\dfrac{1}{2}} < \ln\left(1+\frac{1}{n}\right) < \frac{2}{3} \cdot \frac{1}{n+\dfrac{1}{2}} + \frac{1}{3} \cdot \frac{n+\dfrac{1}{2}}{n(n+1)},$$

$$1 < \left(n+\frac{1}{2}\right)\ln\left(1+\frac{1}{n}\right) < \frac{2}{3} + \frac{1}{3} \cdot \frac{\left(n+\dfrac{1}{2}\right)^2}{n(n+1)},$$

$$0 < \left(n+\frac{1}{2}\right)\ln\left(1+\frac{1}{n}\right) - 1 < \frac{1}{3}\left[\frac{\left(n+\dfrac{1}{2}\right)^2}{n(n+1)} - 1\right].$$

我们证明了不等式

$$0 < \left(n+\frac{1}{2}\right)\ln\left(1+\frac{1}{n}\right) - 1 < \frac{1}{12}\left(\frac{1}{n}-\frac{1}{n+1}\right).$$

从这一不等式出发,重复前面进行过的讨论,即可证明:

$$n! = \sqrt{2\pi n}\ \left(\frac{n}{\mathrm{e}}\right)^n \mathrm{e}^{\frac{\tilde{\theta}}{12n}}, \quad 0 < \tilde{\theta} < 1.$$

第十章 广 义 积 分

§1 广义积分的概念

在第六章和第九章中,我们讨论了作为积分和的极限的定积分

$$\int_a^b f(x)\mathrm{d}x = \lim_{|P|\to 0} \sigma(f,P,\xi).$$

为了构造积分和,就要限制积分区间$[a,b]$是有界的;为了积分和具有有穷的极限,又必须限制被积函数f是有界的.

本章定义的广义积分,将从两方面突破原有的限制. 我们将讨论展布于无界区间上的积分(具有无穷积分限的积分,简称无穷限积分)以及无界函数的积分(瑕积分).

1. a 具有无穷积分限的积分

定义 1 设函数f在$[a,+\infty)$上有定义;并设对任何$H>a$,函数在$[a,H]$上可积(按照第六章中给出的定义可积,或称之为常义可积). 如果存在有穷极限

$$\lim_{H\to+\infty}\int_a^H f(x)\mathrm{d}x, \tag{1.1}$$

那么我们就说函数f在$[a,+\infty)$上**广义可积**,或者说无穷限积分$\int_a^{+\infty} f(x)\mathrm{d}x$ **收敛**,并把极限值(1.1)定义为广义积分的值,记为

$$\int_a^{+\infty} f(x)\mathrm{d}x = \lim_{H\to+\infty}\int_a^H f(x)\mathrm{d}x.$$

不收敛的积分称为**发散积分**. 如果极限值(1.1)为$+\infty$(或$-\infty$),那么我们也说积分$\int_a^{+\infty} f(x)\mathrm{d}x$ **发散于**$+\infty$(或$-\infty$),记为

$$\int_a^{+\infty} f(x)\mathrm{d}x = +\infty(\text{或} -\infty).$$

注记 对下限为$-\infty$的积分,可做类似的讨论. 我们定义

$$\int_{-\infty}^{b} f(x)\mathrm{d}x = \lim_{H' \to -\infty} \int_{H'}^{b} f(x)\mathrm{d}x.$$

定义 2 设函数 f 在 $(-\infty, +\infty)$ 上有定义. 如果存在 $c \in (-\infty, +\infty)$, 使得积分

$$\int_{-\infty}^{c} f(x)\mathrm{d}x \quad \text{和} \quad \int_{c}^{+\infty} f(x)\mathrm{d}x$$

都收敛, 那么我们就说积分 $\int_{-\infty}^{+\infty} f(x)\mathrm{d}x$ **收敛**, 并定义

$$\int_{-\infty}^{+\infty} f(x)\mathrm{d}x = \int_{-\infty}^{c} f(x)\mathrm{d}x + \int_{c}^{+\infty} f(x)\mathrm{d}x.$$

为了说明这定义的合理性, 必须指出所定义的积分值不依赖于 c 的选择. 事实上, 如果 $\int_{c}^{+\infty} f(x)\mathrm{d}x$ 收敛, 那么对任何 $c' \in (-\infty, +\infty)$ 都有

$$\int_{c'}^{H} f(x)\mathrm{d}x = \int_{c'}^{c} f(x)\mathrm{d}x + \int_{c}^{H} f(x)\mathrm{d}x,$$

因而 $\int_{c'}^{+\infty} f(x)\mathrm{d}x$ 也收敛, 并且

$$\int_{c'}^{+\infty} f(x)\mathrm{d}x = \int_{c'}^{c} f(x)\mathrm{d}x + \int_{c}^{+\infty} f(x)\mathrm{d}x. \tag{1.2}$$

同样, 如果 $\int_{-\infty}^{c} f(x)\mathrm{d}x$ 收敛, 那么对于任何 $c' \in (-\infty, +\infty)$ 也有 $\int_{-\infty}^{c'} f(x)\mathrm{d}x$ 收敛, 并且

$$\int_{-\infty}^{c'} f(x)\mathrm{d}x = \int_{-\infty}^{c} f(x)\mathrm{d}x + \int_{c}^{c'} f(x)\mathrm{d}x. \tag{1.3}$$

从 (1.2) 和 (1.3) 两式即可得到

$$\int_{-\infty}^{c'} f(x)\mathrm{d}x + \int_{c'}^{+\infty} f(x)\mathrm{d}x$$

$$= \int_{-\infty}^{c} f(x)\mathrm{d}x + \int_{c}^{+\infty} f(x)\mathrm{d}x.$$

注记 按照定义, 为了考察函数 f 在 $(-\infty, +\infty)$ 的可积性, 必须检验以下两个极限是否存在并且有限:

$$\lim_{H \to +\infty} \int_{c}^{H} f(x)\mathrm{d}x \quad \text{和} \quad \lim_{H' \to -\infty} \int_{H'}^{c} f(x)\mathrm{d}x.$$

请注意,这里的极限过程 $H \to +\infty$ 与 $H' \to -\infty$ 是彼此独立的. 我们实际上是要检验以下极限是否存在并有限:

$$\lim_{\substack{H \to +\infty \\ H' \to -\infty}} \int_{H'}^{H} f(x) \mathrm{d}x.$$

如果只考虑展布在对称区间 $[-H, H]$ 上的积分的极限:

$$\lim_{H \to +\infty} \int_{-H}^{H} f(x) \mathrm{d}x, \tag{1.4}$$

那就定义了另一种在较弱意义下的收敛性. 如果极限(1.4)存在并且有限,那么我们就说广义积分 $\int_{-\infty}^{+\infty} f(x) \mathrm{d}x$ 在柯西主值意义下收敛,并把极限值(1.4)称为广义积分 $\int_{-\infty}^{+\infty} f(x) \mathrm{d}x$ 的柯西主值,记为

$$\mathrm{VP} \int_{-\infty}^{+\infty} f(x) \mathrm{d}x = \lim_{H \to +\infty} \int_{-H}^{H} f(x) \mathrm{d}x.$$

1. b 瑕积分

本段讨论某些无界函数的积分. 我们主要考察以下两种典型情形,以及可以归结为这两种情形的更一般的情形.

情形 1 函数 f 在 $[a, b)$ 上有定义,并且对任何 $0 < \eta < b - a$,函数在 $[a, b-\eta]$ 上常义可积. 对这种情形,函数 f 只可能在 b 点邻近无界. 如果 f 在 b 点邻近无界,那么我们就说 b 是 f 的一个瑕点.

情形 2 函数 f 在 $(a, b]$ 上有定义,并且对任何 $0 < \eta < b - a$,函数在 $[a+\eta, b]$ 上常义可积. 对这种情形,a 点是可能的瑕点.

定义 3 设函数 f 在 $[a, b)$ 上有定义,并设对任何 $0 < \eta < b - a$,函数在 $[a, b-\eta]$ 上常义可积. 如果存在有穷的极限

$$\lim_{\eta \to 0+} \int_{a}^{b-\eta} f(x) \mathrm{d}x, \tag{1.5}$$

那么我们就说 f 在 $[a, b)$ **广义可积**,或者说积分 $\int_{a}^{b} f(x) \mathrm{d}x$ **收敛**,并把极限值(1.5)定义为广义积分的值,即定义

$$\int_{a}^{b} f(x) \mathrm{d}x = \lim_{\eta \to 0+} \int_{a}^{b-\eta} f(x) \mathrm{d}x.$$

注记 关于在下限 a 处有瑕点的函数 f 的广义积分,可以用类

似的方式来定义:

$$\int_a^b f(x)\mathrm{d}x = \lim_{\eta \to 0+} \int_{a+\eta}^b f(x)\mathrm{d}x.$$

定义 4 设 $a < c < b$,函数 f 在 $[a,c)$ 和 $(c,b]$ 上有定义,并设对任何 $0 < \eta < c-a$,$0 < \eta' < b-c$,这函数在 $[a,c-\eta]$ 和 $[c+\eta',b]$ 上常义可积. 如果积分

$$\int_a^c f(x)\mathrm{d}x \quad \text{和} \quad \int_c^b f(x)\mathrm{d}x$$

都收敛,那么我们就说广义积分 $\int_a^b f(x)\mathrm{d}x$ **收敛**,并定义

$$\int_a^b f(x)\mathrm{d}x = \int_a^c f(x)\mathrm{d}x + \int_c^b f(x)\mathrm{d}x.$$

注记 按照定义,为了考察有唯一瑕点 $c \in (a,b)$ 的函数 f 在 $[a,b]$ 上的广义可积性,必须检验以下两个极限是否存在并且有限:

$$\lim_{\eta \to 0+} \int_a^{c-\eta} f(x)\mathrm{d}x \quad \text{和} \quad \lim_{\eta' \to 0+} \int_{c+\eta'}^b f(x)\mathrm{d}x.$$

请注意,这里的两个极限过程 $\eta \to 0+$ 与 $\eta' \to 0+$ 是彼此独立的. 如果只考虑 $c-\eta$ 和 $c+\eta$ 从 c 的两侧对称地趋于 c 的情形,只检验是否存在有穷的极限

$$\lim_{\eta \to 0+} \left(\int_a^{c-\eta} f(x)\mathrm{d}x + \int_{c+\eta}^b f(x)\mathrm{d}x \right), \tag{1.6}$$

那么就定义了另一种在较弱意义下的收敛性——柯西主值意义下的收敛性,这时我们把极限值(1.6)称为广义积分 $\int_a^b f(x)\mathrm{d}x$ 的柯西主值,记为

$$\mathrm{VP}\int_a^b f(x)\mathrm{d}x = \lim_{\eta \to 0+} \left(\int_a^{c-\eta} + \int_{c+\eta}^b \right) f(x)\mathrm{d}x.$$

§2 牛顿-莱布尼茨公式的推广,
分部积分公式与换元积分公式

我们将牛顿-莱布尼茨公式推广到广义积分的情形.

定理 1 设函数 f 在 $[a, +\infty)$ 上有定义并且连续,而函数 F 是

f 在$[a,+\infty)$上的原函数. 如果存在(有穷或无穷的)极限

$$\lim_{x\to+\infty} F(x) \quad (这极限记为 F(+\infty)),$$

那么就有

$$\int_a^{+\infty} f(x)\mathrm{d}x = F(+\infty) - F(a) = F(x)\Big|_a^{+\infty}.$$

证明 对任意 $H>a$,我们有

$$\int_a^H f(x)\mathrm{d}x = F(H) - F(a).$$

让 $H\to+\infty$取极限,我们得到

$$\lim_{H\to+\infty} \int_a^H f(x)\mathrm{d}x = \lim_{H\to+\infty} F(H) - F(a),$$

即

$$\int_a^{+\infty} f(x)\mathrm{d}x = F(+\infty) - F(a) = F(x)\Big|_a^{+\infty}. \quad \square$$

注记 对于积分

$$\int_{-\infty}^b f(x)\mathrm{d}x \quad 与 \quad \int_{-\infty}^{+\infty} f(x)\mathrm{d}x,$$

也有相应的牛顿-莱布尼茨公式. 其证明与定理 1 类似,这里就不再重复了,仅将结论陈述如下:

设函数 f 在$(-\infty,b]$上连续,函数 F 是 f 在$(-\infty,b]$上的原函数. 如果存在极限

$$\lim_{x\to-\infty} F(x) = F(-\infty),$$

那么

$$\int_{-\infty}^b f(x)\mathrm{d}x = F(b) - F(-\infty) = F(x)\Big|_{-\infty}^b.$$

设函数 f 在$(-\infty,+\infty)$上连续,函数 F 是 f 在$(-\infty,+\infty)$上的原函数. 如果存在极限

$$\lim_{x\to+\infty} F(x) = F(+\infty) \quad 和 \quad \lim_{x\to-\infty} F(x) = F(-\infty),$$

并且 $F(+\infty) - F(-\infty)$有意义(即 $F(+\infty)$与 $F(-\infty)$不为同号无穷大),那么

$$\int_{-\infty}^{+\infty} f(x)\mathrm{d}x = F(+\infty) - F(-\infty) = F(x)\Big|_{-\infty}^{+\infty}.$$

关于瑕积分,也有相应的牛顿-莱布尼茨公式. 例如,对于以 b

点为瑕点的积分,我们有:

定理 2 设函数 f 在 $[a,b)$ 上连续,函数 F 是 f 在 $[a,b)$ 上的原函数. 如果存在极限

$$\lim_{x \to b-} F(x) = F(b-),$$

那么

$$\int_a^b f(x)\mathrm{d}x = F(b-) - F(a).$$

对于广义积分(无穷限积分和瑕积分),也有分部积分公式. 例如,对于无穷上限的积分,我们有:

定理 3 设 $u,v \in C^1[a, +\infty)$,则

$$\int_a^{+\infty} u(x)\mathrm{d}v(x) = u(x)v(x)\Big|_a^{+\infty} - \int_a^{+\infty} v(x)\mathrm{d}u(x).$$

(这就是说:如果上式右端的式子有意义,那么上式左端也有意义,并且等于右端的值.)

证明 我们有常义积分的分部积分公式

$$\int_a^H u(x)\mathrm{d}v(x) = u(x)v(x)\Big|_a^H - \int_a^H v(x)\mathrm{d}u(x).$$

在上式中让 $H \to +\infty$,就得到要证的结果. $\quad\square$

对常义积分的换元公式取极限,可以证明广义积分的换元公式. 例如,对于以上限为瑕点的积分,我们有:

定理 4 设函数 $f(x)$ 在 $[a,b)$ 连续,函数 $x = \varphi(t)$ 在 $[\alpha,\beta)$ 有连续导数. 如果 $\varphi'(t) > 0$, $\forall t \in (\alpha,\beta)$, $\varphi((\alpha,\beta)) \subset (a,b)$, $\varphi(\alpha) = a$, $\varphi(\beta-) = b$,那么

$$\int_a^b f(x)\mathrm{d}x = \int_\alpha^\beta f(\varphi(t))\varphi'(t)\mathrm{d}t.$$

(这就是说:如果上式右端的式子有意义,那么左端的式子也有意义,并且等于右端的值).

证明 对任何 $h \in (0, b-a)$,记

$$\eta = \beta - \varphi^{-1}(b-h).$$

于是有

$$\varphi^{-1}(b-h) = \beta - \eta$$

及

$$\lim_{h \to 0+} \eta = 0.$$

利用定积分的换元公式可得

$$\int_a^{b-h} f(x)\,\mathrm{d}x = \int_a^{\varphi^{-1}(b-h)} f(\varphi(t))\varphi'(t)\,\mathrm{d}t$$

$$= \int_a^{\beta-\eta} f(\varphi(t))\varphi'(t)\,\mathrm{d}t.$$

在上式中让 $h \to 0+$ 取极限就得到要证的结果.　□

下面介绍广义积分的一些例子.

例 1　设质量为 m 的火箭从地面发射. 试求该火箭飞离地球引力范围所需做的功.

解　记地球的半径为 R,则在离地心距离为 r 的地方,火箭所受到的地球引力 F 应满足

$$\frac{F}{mg} = \frac{\dfrac{1}{r^2}}{\dfrac{1}{R^2}}.$$

由此得到

$$F = \frac{mgR^2}{r^2}.$$

于是,这火箭飞离地球引力范围所需做的功为

$$W = \int_R^{+\infty} \frac{mgR^2}{r^2}\,\mathrm{d}r$$

$$= \lim_{r \to +\infty} mgR^2 \left(\frac{1}{R} - \frac{1}{r} \right) = mgR.$$

如果火箭达到速度 v 之后就熄火靠惯性继续飞行,为使火箭能飞离地球引力范围,它的动能 $\dfrac{1}{2}mv^2$ 至少要等于克服地球引力所需的功 mgR:

$$\frac{1}{2}mv^2 = mgR.$$

由此可知,速度 v 至少为

$$v = \sqrt{2gR}.$$

以

$$g = 9.81\,\mathrm{m/s^2}, \quad R = 6371 \times 10^3\,\mathrm{m},$$

代入上式,我们求得

$$v = 11.2 \times 10^3 \, \text{m/s}.$$

每秒 11.2km,这就是物体从地面飞出地球引力圈所必须具有的速度. 人们把这样一个速度叫作**第二宇宙速度**.

例 2 我们有

$$\int_0^{+\infty} \frac{\mathrm{d}x}{1+x^2} = \arctan x \,\bigg|_0^{+\infty} = \frac{\pi}{2}.$$

如果做变元替换 $x = \tan t$,那么这积分就转化为常义积分:

$$\int_0^{+\infty} \frac{\mathrm{d}x}{1+x^2} = \int_0^{\frac{\pi}{2}} \mathrm{d}t = \frac{\pi}{2}.$$

例 3 我们有

$$\int_0^1 \frac{\mathrm{d}x}{\sqrt{1-x^2}} = \arcsin x \,\bigg|_0^1 = \frac{\pi}{2}.$$

如果做变元替换 $x = \sin t$,那么这积分也转化为常义积分:

$$\int_0^1 \frac{\mathrm{d}x}{\sqrt{1-x^2}} = \int_0^{\frac{\pi}{2}} \mathrm{d}t = \frac{\pi}{2}.$$

例 4 计算积分

$$\int_0^{+\infty} \mathrm{e}^{-ax} \sin bx \, \mathrm{d}x \quad (a > 0).$$

解 函数 $f(x) = \mathrm{e}^{-ax} \sin bx$ 的原函数为:

$$F(x) = -\mathrm{e}^{-ax} \frac{a \sin bx + b \cos bx}{a^2 + b^2} + C,$$

因而

$$\int_0^{+\infty} \mathrm{e}^{-ax} \sin bx \, \mathrm{d}x = F(x) \,\bigg|_0^{+\infty} = \frac{b}{a^2 + b^2}.$$

例 5 计算积分

$$\int_0^1 \ln x \, \mathrm{d}x.$$

解 据牛顿-莱布尼茨公式,我们得到

$$\int_0^1 \ln x \, \mathrm{d}x = (x \ln x - x) \,\bigg|_0^1 = -1.$$

例 6 考察积分

$$\int_a^{+\infty} \frac{\mathrm{d}x}{x^p} \quad (a > 0).$$

解　因为

$$\int \frac{\mathrm{d}x}{x^p} = \begin{cases} \ln x + C, & \text{若 } p = 1, \\ \dfrac{-1}{(p-1)x^{p-1}} + C, & \text{若 } p \neq 1, \end{cases}$$

所以

$$\int_a^{+\infty} \frac{\mathrm{d}x}{x^p} = \begin{cases} +\infty, & \text{若 } p \leqslant 1, \\ \dfrac{1}{(p-1)a^{p-1}}, & \text{若 } p > 1. \end{cases}$$

我们看到：所给的积分当 $p>1$ 时收敛，而当 $p\leqslant 1$ 时发散. 例如，以下积分都收敛：

$$\int_1^{+\infty} \frac{\mathrm{d}x}{x^2}, \quad \int_1^{+\infty} \frac{\mathrm{d}x}{x\sqrt{x}};$$

而以下的积分都是发散的：

$$\int_1^{+\infty} \frac{\mathrm{d}x}{x}, \quad \int_1^{+\infty} \frac{\mathrm{d}x}{\sqrt{x}}.$$

例 7　考察积分

$$\int_0^b \frac{\mathrm{d}x}{x^q}.$$

解　因为

$$\int \frac{\mathrm{d}x}{x^q} = \begin{cases} \ln x + C, & \text{若 } q = 1, \\ \dfrac{1}{1-q}x^{1-q} + C, & \text{若 } q \neq 1, \end{cases}$$

所以

$$\int_0^b \frac{\mathrm{d}x}{x^q} = \begin{cases} +\infty, & \text{若 } q \geqslant 1, \\ \dfrac{1}{1-q}b^{1-q}, & \text{若 } q < 1. \end{cases}$$

我们看到：所给的积分当 $q<1$ 时收敛，而当 $q\geqslant 1$ 时发散. 例如，以下积分收敛：

$$\int_0^1 \frac{\mathrm{d}x}{\sqrt{x}}, \quad \int_0^1 \frac{\mathrm{d}x}{\sqrt[3]{x^2}},$$

而以下积分发散：

$$\int_0^1 \frac{\mathrm{d}x}{x}, \quad \int_0^1 \frac{\mathrm{d}x}{x^2}.$$

例 8 与上一例的情形类似,容易求得

$$\int_a^b \frac{\mathrm{d}x}{(x-a)^q} = \begin{cases} +\infty, & \text{若 } q \geqslant 1, \\ \dfrac{1}{1-q}(b-a)^{1-q}, & \text{若 } q < 1. \end{cases}$$

因而瑕积分

$$\int_a^b \frac{\mathrm{d}x}{(x-a)^q}$$

当 $q < 1$ 时收敛,当 $q \geqslant 1$ 时发散.

例 9 与上两例的情形类似,容易求得

$$\int_a^b \frac{\mathrm{d}x}{(b-x)^q} = \begin{cases} +\infty, & \text{若 } q \geqslant 1, \\ \dfrac{1}{1-q}(b-a)^{1-q}, & \text{若 } q < 1. \end{cases}$$

因而瑕积分

$$\int_a^b \frac{\mathrm{d}x}{(b-x)^q}$$

当 $q < 1$ 时收敛,当 $q \geqslant 1$ 时发散.

例 10 从上面的讨论可知,积分

$$\int_{-1}^1 \frac{\mathrm{d}x}{x}$$

是发散的. 但这积分在柯西主值意义下收敛:

$$\begin{aligned} \mathrm{VP} \int_{-1}^1 \frac{\mathrm{d}x}{x} &= \lim_{\eta \to 0+} \left(\int_{-1}^{-\eta} \frac{\mathrm{d}x}{x} + \int_\eta^1 \frac{\mathrm{d}x}{x} \right) \\ &= \lim_{\eta \to 0+} \left(\ln|x| \Big|_{-1}^{-\eta} - \ln|x| \Big|_1^\eta \right) \\ &= 0. \end{aligned}$$

例 11 积分

$$\int_{-\infty}^{+\infty} \sin x \, \mathrm{d}x$$

发散. 但这积分在柯西主值意义下收敛:

$$\int_{-H}^H \sin x \, \mathrm{d}x = -\cos x \Big|_{-H}^H = 0,$$

$$\mathrm{VP}\int_{-\infty}^{+\infty}\sin x\,\mathrm{d}x = \lim_{H\to+\infty}\int_{-H}^{H}\sin x\,\mathrm{d}x = 0.$$

§3 广义积分的收敛原理及其推论

按照定义,广义积分

$$\int_{a}^{+\infty}f(x)\,\mathrm{d}x$$

是下面的函数当 $H\to+\infty$ 时的极限:

$$\Phi(H) = \int_{a}^{H}f(x)\,\mathrm{d}x.$$

依据关于函数极限的收敛原理,这极限存在并且有穷的充要条件是: 对任意的 $\varepsilon>0$,存在 $\Delta>0$,使得只要 $H'\geqslant H>\Delta$,就有

$$|\Phi(H)-\Phi(H')|<\varepsilon.$$

我们把这陈述为:

无穷限积分的收敛原理 广义积分

$$\int_{a}^{+\infty}f(x)\,\mathrm{d}x$$

收敛的充要条件是:对任何 $\varepsilon>0$,存在 $\Delta>0$,使得只要 $H'\geqslant H>\Delta$, 就有

$$\left|\int_{H}^{H'}f(x)\,\mathrm{d}x\right|<\varepsilon.$$

利用上述收敛原理,容易证明以下的比较判别法则:

无穷限积分的比较判别法 设函数 $f(x)$ 和 $g(x)$ 在 $[a,+\infty)$ 上有定义,在任何闭子区间 $[a,H]$ 上常义可积,并且对充分大的 Δ 满足不等式

$$|f(x)|\leqslant g(x), \quad \forall x\in[\Delta,+\infty).$$

如果积分

$$\int_{a}^{+\infty}g(x)\,\mathrm{d}x$$

收敛,那么积分

$$\int_{a}^{+\infty}f(x)\,\mathrm{d}x$$

也收敛.

证明 对任何 $\varepsilon>0$, 存在 $\Delta'\geqslant\Delta$, 使得只要 $H'\geqslant H>\Delta'$, 就有

$$\int_H^{H'} g(x)\mathrm{d}x<\varepsilon.$$

对这样的 H' 和 H, 自然也有

$$\left|\int_H^{H'} f(x)\mathrm{d}x\right|\leqslant\int_H^{H'}|f(x)|\,\mathrm{d}x$$

$$\leqslant\int_H^{H'} g(x)\mathrm{d}x<\varepsilon. \quad \square$$

推论 设函数 $f(x)$ 在 $[a,+\infty)$ 上有定义, 在其任何的闭子区间 $[a,H]$ 上常义可积. 如果积分 $\displaystyle\int_a^{+\infty}|f(x)|\mathrm{d}x$ 收敛, 那么积分 $\displaystyle\int_a^{+\infty} f(x)\mathrm{d}x$ 也收敛.

证明 记 $g(x)=|f(x)|$, 则显然 $f(x)$ 和 $g(x)$ 满足不等式

$$|f(x)|\leqslant g(x), \quad \forall x\in[a,+\infty). \quad \square$$

注记 上述推论的逆命题不成立. 下一节中的例题 4 就是一个反例.

定义 如果广义积分 $\displaystyle\int_a^{+\infty}|f(x)|\mathrm{d}x$ 收敛, 那么我们就说广义积分 $\displaystyle\int_a^{+\infty} f(x)\mathrm{d}x$ **绝对收敛**. 如果广义积分 $\displaystyle\int_a^{+\infty}|f(x)|\mathrm{d}x$ 发散, 但广义积分 $\displaystyle\int_a^{+\infty} f(x)\mathrm{d}x$ 收敛, 那么我们就说广义积分 $\displaystyle\int_a^{+\infty} f(x)\mathrm{d}x$ **条件收敛**.

本节以上的讨论, 所涉及的都是无穷上限的积分. 但类似的结果对无穷下限的积分以及双无穷限的积分都成立. 读者可仿照无穷上限积分的情形, 陈述相应的结果, 并给出证明.

关于瑕积分, 亦可进行类似的讨论. 相应的结果陈述如下:

瑕积分的收敛原理 设函数 $f(x)$ 在区间 $[a,b)$ 上有定义, 在其任何闭子区间 $[a,b-\eta]$ 上常义可积, 则瑕积分 $\displaystyle\int_a^b f(x)\mathrm{d}x$ 收敛的充要条件是: 对任何 $\varepsilon>0$, 存在 $\delta>0$, 使得只要 $0<\eta'<\eta<\delta$, 就有

$$\left| \int_{b-\eta}^{b-\eta'} f(x)\,\mathrm{d}x \right| < \varepsilon.$$

瑕积分的比较判别法　设函数 $f(x)$ 和 $g(x)$ 在区间 $[a,b)$ 上有定义,在其任何闭子区间 $[a,b-\eta]$ 上常义可积,并且在 b 点邻近满足不等式

$$|f(x)| \leqslant g(x), \quad \forall x \in [b-\delta,b).$$

如果瑕积分 $\int_a^b g(x)\,\mathrm{d}x$ 收敛,那么瑕积分 $\int_a^b f(x)\,\mathrm{d}x$ 也收敛.

推论　设函数 $f(x)$ 在区间 $[a,b)$ 上有定义,在其任何的闭子区间 $[a,b-\eta]$ 常义可积. 如果积分 $\int_a^b |f(x)|\,\mathrm{d}x$ 收敛,那么积分 $\int_a^b f(x)\,\mathrm{d}x$ 也收敛.

定义　如果瑕积分 $\int_a^b |f(x)|\,\mathrm{d}x$ 收敛,那么我们就说瑕积分 $\int_a^b f(x)\,\mathrm{d}x$ **绝对收敛**. 如果积分 $\int_a^b |f(x)|\,\mathrm{d}x$ 发散,但积分 $\int_a^b f(x)\,\mathrm{d}x$ 收敛,那么我们就说瑕积分 $\int_a^b f(x)\,\mathrm{d}x$ **条件收敛**.

§4　广义积分收敛性的一些判别法

4.a　无穷限积分收敛性的判别法

上一节中已经介绍了无穷限积分的比较判别法:设函数 $f(x)$ 和 $g(x)$ 在区间 $[a,+\infty)$ 上有定义,在其任何闭子区间 $[a,H]$ 上常义可积,并且对充分大的 Δ 满足不等式

$$|f(x)| \leqslant g(x), \quad \forall x \in [\Delta,+\infty).$$

如果积分 $\int_a^{+\infty} g(x)\,\mathrm{d}x$ 收敛,那么积分 $\int_a^{+\infty} f(x)\,\mathrm{d}x$ 绝对收敛.

具体地取 $g(x)=\dfrac{C}{x^p}$ 作为比较的标准,我们得到以下判别法:

定理 1　设函数 $f(x)$ 在区间 $[a,+\infty)$ 上有定义,在其任何闭子区间 $[a,H]$ 上常义可积.

(1) 如果存在 $\Delta > a$，$p > 1$，$C > 0$，使得

$$|f(x)| \leqslant \frac{C}{x^p}, \quad \forall\, x \geqslant \Delta,$$

那么积分

$$\int_a^{+\infty} f(x)\,\mathrm{d}x$$

绝对收敛；

(2) 如果存在 $\Delta > a$，$p \leqslant 1$，$C > 0$，使得

$$|f(x)| \geqslant \frac{C}{x^p}, \quad \forall\, x \geqslant \Delta,$$

那么积分

$$\int_a^{+\infty} |f(x)|\,\mathrm{d}x$$

发散.

为了对充分大的 x，比较 $|f(x)|$ 与 $\dfrac{C}{x^p}$，我们考察以下比值的极限状况：

$$\frac{|f(x)|}{\dfrac{1}{x^p}} = x^p\,|f(x)|.$$

推论 设函数 $f(x)$ 在区间 $[a, +\infty)$ 上有定义，在其任何闭子区间 $[a, H]$ 上常义可积，并设存在极限

$$\lim_{x \to +\infty} x^p\,|f(x)| = B,$$

则有

(1) 如果 $p > 1$，$B < +\infty$，那么

$$\int_a^{+\infty} |f(x)|\,\mathrm{d}x$$

收敛；

(2) 如果 $p \leqslant 1$，$B > 0$，那么

$$\int_a^{+\infty} |f(x)|\,\mathrm{d}x$$

发散.

证明 (1) 对于 $\varepsilon > 0$，存在 $\Delta > 0$，使得

$$|f(x)| < \frac{B+\varepsilon}{x^p}, \quad \forall x > \Delta.$$

(2) 对于 $0 < \varepsilon < B$，存在 $\Delta > 0$，使得

$$|f(x)| > \frac{B-\varepsilon}{x^p}, \quad \forall x > \Delta. \quad \square$$

例 1 判别积分 $\displaystyle\int_1^{+\infty} \frac{\sin x}{x\sqrt{x}} \mathrm{d}x$ 是否收敛.

解 因为

$$\left| \frac{\sin x}{x\sqrt{x}} \right| \leqslant \frac{1}{x\sqrt{x}} = \frac{1}{x^{\frac{3}{2}}},$$

所以积分 $\displaystyle\int_1^{+\infty} \frac{\sin x}{x\sqrt{x}} \mathrm{d}x$ 绝对收敛.

例 2 判断积分 $\displaystyle\int_1^{+\infty} x^m \mathrm{e}^{-x} \mathrm{d}x$ 是否收敛.

解 因为

$$\lim_{x \to +\infty} x^2(x^m \mathrm{e}^{-x}) = \lim_{x \to +\infty} x^{2+m} \mathrm{e}^{-x} = 0,$$

所以积分 $\displaystyle\int_1^{+\infty} x^m \mathrm{e}^{-x} \mathrm{d}x$ 收敛.

例 3 判断积分 $\displaystyle\int_1^{+\infty} \frac{\arctan x}{x^p} \mathrm{d}x$ 是否收敛.

解 因为

$$\lim_{x \to +\infty} x^p \cdot \frac{\arctan x}{x^p} = \lim_{x \to +\infty} \arctan x = \frac{\pi}{2},$$

所以，对于 $p > 1$，积分 $\displaystyle\int_1^{+\infty} \frac{\arctan x}{x^p} \mathrm{d}x$ 收敛；对于 $p \leqslant 1$，积分 $\displaystyle\int_1^{+\infty} \frac{\arctan x}{x^p} \mathrm{d}x$ 发散.

定理 1 只适用于判别积分是否绝对收敛. 为了判别条件收敛性，我们需要另外一些法则.

定理 2 (狄利克雷判别法) 设函数 f 和 g 在区间 $[a, +\infty)$ 上有定义，在其任何闭子区间 $[a, H]$ 上常义可积. 如果

(1) 存在 $\Delta > a$，使得 f 在 $[\Delta, +\infty)$ 上是单调的，并且

$$\lim_{x\to+\infty} f(x)=0;$$

（2）存在 $K\geqslant 0$，使得

$$\left|\int_a^H g(x)\mathrm{d}x\right|\leqslant K,\quad \forall H\geqslant a,$$

那么积分

$$\int_a^{+\infty} f(x)g(x)\mathrm{d}x$$

收敛.

证明 对充分大的 H 和 $H'>H$，我们来估计

$$\left|\int_H^{H'} f(x)g(x)\mathrm{d}x\right|.$$

根据第二中值定理

$$\int_H^{H'} f(x)g(x)\mathrm{d}x = f(H)\int_H^{\xi} g(x)\mathrm{d}x + f(H')\int_\xi^{H'} g(x)\mathrm{d}x.$$

于是

$$\left|\int_H^{H'} f(x)g(x)\mathrm{d}x\right|\leqslant |f(H)|\left|\int_H^{\xi} g(x)\mathrm{d}x\right|$$
$$+|f(H')|\left|\int_\xi^{H'} g(x)\mathrm{d}x\right|.$$

容易看到

$$\left|\int_H^{\xi} g(x)\mathrm{d}x\right|=\left|\int_a^{\xi} g(x)\mathrm{d}x-\int_a^H g(x)\mathrm{d}x\right|$$
$$\leqslant\left|\int_a^{\xi} g(x)\mathrm{d}x\right|+\left|\int_a^H g(x)\mathrm{d}x\right|$$
$$\leqslant 2K,$$

同样有

$$\left|\int_\xi^{H'} g(x)\mathrm{d}x\right|\leqslant 2K.$$

我们得到

$$\left|\int_H^{H'} f(x)g(x)\mathrm{d}x\right|\leqslant 2K(|f(H)|+|f(H')|).$$

但

$$\lim_{x\to+\infty} f(x)=0,$$

所以对任何 $\varepsilon>0$，存在 $\Delta'\geqslant\Delta$，使得只要

$$H' > H > \Delta',$$

就有

$$\left| \int_H^{H'} f(x)g(x)\mathrm{d}x \right| \leqslant 2K(|f(H)| + |f(H')|) < \varepsilon.$$

这证明了积分

$$\int_a^{+\infty} f(x)g(x)\mathrm{d}x$$

的收敛性. □

定理 3(阿贝尔判别法) 设函数 f 和 g 在区间 $[a, +\infty)$ 上有定义,在其任何闭子区间 $[a, H]$ 上常义可积. 如果

(1) 存在 $\Delta > a$, 使得 f 在 $[\Delta, +\infty)$ 上单调并且有界;

(2) 积分 $\displaystyle\int_a^{+\infty} g(x)\mathrm{d}x$ 收敛,

那么积分

$$\int_a^{+\infty} f(x)g(x)\mathrm{d}x$$

也收敛.

证明 因为函数 f 在 $[\Delta, +\infty]$ 单调并且有界,所以存在有穷极限

$$\lim_{x \to +\infty} f(x) = l.$$

于是

$$\lim_{x \to +\infty} (f(x) - l) = 0.$$

根据狄利克雷判别法(定理 2),我们断定积分

$$\int_a^{+\infty} (f(x) - l)g(x)\mathrm{d}x$$

收敛. 再利用积分

$$\int_a^{+\infty} g(x)\mathrm{d}x$$

的收敛性,即可断定积分

$$\int_a^{+\infty} f(x)g(x)\mathrm{d}x$$

收敛. □

注记 定理 3 也可根据收敛原理直接证明(用第二中值定理估

计），请读者自己练习.

例 4 考察积分

$$\int_1^{+\infty} \frac{\sin x}{x} \mathrm{d}x,$$

判断这积分是否收敛，是否绝对收敛.

解 因为

(1) 当 $x \to +\infty$ 时，函数 $f(x) = \dfrac{1}{x}$ 单调下降趋于 0，

(2) 函数 $g(x) = \sin x$ 满足

$$\left| \int_1^H \sin x \, \mathrm{d}x \right| \leqslant 2, \quad \forall H \geqslant 1,$$

所以积分

$$\int_1^{+\infty} \frac{\sin x}{x} \mathrm{d}x$$

收敛.

另一方面，我们有

$$\left| \frac{\sin x}{x} \right| \geqslant \frac{\sin^2 x}{x} = \frac{1}{2x} - \frac{\cos 2x}{2x},$$

通过类似的讨论（用狄利克雷判别法），可以断定积分

$$\int_1^{+\infty} \frac{\cos 2x}{2x} \mathrm{d}x$$

收敛. 但已知以下积分发散于 $+\infty$：

$$\int_1^{+\infty} \frac{\mathrm{d}x}{2x} = +\infty.$$

所以积分

$$\int_1^{+\infty} \left(\frac{1}{2x} - \frac{\cos 2x}{2x} \right) \mathrm{d}x$$

也发散. 由此得知：积分

$$\int_1^{+\infty} \left| \frac{\sin x}{x} \right| \mathrm{d}x$$

发散.

4. b   瑕积分收敛性的判别法

这里的许多讨论,与上一段中的很相似,证明就不一一写出了.

定理 1′   设函数 f 在区间 $(a,b]$ 上有定义,在其任何闭子区间 $[a+\eta,b]$ 上常义可积. 则

(1) 如果存在 $\delta>0$, $0\leqslant q<1$, $C>0$, 使得

$$|f(x)|\leqslant \frac{C}{(x-a)^q}, \quad \forall x\in(a,a+\delta),$$

那么积分 $\int_a^b f(x)\mathrm{d}x$ 绝对收敛;

(2) 如果存在 $\delta>0$, $q\geqslant1$, $C>0$, 使得

$$|f(x)|\geqslant \frac{C}{(x-a)^q}, \quad \forall x\in(a,a+\delta),$$

那么积分 $\int_a^b |f(x)|\mathrm{d}x$ 发散.

为了对充分接近于 a 的 x, 比较 $|f(x)|$ 与 $\dfrac{C}{(x-a)^q}$, 可以考察比值

$$\frac{|f(x)|}{\dfrac{1}{(x-a)^q}}=(x-a)^q|f(x)|$$

的极限状况.

推论   设函数 f 在区间 $(a,b]$ 上有定义,在其任何闭子区间 $[a+\eta,b]$ 上常义可积,并设存在极限

$$\lim_{x\to a+}(x-a)^q|f(x)|=B,$$

则有

(1) 如果 $0\leqslant q<1$, $B<+\infty$, 那么积分 $\int_a^b |f(x)|\mathrm{d}x$ 收敛,

(2) 如果 $q\geqslant1$, $B>0$, 那么积分 $\int_a^b |f(x)|\mathrm{d}x$ 发散.

注记   对于在上限处有瑕点的积分 $\int_a^b f(x)\mathrm{d}x$, 以 $\dfrac{C}{(b-x)^q}$ 为比较函数,可以陈述并证明类似的判别法,请读者自己加以讨论.

例 5　判断积分 $\displaystyle\int_0^{+\infty}\frac{\sin x}{x\sqrt{x}}\mathrm{d}x$ 是否收敛.

解　该积分既是无穷限积分,在 0 点又有一个瑕点. 要判断它的收敛性,应分别考察以下两个积分是否收敛:

$$\int_1^{+\infty}\frac{\sin x}{x\sqrt{x}}\mathrm{d}x,\quad \int_0^1\frac{\sin x}{x\sqrt{x}}\mathrm{d}x.$$

我们已知道前一积分是绝对收敛的(见本节上一段中的例 1). 还容易看到

$$\lim_{x\to 0+}\sqrt{x}\left|\frac{\sin x}{x\sqrt{x}}\right|=\lim_{x\to 0+}\frac{\sin x}{x}=1.$$

据此我们可以判断积分 $\displaystyle\int_0^1\frac{\sin x}{x\sqrt{x}}\mathrm{d}x$ 也是绝对收敛的. 因而积分

$\displaystyle\int_0^{+\infty}\frac{\sin x}{x\sqrt{x}}\mathrm{d}x$ 是绝对收敛的.

例 6　考察积分 $\displaystyle\int_0^1\frac{\ln x}{1-x^2}\mathrm{d}x$ 的收敛性.

解　因为

$$\lim_{x\to 1-}(1-x)^0\left|\frac{\ln x}{1-x^2}\right|=\lim_{x\to 1-}\frac{-\ln x}{1-x^2}=\lim_{x\to 1-}\frac{\dfrac{1}{x}}{2x}=\frac{1}{2},$$

$$\lim_{x\to 0+}x^{\frac{1}{2}}\left|\frac{\ln x}{1-x^2}\right|=\lim_{x\to 0+}\frac{-x^{\frac{1}{2}}\ln x}{1-x^2}=0,$$

所以积分 $\displaystyle\int_0^1\frac{\ln x}{1-x^2}\mathrm{d}x$ 是绝对收敛的.

例 7　考察积分

$$\mathrm{B}(\alpha,\beta)=\int_0^1 x^{\alpha-1}(1-x)^{\beta-1}\mathrm{d}x$$

的收敛性,其中 $\alpha,\beta\in\mathbb{R}$.

解　因为

$$\lim_{x\to 0+}x^{1-\alpha}\left|x^{\alpha-1}(1-x)^{\beta-1}\right|=\lim_{x\to 0+}(1-x)^{\beta-1}=1,$$

$$\lim_{x\to 1-}(1-x)^{1-\beta}\left|x^{\alpha-1}(1-x)^{\beta-1}\right|=\lim_{x\to 1-}x^{\alpha-1}=1,$$

所以，当 $1-\alpha<1$，$1-\beta<1$ 时，也就是 $\alpha>0$，$\beta>0$ 时，积分 $B(\alpha,\beta)$ 收敛．对其他情形，这积分发散．

例 8 考察积分

$$\Gamma(p)=\int_0^{+\infty}\mathrm{e}^{-x}x^{p-1}\mathrm{d}x$$

的收敛性．

解 因为

$$\lim_{x\to+\infty}x^2\left|\mathrm{e}^{-x}x^{p-1}\right|=\lim_{x\to+\infty}\mathrm{e}^{-x}x^{p+1}=0,$$

$$\lim_{x\to0+}x^{1-p}\left|\mathrm{e}^{-x}x^{p-1}\right|=\lim_{x\to0+}\mathrm{e}^{-x}=1,$$

所以积分 $\Gamma(p)$ 当 $1-p<1$ 时即 $p>0$ 时收敛，而当 $1-p\geqslant1$ 即 $p\leqslant0$ 时发散．

以下介绍瑕积分条件收敛性的判别法．

定理 2′(狄利克雷判别法)　设函数 f 和 g 在区间 $(a,b]$ 上有定义，在其任何闭子区间 $[a+\eta,b]$ 上常义可积．如果

(1) 存在 $\delta>0$，使得 f 在 $(a,a+\delta)$ 上是单调的，并且有

$$\lim_{x\to a+}f(x)=0;$$

(2) 存在 $K\geqslant0$，使得

$$\left|\int_{a+\eta}^b g(x)\mathrm{d}x\right|\leqslant K,\quad\forall\,\eta>0,$$

那么积分 $\int_a^b f(x)g(x)\mathrm{d}x$ 收敛．

证明　只需用第二中值定理估计

$$\left|\int_{a+\eta}^{a+\eta'}f(x)g(x)\mathrm{d}x\right|,$$

请读者仿照定理 2 中的做法完成本定理的证明．□

定理 3′(阿贝尔判别法)　设函数 f 和 g 在区间 $(a,b]$ 上有定义，在其任何闭子区间 $[a+\eta,b]$ 上常义可积．如果

(1) 存在 $\delta>0$，使得 f 在 $(a,a+\delta)$ 上单调并且有界；

(2) 积分 $\int_a^b g(x)\mathrm{d}x$ 收敛，

那么积分 $\int_a^b f(x)g(x)\mathrm{d}x$ 也收敛．

请读者仿照定理 3 证明中的做法,自己写出定理 3′的证明.

注记 关于在上限处有瑕点的积分,也有类似的狄利克雷判别法与阿贝尔判别法. 请读者自己陈述有关的定理并给出证明.

例 9 考察积分

$$\int_0^1 \frac{\sin\frac{1}{x}}{x^p}\mathrm{d}x \quad (0 < p \leqslant 2)$$

的收敛性.

解 对于 $0 < p < 1$,因为 $\left|\dfrac{\sin\frac{1}{x}}{x^p}\right| \leqslant \dfrac{1}{x^p}$,所以这时积分

$$\int_0^1 \frac{\sin\frac{1}{x}}{x^p}\mathrm{d}x$$

绝对收敛.

对于 $1 \leqslant p < 2$,因为函数 $f(x) = x^{2-p}$ 当 $x \to 0+$ 时单调趋于 0,而函数 $g(x) = \dfrac{\sin\frac{1}{x}}{x^2}$ 满足

$$\left|\int_\eta^1 \frac{\sin\frac{1}{x}}{x^2}\mathrm{d}x\right| \leqslant \left|\cos 1 - \cos\frac{1}{\eta}\right| \leqslant 2,$$

所以积分 $\displaystyle\int_0^1 \frac{\sin\frac{1}{x}}{x^p}\mathrm{d}x = \int_0^1 x^{2-p}\frac{\sin\frac{1}{x}}{x^2}\mathrm{d}x$

收敛. 我们指出,对这种情形,绝对值的积分 $\displaystyle\int_0^1 \left|\dfrac{\sin\frac{1}{x}}{x^p}\right|\mathrm{d}x$ 是发散的. 容易验证

$$\left| \frac{\sin \dfrac{1}{x}}{x^p} \right| \geqslant \frac{\sin^2 \dfrac{1}{x}}{x^p} = \frac{1}{2x^p} - \frac{\cos \dfrac{2}{x}}{2x^p}.$$

通过与上面所述的相类似的讨论,可以说明:对这种情形(即

$1 \leqslant p < 2$ 的情形),积分 $\displaystyle\int_0^1 \frac{\cos \dfrac{2}{x}}{x^p} \mathrm{d}x$ 收敛. 又容易看出,积分 $\displaystyle\int_0^1 \frac{\mathrm{d}x}{2x^p}$

是发散的. 这样,我们证明了积分

$$\int_0^1 \left(\frac{1}{2x^p} - \frac{\cos \dfrac{2}{x}}{2x^p} \right) \mathrm{d}x$$

是发散的. 因而积分

$$\int_0^1 \left| \frac{\sin \dfrac{1}{x}}{x^p} \right| \mathrm{d}x$$

也是发散的.

最后来考察 $p = 2$ 的情形. 因为

$$\int_\eta^1 \frac{\sin \dfrac{1}{x}}{x^2} \mathrm{d}x = \cos 1 - \cos \frac{1}{\eta},$$

当 $\eta \to 0+$ 时上式无极限,所以积分 $\displaystyle\int_0^1 \frac{\sin \dfrac{1}{x}}{x^2} \mathrm{d}x$ 发散.

第 四 篇

多 元 微 积 分

第十一章 多 维 空 间

§1 概　　说

自然界中,量的相互依赖关系是多种多样的. 一元函数仅仅是其中最简单的一种. 为了更深入地认识复杂的客观世界,需要进一步考察一个变量依另外几个变量的变化而变化的现象. 这就需要引入多元函数的概念. 先请看下面几个例子.

例 1　一定质量理想气体的压强 P 依温度 T 与体积 V 的变化而变化. 这几个量之间的相互依赖关系表现为气态方程

$$P = \mu R \frac{T}{V},$$

其中的 μ 和 R 是常量.

例 2　地理学中用海拔高度这个量来表示地形的起伏变化. 我们知道,海拔高度 h 随着地理坐标(经度 x 与纬度 y)的变化而变化:

$$h = h(x, y).$$

人们通过各种测量手段来认识这种依赖关系,并把所获得的结果画在地形图上.

例 3　直圆柱体的体积 V 和表面积 S 都随底圆半径 R 和高 H 而变化:

$$V = \pi R^2 H,$$
$$S = 2\pi R(R + H).$$

在讨论一元函数的时候,我们曾把自变量变化的范围(定义域)看成实数轴 $\mathbb{R}$ 上的一个点集 D,并把函数 f 实义为从 D 到 $\mathbb{R}$ 的一个映射

$$f: D \to \mathbb{R}.$$

把实数看成直线上的点,从而把"数"与"形"紧密地结合起来,这对于我们理解数学分析的概念和思想,具有非常重要的意义.

与这种看法相类似,我们可以把实数对 (x,y) 看成平面 $\mathbb{R}^2$ 上的点,把实数的三元组 (x,y,z) 看成是三维空间 $\mathbb{R}^3$ 中的点. 从一元函数的情形得到启发,我们把二元函数(依赖于两个自变量的函数)定义为从平面 $\mathbb{R}^2$ 的一个点集 D 到 $\mathbb{R}$ 的一个映射:

$$f: \underset{\underset{\mathbb{R}^2}{\cap}}{D} \to \mathbb{R}.$$

类似地,我们把三元函数(依赖于三个自变量的函数)定义为从三维空间 $\mathbb{R}^3$ 的一个点集 D 到 $\mathbb{R}$ 的一个映射:

$$f: \underset{\underset{\mathbb{R}^3}{\cap}}{D} \to \mathbb{R}.$$

为了便于讨论 m 元函数,我们先介绍 m 维空间的概念.

定义 依次排列着的 m 个实数

$$(x_1, \cdots, x_m)$$

被称为一个 m **元有序实数组**. 由一切可能的 m 元有序实数组所组成的集合

$$\mathbb{R}^m = \{(x_1, \cdots, x_m) \mid x_1, \cdots, x_m \in \mathbb{R}\}$$

被称为 m **维空间**. 每一个 m 元有序实数组都被称为这空间的点.

对于一般的 m 维空间,我们类比三维空间的情形引入许多几何式的术语. 这些形象化的术语,可以启发我们的几何直观,帮助我们进行理解和记忆.

我们把 m 元函数定义为从 m 维空间的点集 D 到 $\mathbb{R}$ 的一个映射:

$$f: \underset{\underset{\mathbb{R}^m}{\cap}}{D} \to \mathbb{R}.$$

注记 我们在其中生活的现实空间当然是三维的. 但为了讨论某些问题的方便,需要考虑更高维的空间. 例如,对于相对论的讨论来说,最好把空间与时间联系在一起来考察,把我们的空间看成由三个空间方向与一个时间方向组成的四维空间. 又如, 为了考察由 N 个质点组成的力学系统的运动, 我们需要用 $3N$ 个数 (所有这些质点的坐标) 来描述这系统的位置状况. 换句话说, 这系统的每一位置状况, 要用 $3N$ 维空间中的一个点来表示.

在讨论一元函数的微积分的时候, 我们不只是简单地把实数轴 (一维空间) 看成一个集合, 而且还要考虑实数系的代数运算, 还要考虑有关的极限过程. 例如, 导数的定义就已经涉及这些方面:

$$f'(x) = \lim_{h \to 0} \frac{f(x+h) - f(x)}{h}.$$

为了讨论 m 元函数的微积分, 先要对 m 维空间的代数结构与距离结构做一番考察. 这将是下一节的主要任务.

§2 多维空间的代数结构与距离结构

先对所采用的记号作一简单的说明.

二维或三维空间中的点, 通常用 (x, y) 或 (x, y, z) 这样的记号来表示——这里的 x, y 或 x, y, z 是点的坐标. 对于更一般的 m 维空间, 我们用 $(x_1, \cdots, x_m)$ 表示这空间中的点, 并把 x_i 叫作这点的第 i 个坐标. 对某些情形, 可以用单独一个大写字母来表示一个点, 例如用 $P = (x_1, \cdots, x_m)$ 来表示坐标为 $x_1, \cdots, x_m$ 的点, 等等. 但对一般情形, 更方便的做法是: 用小写字母表示 $\mathbb{R}^m$ 中的点, 并用同一字母附以标号 i 表示该点的第 i 个坐标, 例如

$$x = (x_1, \cdots, x_m),$$
$$y = (y_1, \cdots, y_m),$$

等等.

我们常常还需要考察 $\mathbb{R}^m$ 中点的序列. 这时又要用下标来表示序列中的序号. 为了避免可能产生的混淆, 最好把坐标的编号放在右上角, 即把 $\mathbb{R}^m$ 中的点记成这样的形式

$$x = (x^1, \cdots, x^m).$$

采用这种写法时, 切不可把上标与乘幂的方次相混淆. 如果要表示第 i 个坐标的 k 次方, 就要写成

$$(x^i)^k.$$

把坐标的编号放在右上角的写法,使用起来非常方便. 这样的符号系统,在张量分析、微分几何等学科中得到广泛的应用. 我们推荐这种写法,但也不排斥其他记号(只要用起来方便而又不引起混淆).

2. a $\mathbb{R}^m$ 的代数结构

我们既可以把

$$x = (x^1, x^2)$$

看成平面上坐标为 x^1 和 x^2 的一个点,又可以把它看成始点在 $(0,0)$ 终点在 (x^1, x^2) 的一个向量. 对于更高维的情形,我们也采取类似的说法:既把 $x = (x^1, \cdots, x^m)$ 称为一个点(把 $x^1, \cdots, x^m$ 称为这点的坐标),又把 $x = (x^1, \cdots, x^m)$ 称为一个向量(把 $x^1, \cdots, x^m$ 称为这向量的分量).

对于平面上的向量,可以用几何的方式定义加法和数乘运算. 用分量来表示加法和数乘的规则为:

$$u + v = (u^1 + v^1, u^2 + v^2),$$
$$\lambda u = (\lambda u^1, \lambda u^2),$$

这里

$$u = (u^1, u^2), \quad v = (v^1, v^2) \in \mathbb{R}^2, \quad \lambda \in \mathbb{R}.$$

与二维(或三维)的情形相类比,对于更高维的向量,我们通过分量定义加法与数乘运算如下:

$$u + v = (u^1 + v^1, \cdots, u^m + v^m),$$
$$\lambda u = (\lambda u^1, \cdots, \lambda u^m),$$

这里

$$u = (u^1, \cdots, u^m), \quad v = (v^1, \cdots, v^m) \in \mathbb{R}^m, \quad \lambda \in \mathbb{R}.$$

这样定义的加法和数乘,使 $\mathbb{R}^m$ 成为一个实线性空间(实向量空间). 换句话说就是: $\mathbb{R}^m$ 具有实线性空间的代数结构.

2. b $\mathbb{R}^m$ 的距离结构

平面上向量 $u = (u^1, u^2)$ 的长度 $\|u\|$ 可按勾股定理计算如下:

$$\|u\| = \sqrt{(u^1)^2 + (u^2)^2}.$$

我们把 $\|u\|$ 叫作向量 u 的**范数**（或模）. 范数具有以下性质：

$(\boldsymbol{N}_1)$ $\|u\| \geqslant 0$，$\forall u \in \mathbb{R}^2$，并且

$$\|u\| = 0 \iff u = 0;$$

$(\boldsymbol{N}_2)$ $\|\lambda u\| = |\lambda| \|u\|$，$\quad \forall \lambda \in \mathbb{R}, u \in \mathbb{R}^2;$

$(\boldsymbol{N}_3)$ $\|u + v\| \leqslant \|u\| + \|v\|$，$\quad \forall u, v \in \mathbb{R}^2.$

性质 $(\boldsymbol{N}_1)$ 和 $(\boldsymbol{N}_2)$ 可直接从表示式 $\|u\| = \sqrt{(u^1)^2 + (u^2)^2}$ 看出. 性质 $(\boldsymbol{N}_3)$ 即三角形不等式：三角形两边长度之和大于第三边的长度.

平面上任意两点 u 与 v 之间的距离可以表示为

$$d(u, v) = \sqrt{(u^1 - v^1)^2 + (u^2 - v^2)^2},$$

也就是

$$d(u, v) = \|u - v\|.$$

对于更高维的空间 $\mathbb{R}^m$，我们定义向量 $\boldsymbol{u} = (u^1, \cdots, u^m)$ 的**范数**（或模）如下：

$$\|u\| = \sqrt{(u^1)^2 + \cdots + (u^m)^2}.$$

这样定义的范数仍具有以下这些性质：

$(\boldsymbol{N}_1)$ $\|u\| \geqslant 0$，$\forall u \in \mathbb{R}^m$，并且

$$\|u\| = 0 \iff u = 0;$$

$(\boldsymbol{N}_2)$ $\|\lambda u\| = |\lambda| \|u\|$，$\quad \forall \lambda \in \mathbb{R}, u \in \mathbb{R}^m;$

$(\boldsymbol{N}_3)$ $\|u + v\| \leqslant \|u\| + \|v\|$，$\quad \forall u, v \in \mathbb{R}^m.$

性质 $(\boldsymbol{N}_1)$ 和 $(\boldsymbol{N}_2)$ 可直接从定义得到. 性质 $(\boldsymbol{N}_3)$ 的证明要用到以下不等式

$(\boldsymbol{C})$ $\quad \left(\sum_{i=1}^{m} u^i v^i \right)^2 \leqslant \left(\sum_{i=1}^{m} (u^i)^2 \right) \left(\sum_{i=1}^{m} (v^i)^2 \right).$

这就是著名的柯西不等式，我们可以把它写成

$$\sum_{i=1}^{m} u^i v^i \leqslant \|u\| \|v\|.$$

柯西不等式的证法很多，以下所介绍的或许是最简单的一种. 对于任何实数 λ 和 μ，我们有

$$0 \leqslant \sum_{i=1}^{m} (\lambda u^i - \mu v^i)^2$$

$$= \lambda^2 \| u \|^2 - 2\lambda\mu \sum_{i=1}^m u^i v^i + \mu^2 \| v \|^2.$$

在上式中取 $\lambda = \| v \|$，$\mu = \| u \|$，就得到

$$2 \| u \| \| v \| \left(\| u \| \| v \| - \sum_{i=1}^m u^i v^i \right) \geqslant 0.$$

由此就能得到

$$\sum_{i=1}^m u^i v^i \leqslant \| u \| \| v \|.$$

利用这一不等式，可以很容易地证明性质($\mathbf{N}_3$):

$$\begin{aligned}
\| u + v \|^2 &= \sum_{i=1}^m (u^i + v^i)^2 \\
&= \sum_{i=1}^m (u^i)^2 + 2\sum_{i=1}^m u^i v^i + \sum_{i=1}^m (v^i)^2 \\
&\leqslant \| u \|^2 + 2 \| u \| \| v \| + \| v \|^2 \\
&\leqslant (\| u \| + \| v \|)^2.
\end{aligned}$$

借助范数，我们可以把任意两点 $u, v \in \mathbb{R}^m$ 之间的距离定义为

$$d(u, v) = \| u - v \|,$$

即

$$d(u, v) = \sqrt{\sum_{i=1}^m (u^i - v^i)^2}.$$

§3 $\mathbb{R}^m$ 中的收敛点列

3. a 收敛点列

设 $\{x_n\}$ 是 $\mathbb{R}^m$ 中的一个点列，这里

$$x_n = (x_n^1, \cdots, x_n^m), \quad n = 1, 2, \cdots.$$

又设

$$a = (a^1, \cdots, a^m)$$

是 $\mathbb{R}^m$ 中的一点. 我们来考察点列 $\{x_n\}$ 中的各项到点 a 的距离

$$d(x_n, a) = \| x_n - a \|.$$

如果
$$\lim \|x_n - a\| = 0,$$
那么我们就说点列 $\{x_n\}$ 以点 a 为极限,或者说点列 $\{x_n\}$ 收敛于点 a. 采用 ε-N 语言,点列 $\{x_n\}$ 收敛于点 a 这件事,可以表述为
$$(\forall \varepsilon > 0)(\exists N \in \mathbb{N})(\forall n > N)(\|x_n - a\| < \varepsilon).$$

我们把 $\mathbb{R}^m$ 中的点集
$$U(a, \eta) = \{x \in \mathbb{R}^m \mid \|x - a\| < \eta\}$$
叫作点 a 的 η 邻域. 对于 $m = 1$ 的情形,
$$U(a, \eta) = (a - \eta, a + \eta)$$
是一个以 a 为中点的开区间;对于 $m = 2$ 的情形,$U(a, \eta)$ 是一个以 a 为中心的开圆:
$$(x^1 - a^1)^2 + (x^2 - a^2)^2 < \eta^2;$$
对于 $m = 3$ 的情形,$U(a, \eta)$ 是一个以 a 为中心的开球:
$$(x^1 - a^1)^2 + (x^2 - a^2)^2 + (x^3 - a^3)^2 < \eta^2.$$
对于更高维的情形,我们也把 $U(a, \eta)$ 叫作以 a 为中心以 η 为半径的开球.

我们可以用更具几何色彩的语言重述"点列 $\{x_n\}$ 收敛于点 a"的定义:如果对任何 $\varepsilon > 0$ 都存在 $N \in \mathbb{N}$,使得点列 $\{x_n\}$ 从第 N 项以后的各项,都进入点 a 的 ε 邻域之中,那么我们就说点列 $\{x_n\}$ 以点 a 为极限,或者说点列 $\{x_n\}$ 收敛于点 a.

利用范数的性质 $(\mathbf{N}_1)$,$(\mathbf{N}_2)$ 和 $(\mathbf{N}_3)$,很容易把关于实数序列极限的许多结果推广成关于 $\mathbb{R}^m$ 中点列的相应结果. 例如:

命题 1 如果 $\mathbb{R}^m$ 中的点列 $\{x_n\}$ 有极限,那么极限是唯一的.

证明 对任意 $a \in \mathbb{R}^m$ 和 $a' \in \mathbb{R}^m$,我们有
$$0 \leqslant \|a' - a\| \leqslant \|a' - x_n\| + \|x_n - a\|.$$
如果点列 $\{x_n\}$ 既以 a 为极限,又以 a' 为极限,那么上式右端趋于 0,因而
$$\|a' - a\| = 0,$$
由此即得到
$$a' = a.$$
这证明了极限的唯一性. □

这样,如果 $\{x_n\}$ 是收敛点列,那么我们就可以把它的唯一极限记为 $\lim x_n$.

关于实数序列极限的加法定理和乘法定理,可以推广为:

命题 2　设 $\{x_n\}$ 和 $\{y_n\}$ 是 $\mathbb{R}^m$ 中的点列,a 和 b 是 $\mathbb{R}^m$ 中的点;$\{\lambda_n\}$ 是实数序列,λ 是一个实数. 如果

$$\lim x_n = a, \quad \lim y_n = b,$$
$$\lim \lambda_n = \lambda,$$

那么

$$\lim(x_n + y_n) = a + b,$$
$$\lim(\lambda_n x_n) = \lambda a,$$

即

$$\lim(x_n + y_n) = \lim x_n + \lim y_n,$$
$$\lim(\lambda_n x_n) = \lim \lambda_n \cdot \lim x_n.$$

证明　我们有

$$\|(x_n + y_n) - (a + b)\|$$
$$\leqslant \|x_n - a\| + \|y_n - b\|,$$
$$\|\lambda_n x_n - \lambda a\|$$
$$= \|(\lambda_n - \lambda)(x_n - a) + (\lambda_n - \lambda)a + \lambda(x_n - a)\|$$
$$\leqslant |\lambda_n - \lambda| \cdot \|x_n - a\| + |\lambda_n - \lambda| \cdot \|a\|$$
$$+ |\lambda| \cdot \|x_n - a\|. \quad \square$$

关于 $\mathbb{R}^m$ 中点列的极限,还有更多的结果与实数序列的情形相类似,这里不再一一细说了. 借助于以下定理,我们总可以把涉及 $\mathbb{R}^m$ 中点列极限的问题,转化为关于实数序列的相应问题.

定理 1　对于 $\mathbb{R}^m$ 中的点列 $\{x_n\}$ 和点 a,我们有: $\lim x_n = a$ 的充要条件是

$$\lim x_n^i = a^i, \quad i = 1, \cdots, m,$$

这里 x_n^i 是 x_n 的第 i 个坐标,a^i 是 a 的第 i 个坐标.

证明　我们有

$$\max\{|x^1 - a^1|, \cdots, |x^m - a^m|\}$$
$$\leqslant \|x - a\| = \sqrt{\sum_{i=1}^{m}(x^i - a^i)^2}$$

$$\leqslant |x^1 - a^1| + \cdots + |x^m - a^m|. \qquad \square$$

3. b　柯西点列与空间的完备性

定义　设 $\{x_n\}$ 是 $\mathbb{R}^m$ 中的一个点列. 如果对任何 $\varepsilon > 0$, 存在 $N \in \mathbb{N}$, 使得只要 $n > N$, 就有

$$\|x_{n+p} - x_n\| < \varepsilon, \quad \forall p \in \mathbb{N},$$

那么我们就说点列 $\{x_n\}$ 满足**柯西条件**, 或者说 $\{x_n\}$ 是一个**柯西点列 (基本点列)**.

引理　所有的收敛点列都是柯西点列.

证明　设点列 $\{x_n\}$ 收敛于点 a, 则对任何 $\varepsilon > 0$, 存在 $N \in \mathbb{N}$, 使得只要 $n > N$, 就有

$$\|x_n - a\| < \frac{\varepsilon}{2}.$$

于是, 对于 $n > N$ 和 $p \in \mathbb{N}$, 就有

$$\|x_{n+p} - x_n\| \leqslant \|x_{n+p} - a\| + \|a - x_n\|$$
$$< \frac{\varepsilon}{2} + \frac{\varepsilon}{2} = \varepsilon.$$

这证明了 $\{x_n\}$ 是柯西点列. $\quad \square$

定理 2($\mathbb{R}^m$ 中的收敛原理)　设 $\{x_n\}$ 是 $\mathbb{R}^m$ 中的点列, 则 $\{x_n\}$ 收敛的充要条件是它为柯西点列.

证明　条件的必要性已见于上一引理. 这里我们来证明条件的充分性. 设 $\{x_n\}$ 是一个柯西点列, 则对任何 $\varepsilon > 0$, 存在 $N \in \mathbb{N}$, 使得只要

$$n > N, \quad p \in \mathbb{N},$$

就有

$$\|x_{n+p} - x_n\| < \varepsilon.$$

从不等式

$$|x_{n+p}^i - x_n^i| \leqslant \|x_{n+p} - x_n\|$$

可以看出: 由点列 $\{x_n\}$ 各项的第 i 个坐标组成的序列 $\{x_n^i\}$ 是实数的柯西序列 ($i = 1, \cdots, m$). 于是, 存在 $a^i \in \mathbb{R}$, 使得

$$\lim x_n^i = a^i, \quad i = 1, \cdots, m.$$

记
$$a = (a^1, \cdots, a^m),$$
则 $a \in \mathbb{R}^m$，并且有
$$\lim x_n = a.$$
这证明了条件的充分性.　□

注记　上面的定理说明，在 $\mathbb{R}^m$ 中，任何柯西点列都是收敛的. $\mathbb{R}^m$ 的这一重要性质，被称为**完备性**.

§4　多元函数的极限与连续性

与一元函数的情形类似，对于多元函数的极限和连续性等概念，我们将介绍序列式和 ε-δ 式两种定义方式，希望读者熟练掌握，根据实际情况灵活运用.

4. a　多元函数的极限

对于 $a \in \mathbb{R}^m$ 和 $\eta \in \mathbb{R}$，$\eta > 0$，我们把集合
$$\check{U}(a, \eta) = \{x \in \mathbb{R}^m \mid 0 < \|x - a\| < \eta\}$$
叫作 a 点的去心 η 邻域.

设 $D \subset \mathbb{R}^m$，$a \in \mathbb{R}^m$. 如果 a 的任何去心 η 邻域之中都含有 D 中的点，即
$$\check{U}(a, \eta) \bigcap D \neq \varnothing, \quad \forall \eta > 0,$$
那么我们就说 a 是集合 D 的一个**聚点**（请注意：聚点 a 本身可以属于 D，也可以不属于 D）.

容易看出，a 是 D 的聚点的充要条件是：存在点列 $\{x_n\} \subset D \backslash \{a\}$，使得
$$\lim x_n = a$$
（请读者证明这一命题）.

我们来陈述函数极限的定义.

定义 I（函数极限的序列式定义）　设 $D \subset \mathbb{R}^m$，a 是 D 的一个聚点，m 元函数 f 在 $\check{U}(a, \eta) \bigcap D$ 上有定义. 如果对于

$\mathring{U}(a,\eta)\bigcap D$ 中收敛于 a 的任何点列 $\{x_n\}$，相应的函数值序列 $\{f(x_n)\}$ 都收敛于同一个实数 A，那么我们就说：当 x 沿集合 D 趋于 a 时，函数 $f(x)$ 以 A 为极限，记为

$$\lim_{\substack{x\to a\\D}}f(x)=A.$$

对不至于混淆的情形，也就简单地写为

$$\lim_{x\to a}f(x)=A.$$

定义 Ⅱ（函数极限的 ε-δ 式定义）　设 $D\subset\mathbb{R}^m$，a 是 D 的聚点，m 元函数 f 在 $\mathring{U}(a,\eta)\bigcap D$ 上有定义，$A\in\mathbb{R}$. 如果对任何 $\varepsilon>0$，存在 $\delta>0$，使得只要

$$x\in D,\quad 0<\|x-a\|<\delta,$$

就有

$$|f(x)-A|<\varepsilon,$$

那么我们就说：当 x 沿集合 D 趋于 a 时，函数 $f(x)$ 以 A 为极限（记号同定义 Ⅰ）.

定义 Ⅰ 与定义 Ⅱ 当然是互相等价的. 请读者仿照一元函数情形证明这一事实.

对于 $A=+\infty$，$-\infty$ 或 ∞ 的情形，也请读者自己写出 $\lim_{x\to a}f(x)=A$ 的定义.

例 1　考察 m 元常值函数

$$f(x)=f(x^1,\cdots,x^m)\equiv C.$$

对于任何 $a\in\mathbb{R}^m$，显然有

$$\lim_{x\to a}f(x)=C.$$

例 2　考察函数"向第 i 个坐标轴投影"：

$$f(x)=f(x^1,\cdots,x^m):=x^i.$$

对于 $a=(a^1,\cdots,a^m)\in\mathbb{R}^m$，显然有

$$|f(x)-a^i|=|x^i-a^i|\leqslant\|x-a\|.$$

因而

$$\lim_{x\to a}f(x)=a^i.$$

定理 1　设 $D\subset\mathbb{R}^m$，a 是 D 的一个聚点，m 元函数 f 和 g 在

$\check{U}(a,\eta)\bigcap D$ 有定义，$A,B\in\mathbb{R}$. 如果

$$\lim_{\substack{x\to a\\D}}f(x)=A,\quad \lim_{\substack{x\to a\\D}}g(x)=B,$$

那么就有

(1) $\displaystyle\lim_{\substack{x\to a\\D}}\big[f(x)+g(x)\big]=A+B$；

(2) $\displaystyle\lim_{\substack{x\to a\\D}}\big[f(x)g(x)\big]=AB$；

(3) $\displaystyle\lim_{\substack{x\to a\\D}}\frac{f(x)}{g(x)}=\frac{A}{B}(B\neq0)$.

证明　根据函数极限的序列式定义，所要证明的事项都可以从关于实数序列极限的相应结果推得.　□

例 3　由变元 $x^1,\cdots,x^m$ 与实数通过有限次加法和乘法运算得到的代数式称为 m 元多项式. 设 $P(x)=P(x^1,\cdots,x^m)$ 和 $Q(x)=Q(x^1,\cdots,x^m)$ 是 m 元多项式. 从例 1 和例 2 的结果出发，利用定理 1 可以证明：

$$\lim_{x\to a}P(x)=P(a)$$

和

$$\lim_{x\to a}\frac{P(x)}{Q(x)}=\frac{P(a)}{Q(a)}\quad(设\ Q(a)\neq0).$$

例 4　考察二元函数

$$f(x,y)=\frac{x^2y^2}{x^2+y^2}\quad((x,y)\neq(0,0)).$$

试讨论 $(x,y)\to(0,0)$ 时这函数的极限状况.

解　对于 $(x,y)\neq(0,0)$，有以下不等式成立：

$$|\,f(x,y)-0\,|=\frac{x^2y^2}{x^2+y^2}\leqslant x^2.$$

对任给的 $\varepsilon>0$，只要

$$0<\sqrt{x^2+y^2}<\delta=\sqrt{\varepsilon},$$

就有

$$|f(x,y)-0|\leqslant x^2\leqslant x^2+y^2<\varepsilon.$$

这证明了

$$\lim_{(x,y)\to(0,0)} f(x,y) = 0.$$

例 5 考察二元函数

$$f(x,y) = \frac{xy}{x^2+y^2} \quad ((x,y) \neq (0,0)).$$

试讨论 $(x,y) \to (0,0)$ 时这函数的极限状况.

解 我们在 $\mathbb{R}^2 \setminus \{(0,0)\}$ 中选择点的序列 $\{(x_n,y_n)\}$,使它沿直线 $y = \alpha x$ 趋于 $(0,0)$. 例如可取

$$(x_n,y_n) = \left(\frac{1}{n}, \frac{\alpha}{n}\right), \quad n=1,2,\cdots.$$

对这样选取的点列 $\{(x_n,y_n)\}$,我们有

$$f(x_n,y_n) = \frac{x_n y_n}{x_n^2 + y_n^2}$$

$$= \frac{\dfrac{y_n}{x_n}}{1 + \left(\dfrac{y_n}{x_n}\right)^2} = \frac{\alpha}{1+\alpha^2}.$$

当点列 $\{(x_n,y_n)\}$ 沿不同斜率的直线 $y = \alpha x$ 趋于原点 $(0,0)$ 时,相应的函数值序列

$$\{f(x_n,y_n)\}$$

趋于不同的极限 $\left(\text{例如对于 } \alpha = 1,\text{有} \dfrac{\alpha}{1+\alpha^2} = \dfrac{1}{2};\text{ 对于 } \alpha = 2,\right.$

$\left.\dfrac{\alpha}{1+\alpha^2} = \dfrac{2}{5}\right)$. 因而,当 $(x,y) \to (0,0)$ 时,函数 $f(x,y)$ 没有极限.

例 6 考察二元函数

$$f(x,y) = \frac{x^2 y}{x^4 + y^2} \quad ((x,y) \neq (0,0)).$$

试讨论 $(x,y) \to (0,0)$ 时这函数的极限状况.

解 我们选取 $\mathbb{R}^2 \setminus \{(0,0)\}$ 中的点的序列 $\{(x_n,y_n)\}$,让它沿抛物线 $y = \alpha x^2$ 趋于 $(0,0)$. 例如可取

$$(x_n,y_n) = \left(\frac{1}{n}, \frac{\alpha}{n^2}\right), \quad n=1,2,\cdots.$$

对这样的序列 $\{(x_n,y_n)\}$,我们有

$$f(x_n,y_n)=\frac{x_n^2 y_n}{x_n^4+y_n^2}$$

$$=\frac{\dfrac{y_n}{x_n^2}}{1+\left(\dfrac{y_n}{x_n^2}\right)^2}=\frac{\alpha}{1+\alpha^2}.$$

当点列 $\{(x_n,y_n)\}$ 沿不同的抛物线 $y=\alpha x^2$ 趋于 $(0,0)$ 时,相应的函数值序列 $\{f(x_n,y_n)\}$ 趋于不同的极限. 因而当 $(x,y)\rightarrow(0,0)$ 时,函数 $f(x,y)$ 没有极限.

定理 2　设一元函数 $g(u)$ 在实数 b 的某个去心邻域 $\check{U}(b)$ 上有定义,并且

$$\lim_{u\to b}g(u)=c;$$

又设 m 元函数 $f(x)$ 在点 a 的某个去心邻域 $\check{U}(a)$ 上有定义,$f(\check{U}(a))\subset\check{U}(b)$,并且

$$\lim_{x\to a}f(x)=b,$$

则有

$$\lim_{x\to a}g(f(x))=c.$$

证明　对于 $\check{U}(a)$ 中收敛于 a 的任意点列 $\{x_n\}$,相应的函数值序列 $\{f(x_n)\}$ 满足

$$\{f(x_n)\}\subset\check{U}(b),\quad \lim f(x_n)=b.$$

因而

$$\lim g(f(x_n))=c.$$

这证明了定理的结论.　□

注记　对于限制 x 沿集合 D 趋于 a 的情形,上面定理中的陈述需要做一些修改,相应的结果仍然成立:

$$\lim_{\substack{x\to a\\D}}g(f(x))=c.$$

定理 3（关于函数极限的收敛原理）　设 $D\subset\mathbb{R}^m$,a 是 D 的聚点,m 元函数 f 在 $\check{U}(a,\eta)\bigcap D$ 有定义. 则使得有穷极限

$$\lim_{\substack{x \to a \\ D}} f(x)$$

存在的充要条件是：对任何 $\varepsilon > 0$，存在 $\delta > 0$，使得只要 $x, x' \in D$ 满足

$$0 < \|x - a\| < \delta, \quad 0 < \|x' - a\| < \delta,$$

就一定有

$$|f(x) - f(x')| < \varepsilon.$$

这定理的证明，也与一元函数的情形类似，请读者参照第二章 § 5 写出.

4. b　多元函数的连续性

在例 3 中，我们看到，对于多项式函数 $P(x)$ 有

$$\lim_{x \to a} P(x) = P(a).$$

与一元函数的情形类似，如果 $x \to a$ 时函数 $f(x)$ 以 $f(a)$ 为极限，那么我们就说函数 $f(x)$ 在点 a 连续.

定义Ⅲ　设 $D \subset \mathbb{R}^m$，$a \in D$，m 元函数 f 在 $U(a, \eta) \bigcap D$ 有定义. 如果对于 $U(a, \eta) \bigcap D$ 中收敛于 a 的任意点列 $\{x_n\}$，相应的函数值序列 $\{f(x_n)\}$ 都以 $f(a)$ 为极限，那么我们就说函数 f 沿集合 D 在点 a 连续（在不至于混淆时也就简单地说 f 在点 a 连续）.

定义Ⅳ　设 $D \subset \mathbb{R}^m$，$a \in D$，m 元函数 f 在 $U(a, \eta) \bigcap D$ 有定义. 如果对于任何 $\varepsilon > 0$，存在 $\delta > 0$，使得只要

$$x \in D, \quad \|x - a\| < \delta,$$

就有

$$|f(x) - f(a)| < \varepsilon,$$

那么我们就说函数 f 沿集合 D 在点 a 连续.（在不至于混淆时就简单地说 f 在点 a 连续.）

注记 1　在定义Ⅲ和定义Ⅳ中，我们没有限定 a 必须是 D 的聚点. 如果 a 属于 D，但又不是 D 的聚点，那么存在点 a 的一个邻域 $U(a, \eta)$，使得

$$U(a, \eta) \bigcap D = \{a\}.$$

这样的点 a 称为集合 D 的**孤立点**. 对于 a 是 D 的孤立点的情形，

$U(a,\eta)\bigcap D$ 中趋于 a 的点列只可能是恒等于 a 的点列

$$x_n = a, \quad n = 1, 2, \cdots.$$

对这种情形,定义Ⅲ的条件当然得到满足:

$$\lim f(x_n) = f(a).$$

同样也容易看出,对这种情形,定义Ⅳ的条件得到满足. 因此,在集合 D 的孤立点处,函数 f 必然是连续的.

如果 a 属于 D 而又不是 D 的孤立点,那么它是 D 的聚点. 对这种情形,函数 f 沿集合 D 在点 a 连续的定义,等价于说

$$\lim_{\substack{x \to a \\ D}} f(x) = f(a).$$

注记 2　从函数极限的两种定义(定义Ⅰ和定义Ⅱ)的等价性,自然可以得出关于连续性的两种定义(定义Ⅲ和定义Ⅳ)的等价性.

定义Ⅴ　设 $D \subset \mathbb{R}^m$,m 元函数 f 在集合 D 有定义. 如果对任何一点 $a \in D$,函数 f 沿集合 D 在 a 点连续,那么我们就说函数 f 在集合 D 连续.

例 7　从例 3 可知:m 元多项式函数 $P(x)$ 在任意点 $a \in \mathbb{R}^m$ 连续;m 元有理分式函数 $\dfrac{P(x)}{Q(x)}$ 也在任何使得 $Q(a) \neq 0$ 的点 a 处连续.

例 8　考察二元函数

$$f(x,y) = \begin{cases} \dfrac{x^2 y^2}{x^2 + y^2}, & (x,y) \neq (0,0), \\ 0, & (x,y) = (0,0). \end{cases}$$

由例 7 可知,这函数在任何一点 $(x,y) \neq (0,0)$ 处是连续的. 由例 4 可知

$$\lim_{(x,y) \to (0,0)} f(x,y) = 0.$$

因而这函数在 $\mathbb{R}^2$ 的每一点连续.

例 9　考察二元函数

$$f(x,y) = \begin{cases} \dfrac{xy}{x^2 + y^2}, & (x,y) \neq (0,0), \\ 0, & (x,y) = (0,0). \end{cases}$$

由例 5 可知:该函数在 $(0,0)$ 点不连续.

定理 4 设 $D \subset \mathbb{R}^m$，$a \in D$，m 元函数 $f(x)$ 和 $g(x)$ 在 $U(a,\eta)$ $\bigcap D$ 有定义，$\lambda \in \mathbb{R}$. 如果函数 $f(x)$ 和 $g(x)$ 沿集合 D 在 a 点连续，那么函数 $f(x)+g(x)$，$\lambda f(x)$ 和 $f(x)g(x)$ 都沿集合 D 在 a 点连续，并且当 $g(a)\neq 0$ 时，函数

$$\frac{f(x)}{g(x)}$$

也沿集合 D 在 a 点连续.

定理 5 设 $D \subset \mathbb{R}^m$，$a \in D$，m 元函数 f 在 $U(a,\eta)\bigcap D$ 有定义，一元函数 g 在 $b=f(a)$ 邻近有定义. 如果函数 f 沿集合 D 在点 a 连续，函数 g 在 b 连续，那么复合函数 $g(f(x))$ 也沿集合 D 在点 a 连续.

例 10 二元函数 $f(x,y)=\sin xy$ 在 $\mathbb{R}^2$ 的每一点连续，二元函数

$$g(x,y) = \frac{\mathrm{e}^{xy}}{x^2+y^2}$$

在 $\mathbb{R}^2 \backslash \{(0,0)\}$ 的每一点连续.

§5 有界闭集上连续函数的性质

设 $E \subset \mathbb{R}^m$. 如果存在 $L \in \mathbb{R}$，使得
$$\|x\| \leqslant L, \quad \forall x \in E,$$
那么我们就说集合 E 是 $\mathbb{R}^m$ 中的**有界集**.

设 $F \subset \mathbb{R}^m$. 如果 F 中任何收敛点列 $\{x_n\}$ 的极限 $\lim x_n$ 仍属于 F，那么我们就说 F 是 $\mathbb{R}^m$ 中的**闭集**.

$\mathbb{R}$ 中的闭区间 $[a,b]$ 既是 $\mathbb{R}$ 中的有界集，又是 $\mathbb{R}$ 中的闭集. 我们知道，在闭区间 $[a,b]$ 上连续的函数 f 具有很好的性质. 例如：它取得最大值和最小值，它是一致连续的等. 在本节中，我们将证明，对于在 $\mathbb{R}^m$ 的有界闭集 K 上连续的函数 f，类似的性质也成立. 证明中所用到的一个重要工具，就是以下推广的波尔查诺-魏尔斯特拉斯定理.

定理 1 设 $\{x_n\}$ 是 $\mathbb{R}^m$ 中点的有界序列，则 $\{x_n\}$ 具有收敛的子序

列.

证明　考察点列 $\{x_n\}$ 各项的坐标表示
$$x_n = (x_n^1, \cdots, x_n^m), \quad n = 1, 2, \cdots.$$
以序列 $\{x_n\}$ 各项的第 i 个坐标为项的实数序列
$$\{x_n^i\},$$
也仍然是有界的:
$$|x_n^i| \leqslant \|x_n\| \leqslant L, \quad \forall n \in \mathbb{N}.$$
根据关于实数序列的波尔查诺-魏尔斯特拉斯定理,我们断定 $\{x_n^1\}$ 具有收敛的子序列
$$\{x_{n_{1,k}}^1\}.$$
再来考察按同样序号选取的 $\{x_n^2\}$ 的子序列
$$\{x_{n_{1,k}}^2\}.$$
这仍是实数的一个有界序列,根据同样的道理可以断定这序列又具有收敛的子序列
$$\{x_{n_{2,k}}^2\}.$$
我们继续这样的讨论,直到最后,从实数的有界序列
$$\{x_{n_{m-1,k}}^m\}$$
之中,选出收敛的子序列
$$\{x_{n_{m,k}}^m\}.$$
我们记
$$n_k = n_{m,k}.$$
则对于 $i = 1, 2, \cdots, m$, 序列
$$\{x_{n_k}^i\}$$
是收敛序列
$$\{x_{n_{i,k}}^i\}$$
的子序列,因而是收敛的. 考察由
$$x_{n_k} = (x_{n_k}^1, \cdots, x_{n_k}^m)$$
组成的序列
$$\{x_{n_k}\},$$
我们看到,这序列是 $\{x_n\}$ 的收敛子序列.　□

定理 2　设 K 是 $\mathbb{R}^m$ 中的有界闭集,函数 f 在 K 上连续,则 f 在 K 上是有界的.

证明　用反证法. 假设 f 在 K 上无界,那么对任何 $n \in \mathbb{N}$ 都存在 $x_n \in K$,使得

$$|f(x_n)| > n.$$

因为 K 是有界集,所以点列 $\{x_n\} \subset K$ 也是有界的. 由波尔查诺-魏尔斯特拉斯定理可知,存在 $\{x_n\}$ 的收敛子序列 $\{x_{n_k}\}$. 设

$$x_{n_k} \to x_0,$$

则 $x_0 \in K$(因为 K 是闭集). 又因为函数 f 在点 $x_0 \in K$ 连续,所以

$$\lim f(x_{n_k}) = f(x_0).$$

但这与

$$|f(x_{n_k})| > n_k$$

矛盾. 这矛盾说明 f 在 K 上必须是有界的. □

定理 3 设 K 是 $\mathbb{R}^m$ 中的有界闭集,函数 f 在 K 上连续. 则 f 在 K 中某点取得它在 K 上的最大值

$$M = \sup_{x \in K} f(x),$$

并且在 K 中某点取得它在 K 上的最小值

$$\mu = \inf_{x \in K} f(x).$$

证明 我们对最大值的情形写出证明. 根据上确界的定义,对任何 $n \in \mathbb{N}$,存在 $x_n \in K$,使得

$$M - \frac{1}{n} < f(x_n) \leqslant M.$$

因为点列 $\{x_n\}$ 是有界的($\{x_n\} \subset K$),所以存在它的收敛子序列 $\{x_{n_k}\}$. 设

$$x_{n_k} \to x_0,$$

则 $x_0 \in K$(因为 K 是闭集). 于是

$$\lim f(x_{n_k}) = f(x_0).$$

但

$$M - \frac{1}{n_k} < f(x_{n_k}) \leqslant M.$$

由这不等式取极限就得到

$$f(x_0) = M. \quad \square$$

设 $E \subset \mathbb{R}^m$,函数 f 在 E 有定义. 如果对任何 $\varepsilon > 0$,存在 $\delta > 0$,使得只要

$$x, x' \in E, \quad \|x - x'\| < \delta,$$

就有
$$| f(x) - f(x') | < \varepsilon,$$
那么我们就说函数 f 在集合 E 一致连续.

定理 4 设 K 是 $\mathbb{R}^m$ 中的有界闭集,函数 f 在 K 连续,则 f 在 K 一致连续.

证明 用反证法. 假设 f 在 K 不是一致连续的,那么对某个 $\varepsilon > 0$,不论 $\delta_n = \dfrac{1}{n}$ 怎样小,总存在 $x_n, x_n' \in K$,使得

$$\|x_n - x_n'\| < \frac{1}{n}, \qquad | f(x_n) - f(x_n') | \geqslant \varepsilon.$$

因为 $\{x_n\} \subset K$ 是有界序列,它具有收敛的子序列 $\{x_{n_k}\}$. 设

$$x_{n_k} \to x_0,$$

则 $x_0 \in K$. 因为

$$\|x_{n_k}' - x_0\| \leqslant \|x_{n_k}' - x_{n_k}\| + \|x_{n_k} - x_0\|$$
$$< \frac{1}{n_k} + \|x_{n_k} - x_0\|,$$

所以又有

$$x_{n_k}' \to x_0.$$

又因为函数 f 在 x_0 点连续,所以

$$\lim f(x_{n_k}) = \lim f(x_{n_k}') = f(x_0).$$

但这与

$$| f(x_{n_k}) - f(x_{n_k}') | \geqslant \varepsilon$$

矛盾. 这一矛盾说明函数 f 在 K 上必须是一致连续的. □

作为上面结果的应用,我们来证明著名的代数基本定理.

考察 k 次 $(k \geqslant 1)$ 复系数多项式

$$p(z) = a_0 + a_1 z + \cdots + a_k z^k,$$

这里 $a_0, a_1, \cdots, a_k \in \mathbb{C}$, $a_k \neq 0$. **代数基本定理**告诉我们,任何这样的多项式至少有一个复根.

引理 1 设 $\{\eta_n\}$ 和 $\{\zeta_n\}$ 是收敛的复数序列,则有

(1) $\lim(\eta_n + \zeta_n) = \lim \eta_n + \lim \zeta_n$;

(2) $\lim(\eta_n \zeta_n) = \lim \eta_n \cdot \lim \zeta_n$.

证明   留作练习.   □

引理 2   设 $p(z)$ 是复多项式,则二元函数
$$f(x,y) = |p(x+\mathrm{i}y)|$$
在 $\mathbb{R}^2$ 连续.

证明   对任意 $z_0 \in \mathbb{C}$,考察收敛于 z_0 的任意复数序列 $\{z_n\}$. 根据引理 1 中所述的运算法则,我们得到
$$p(z_n) \to p(z_0).$$
又因为
$$||p(z_n)| - |p(z_0)|| \leqslant |p(z_n) - p(z_0)|,$$
所以又有
$$|p(z_n)| \to |p(z_0)|.$$
对任何 $(x_0, y_0) \in \mathbb{R}^2$,只要
$$(x_n, y_n) \to (x_0, y_0),$$
就有
$$x_n + \mathrm{i}y_n \to x_0 + \mathrm{i}y_0,$$
也就有
$$f(x_n, y_n) = |p(x_n + \mathrm{i}y_n)|$$
$$\to |p(x_0 + \mathrm{i}y_0)| = f(x_0, y_0).$$
这证明了函数 f 的连续性.   □

下面的达朗贝尔(D'Alembert)引理是我们证明代数基本定理的主要工具.

引理 3   设 $p(z)$ 是复多项式, $p(z_0) \neq 0$. 则有充分接近 z_0 的复数 z_1,使得
$$|p(z_1)| < |p(z_0)|.$$

证明   设 $p(z) = a_0 + a_1 z + \cdots + a_k z^k$,这里 $a_0, a_1, \cdots, a_k \in \mathbb{C}$, $a_k \neq 0$. 对于 $z = z_0 + \zeta$,我们有
$$p(z) = p(z_0 + \zeta) = b_0 + b_1 \zeta + \cdots + b_k \zeta^k,$$
这里 $b_0 = p(z_0) \neq 0$, $b_k = a_k \neq 0$. 设 b_l 是 $b_1, \cdots, b_k$ 之中第一个不等于 0 的复数,则有
$$\frac{b_l}{b_0} = C\mathrm{e}^{i\theta}, \quad C > 0.$$

于是

$$\frac{p(z_0 + \zeta)}{p(z_0)} = 1 + C e^{i\theta}\zeta^l + c_{l+1}\zeta^{l+1} + \cdots + c_k\zeta^k.$$

只要 ζ 的模不超过 1,就有

$$\left|\frac{p(z_0 + \zeta)}{p(z_0)}\right| \leqslant |1 + C e^{i\theta}\zeta^l| + D\,|\zeta|^{l+1},$$

这里

$$D = |c_{l+1}| + \cdots + |c_k|.$$

我们取

$$\zeta = \lambda e^{i\frac{\pi - \theta}{l}}$$

(λ 是待定的正实数). 于是

$$\left|\frac{p(z_0 + \zeta)}{p(z_0)}\right| \leqslant |1 + C e^{i\theta}\zeta^l| + D\,|\zeta|^{l+1}$$
$$= |1 - C\lambda^l| + D\lambda^{l+1}.$$

只要 $\lambda > 0$ 充分小,就有

$$1 - C\lambda^l > 0, \quad C - D\lambda > 0.$$

对于满足这样条件的 λ,复数

$$z_1 = z_0 + \zeta = z_0 + \lambda e^{i\frac{\pi - \theta}{l}}$$

就使得

$$\left|\frac{p(z_1)}{p(z_0)}\right| = \left|\frac{p(z_0 + \zeta)}{p(z_0)}\right|$$
$$\leqslant |1 - C\lambda^l| + D\lambda^{l+1}$$
$$= (1 - C\lambda^l) + D\lambda^{l+1}$$
$$= 1 - (C - D\lambda)\lambda^l < 1,$$

即

$$|p(z_1)| < |p(z_0)|. \quad \square$$

代数基本定理的证明

不妨设多项式 $p(z)$ 的最高次项的系数为 1,即设

$$p(z) = z^k + a_{k-1}z^{k-1} + \cdots + a_0.$$

对于模大于 1 的复数 z,应有

$$|p(z)| \geqslant |z|^k - (|a_{k-1}|\,|z|^{k-1} + \cdots + |a_0|)$$

$$= |z|^{k-1}\left(|z| - |a_{k-1}| - \frac{|a_{k-2}|}{|z|} - \cdots - \frac{|a_0|}{|z|^{k-1}}\right)$$

$$\geqslant |z| - |a_{k-1}| - \cdots - |a_0|.$$

我们记

$$L = |a_{k-1}| + \cdots + |a_1| + 2|a_0| + 1.$$

当 $|z| \geqslant L$ 时就有

$$|p(z)| \geqslant |a_0| + 1 > |a_0| = |p(0)|.$$

考察圆盘

$$K = \{(x, y) \in \mathbb{R}^2 \mid x^2 + y^2 \leqslant L^2\}.$$

容易证明这是一个有界闭集. 连续函数

$$f(x, y) = |p(x + iy)|$$

在 K 中某点 (x_0, y_0) 取得它在 K 上的最小值

$$\mu = \inf_{(x,y) \in K} f(x, y) \leqslant f(0, 0).$$

由前面的讨论, 我们知道, 函数 $f(x, y) = |p(x+iy)|$ 在 K 之外的值都大于

$$|a_0| = f(0, 0) \geqslant \mu.$$

因而 $\mu = f(x_0, y_0)$ 实际上是函数 $f(x, y)$ 在 $\mathbb{R}^2$ 上的最小值. 根据引理 3 可以断定

$$f(x_0, y_0) = |p(x_0 + iy_0)| = 0$$

(否则就有 $z_1 = x_1 + iy_1$, 使得

$$f(x_1, y_1) = |p(x_1 + iy_1)|$$

$$< |p(x_0 + iy_0)| = f(x_0, y_0)).$$

这样, 我们证明了 $z_0 = x_0 + iy_0$ 是多项式 $p(z)$ 的一个根. $\square$

§6 $\mathbb{R}^m$ 中的等价范数

在前几节的讨论中, 我们已经熟悉了 $\mathbb{R}^m$ 中的一种标准的范数

$$\|x\| = \sqrt{(x^1)^2 + \cdots + (x^m)^2}, \quad \forall x = (x^1, \cdots, x^m) \in \mathbb{R}^m.$$

这样的范数称为欧几里得(Euclid)范数, 因为对于 $m = 1, 2$ 或 3 的情形, 这范数与我们按照欧氏几何计算的向量的长度是一致的.

在本节中, 我们推广范数的概念.

定义 1 设 N 是定义于 $\mathbb{R}^m$ 上的一个函数，它满足以下条件：

$(\boldsymbol{N_1})$ $N(x) \geqslant 0$，$\forall x \in \mathbb{R}^m$；并且

$$N(x) = 0 \Longleftrightarrow x = 0;$$

$(\boldsymbol{N_2})$ $N(\lambda x) = |\lambda| N(x)$，$\forall x \in \mathbb{R}^m$，$\lambda \in \mathbb{R}$；

$(\boldsymbol{N_3})$ $N(x+y) \leqslant N(x) + N(y)$，$\forall x, y \in \mathbb{R}^m$，

则我们把这样的 N 叫作 $\mathbb{R}^m$ 的一个范数.

例 1 考察定义于 $\mathbb{R}^m$ 上的函数

$$N_0(x) = \max\{|x^1|, \cdots, |x^m|\},$$

$$N_1(x) = |x^1| + \cdots + |x^m|,$$

$$N_2(x) = \sqrt{(x^1)^2 + \cdots + (x^m)^2},$$

$$\forall x = (x^1, \cdots, x^m) \in \mathbb{R}^m.$$

容易验证：N_0, N_1 和 N_2 都是 $\mathbb{R}^m$ 的范数. 今后，我们将分别用记号 $|\cdot|, |\boldsymbol{\cdot}|$ 和 $\|\cdot\|$ 表示范数 N_0, N_1 和 N_2. 这就是说，我们约定记：

$$|x| = \max\{|x^1|, \cdots, |x^m|\},$$

$$|\boldsymbol{x}| = |x^1| + \cdots + |x^m|,$$

$$\|x\| = \sqrt{(x^1)^2 + \cdots + (x^m)^2},$$

$$\forall x = (x^1, \cdots, x^m) \in \mathbb{R}^m.$$

注记 在有的文献中，采用这样的记号：

$$\|x\|_\infty = \max\{|x^1|, \cdots, |x^m|\},$$

$$\|x\|_1 = |x^1| + \cdots + |x^m|,$$

$$\|x\|_2 = \sqrt{(x^1)^2 + \cdots + (x^m)^2},$$

$$\forall x = (x^1, \cdots, x^m) \in \mathbb{R}^m.$$

设 N 是 $\mathbb{R}^m$ 的任何一个范数，则 N 在 $\mathbb{R}^m$ 中决定了一种距离

$$d_N(x, y) = N(x - y), \quad \forall x, y \in \mathbb{R}^m.$$

按这距离又可以定义 $\mathbb{R}^m$ 中点列的收敛性和 m 元函数的连续性. 这样定义的收敛性和连续性称为按照范数 N 的(或者说按照距离 d_N 的)收敛性和连续性.

值得庆幸的是，对于 $\mathbb{R}^m$ 来说，用任何一种范数决定的收敛性(以及函数的连续性)，都是完全一样的. 为说明这一点，先要介绍等价范数的概念.

定义 2   设 M 和 N 都是 $\mathbb{R}^m$ 的范数. 如果存在正实数 a 和 A, 使得

$$aM(x) \leqslant N(x) \leqslant AM(x), \quad \forall x \in \mathbb{R}^m,$$

那么我们就说范数 N 与范数 M 等价.

注记   范数的等价是一种具有反身性, 对称性和传递性的关系:

(1) 显然有

$$M(x) \leqslant M(x) \leqslant M(x), \quad \forall x \in \mathbb{R}^m,$$

因而 M 与 M 自身是等价的 (反身性).

(2) 如果范数 N 与范数 M 等价

$$aM(x) \leqslant N(x) \leqslant AM(x), \quad \forall x \in \mathbb{R}^m,$$

那么显然有

$$\frac{1}{A} N(x) \leqslant M(x) \leqslant \frac{1}{a} N(x), \quad \forall x \in \mathbb{R}^m,$$

即范数 M 也与范数 N 等价. 这说明范数的等价具有对称性.

(3) 如果范数 N 与范数 M 等价, 范数 P 与范数 N 等价

$$aM(x) \leqslant N(x) \leqslant AM(x), \quad \forall x \in \mathbb{R}^m,$$
$$bN(x) \leqslant P(x) \leqslant BN(x), \quad \forall x \in \mathbb{R}^m,$$

那么

$$baM(x) \leqslant P(x) \leqslant BAM(x), \quad \forall x \in \mathbb{R}^m,$$

即范数 P 与范数 M 等价. 这说明范数的等价具有传递性.

按照数学中的惯例, 只有那些具有反身性, 对称性和传递性的关系, 才被冠以 "等价" 这样的称呼.

定理 1   按照等价的范数 N 和 M 决定的收敛性 (及连续性) 是完全一样的.

证明   设有

$$aM(x) \leqslant N(x) \leqslant AM(x), \quad \forall x \in \mathbb{R}^m.$$

如果 $\{x_n\}$ 是 $\mathbb{R}^m$ 中的点列, 它按照范数 M 收敛于 x_0, 即

$$\lim M(x_n - x_0) = 0,$$

那么从不等式

$$N(x_n - x_0) \leqslant AM(x_n - x_0)$$

可以得到

$$\lim N(x_n - x_0) = 0,$$

即点列 $\{x_n\}$ 按照范数 N 也收敛于 x_0. 在上面的讨论中,M 和 N 的地位可以互相交换(对称性). 因而,按两种范数定义的收敛性是完全一样的.

函数在一点的连续性可以通过序列方式来定义. 既然按照两种范数定义的点列的收敛性是完全一样的,那么按这两种范数定义的函数的连续性也必定是完全一样的.   □

定理 2　空间 $\mathbb{R}^m$ 的任意两个范数都互相等价.

证明　只须证明 $\mathbb{R}^m$ 的任何范数 N 都与欧氏范数 $\|\cdot\|$ 等价.

首先,我们指出,$\mathbb{R}^m$ 的任何范数 $N(x)$,都是按照范数 $\|\cdot\|$ 连续的函数. 为说明这一事实,我们考察 $\mathbb{R}^m$ 的基向量

$$e_1 = (1, 0, \cdots, 0),$$
$$e_2 = (0, 1, \cdots, 0),$$
$$\cdots\cdots$$
$$e_m = (0, 0, \cdots, 1),$$

并把 $\mathbb{R}^m$ 中的任意点 x_0 和 x 表示为:

$$x_0 = (x_0^1, x_0^2, \cdots, x_0^m)$$
$$= x_0^1 e_1 + x_0^2 e_2 + \cdots + x_0^m e_m,$$
$$x = (x^1, x^2, \cdots, x^m)$$
$$= x^1 e_1 + x^2 e_2 + \cdots + x^m e_m.$$

由范数的条件 (N_3),容易得到

$$|N(x) - N(x_0)| \leqslant N(x - x_0).$$

但

$$x - x_0 = (x^1 - x_0^1) e_1 + \cdots + (x^m - x_0^m) e_m,$$

根据范数的条件 (N_3),(N_2) 和柯西不等式,又可得到

$$N(x - x_0) \leqslant N((x^1 - x_0^1) e_1) + \cdots + N((x^m - x_0^m) e_m)$$
$$\leqslant |x^1 - x_0^1| N(e_1) + \cdots + |x^m - x_0^m| N(e_m)$$
$$\leqslant C \|x - x_0\|,$$

这里

$$C = \sqrt{\sum_{i=1}^{m} (N(e_i))^2}.$$

我们得到了不等式

$$|N(x)-N(x_0)|\leqslant C\|x-x_0\|.$$

由此即可证明函数 $N(x)$ 按照范数 $\|\cdot\|$ 的连续性.

其次,我们指出,集合

$$K=\{\xi\in\mathbb{R}^m \mid \|\xi\|=1\}$$

是 $\mathbb{R}^m$ 中的有界闭集(读者自证). 于是,连续函数 $N(x)$ 在 K 上取得最小值 b 和最大值 B. 根据范数的条件 $(\mathbf{N}_1)$,函数 $N(x)$ 在 K 上恒大于 0,因而它在 K 上的最小值 $b>0$. 我们得到

$$0<b\leqslant N(\xi)\leqslant B, \quad \forall\xi\in K.$$

对于任何 $x\in\mathbb{R}^m$,只要 $x\neq0$,就有

$$\frac{1}{\|x\|}x\in K,$$

因而

$$b\leqslant N\left(\frac{1}{\|x\|}x\right)\leqslant B,$$

$$b\leqslant\frac{1}{\|x\|}N(x)\leqslant B.$$

由此得到

$$b\|x\|\leqslant N(x)\leqslant B\|x\|.$$

这不等式对于 $x=0$ 显然也成立,这就是说,对任何 $x\in\mathbb{R}^m$,都有

$$b\|x\|\leqslant N(x)\leqslant B\|x\|.$$

这证明了范数 N 与欧氏范数 $\|\cdot\|$ 等价.　□

例 2　对于范数

$$\|x\|_\infty=\max\{|x^1|,\cdots,|x^m|\},$$
$$\|x\|_1=|x^1|+\cdots+|x^m|,$$
$$\|x\|=\sqrt{(x^1)^2+\cdots+(x^m)^2},$$

显然有

$$\frac{1}{m}\|x\|_1\leqslant\|x\|_\infty\leqslant\|x\|\leqslant\|x\|_1\leqslant m\|x\|_\infty.$$

由此可得

$$\frac{1}{m}\|x\|\leqslant\|x\|_\infty\leqslant\|x\|$$

和
$$\|x\| \leqslant \|x\|_1 \leqslant m\|x\|.$$

设 N 是 $\mathbb{R}^m$ 的范数，$a \in \mathbb{R}^m$. 我们把集合
$$U_N(a,\eta) = \{x \in \mathbb{R}^m \mid N(x-a) < \eta\}$$
叫作点 a 的 N-η 邻域（按照范数 N 的 η 邻域）. 我们还把集合
$$\check{U}_N(a,\eta) = \{x \in \mathbb{R}^m \mid 0 < N(x-a) < \eta\}$$
叫作点 a 的去心 N-η 邻域.

例 3 对于 $\mathbb{R}^2$ 的情形，原点 $(0,0)$ 按照范数 $\|\cdot\|$，$\|x\|_\infty$ 和 $\|x\|_1$ 的 η 邻域（图 11-1）分别为：

$$\sqrt{x^2 + y^2} < \eta \quad \text{（开圆盘）},$$
$$\max\{|x|, |y|\} < \eta \quad \text{（开正方形）}$$

和
$$|x| + |y| < \eta \quad \text{（开菱形）}.$$

由于这些范数等价，无论用哪一种形状的邻域来描述收敛性与连续性，效果都相同.

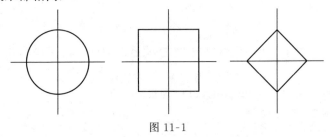

图 11-1

§7 距离空间的一般概念

7. a 距离空间、点列的收敛性与映射的连续性

通过前面几节的讨论，我们已经领会到：极限和连续性这些概念，实际上只与空间的距离结构有关. 本节将对更一般的距离空间展开讨论.

设 E 和 F 是两个非空集合. 我们把由有序对 (x,y) $(x\in E,$ $y\in F)$ 组成的集合

$$\{(x,y)\mid x\in E,y\in F\}$$

称为集合 E 与集合 F 的直积(或称笛卡儿积),记为 $E\times F$:

$$E\times F=\{(x,y)\mid x\in E,y\in F\}.$$

特别地,$E\times E$ 是由 E 的元素对组成的集合:

$$E\times E=\{(x,y)\mid x\in E,y\in E\}.$$

定义 1 设 X 是一个非空集合,

$$d:X\times X\to\mathbb{R}$$

是一个映射,它满足以下条件:

($\boldsymbol{D}_1$) $d(x,y)\geqslant 0$, $\forall x,y\in X$; 并且

$$d(x,y)=0\Longleftrightarrow x=y,$$

($\boldsymbol{D}_2$) $d(x,y)=d(y,x)$, $\forall x,y\in X$;

($\boldsymbol{D}_3$) $d(x,z)\leqslant d(x,y)+d(y,z)$, $\forall x,y,z\in X$,

则称这样的 d 为 X 上的一个**距离**,称 (X,d) **为距离空间**(在不至于混淆的情况下,也简略地说:X 是一个距离空间).

注记 按照定义,距离空间是这样的集合:对它的任意两个元素 x 和 y,都定义了一个确定的距离 $d(x,y)$,并且这样定义的距离具有我们通常空间中点的距离的一些最重要、最基本的性质(($\boldsymbol{D}_1$)$-$($\boldsymbol{D}_3$)).性质($\boldsymbol{D}_3$)被称为三角形不等式,它的原始模型就是平面几何中的定理:三角形的一边小于其他两边之和.距离空间也称为度量空间.

在距离空间 (X,d) 中,我们把点集

$$U_d(a,\eta)=\{x\in X\mid d(x,a)<\eta\}$$

称为点 a 的 η 邻域,并把点集

$$\check{U}_d(a,\eta)=\{x\in X\mid 0<d(x,a)<\eta\}$$

称为点 a 的去心 η 邻域(在不至于混淆的情况下,也就把 $U_d(a,\eta)$ 和 $\check{U}_d(a,\eta)$ 简单地写为 $U(a,\eta)$ 和 $\check{U}(a,\eta)$).

定义 2 设 (X,d) 是一个距离空间,$\{x_n\}$ 是 X 中的一个点列,$a\in X$. 如果对任何 $\varepsilon>0$,存在 $N\in\mathbb{N}$,使得只要 $n>N$,就有

$$d(x_n, a) < \varepsilon,$$

那么我们就说点列 $\{x_n\}$ 收敛于 a，或者说点列 $\{x_n\}$ 以 a 为极限.

利用距离的性质 $(\boldsymbol{D}_1) - (\boldsymbol{D}_3)$，容易证明收敛点列 $\{x_n\}$ 的极限是唯一的. 我们把这唯一的极限记为 $\lim x_n$.

定义 3 设 (X, d) 是距离空间，$\Omega \subset X$，$a \in X$. 如果

$$\mathring{U}(a, \eta) \bigcap \Omega \neq \varnothing, \quad \forall \eta > 0,$$

那么我们就说 a 是集合 Ω 的一个聚点.

注记 a 为集合 Ω 的聚点的充要条件是：存在点列 $\{x_n\} \subset \Omega \setminus \{a\}$，使得

$$\lim x_n = a.$$

定义 4 设 (X, d) 和 (X', d') 都是距离空间，$\Omega \subset X$，

$$f: \Omega \to X'$$

是一个映射，$a \in X$，$A \in X'$. 如果对于 $\Omega \setminus \{a\}$ 中收敛于 a 的任何点列 $\{x_n\}$，相应的点列 $\{f(x_n)\}$ 都以 A 为极限，那么我们就说当 x 沿集合 Ω 趋于 a 时，映射 $f(x)$ 以 A 为极限，记为

$$\lim_{\substack{x \to a \\ \Omega}} f(x) = A.$$

注记 与定义 4 等价的 ε-δ 说法是：如果对任何 $\varepsilon > 0$，存在 $\delta > 0$，使得只要

$$x \in \Omega, \quad 0 < d(x, a) < \delta,$$

就有

$$d'(f(x), A) < \varepsilon,$$

那么我们就说：当 x 沿集合 Ω 趋于 a 时，映射 $f(x)$ 以 A 为极限.

定义 5 设 (X, d) 和 (X', d') 都是距离空间，$\Omega \subset X$，

$$f: \Omega \to X'$$

是一个映射，$a \in \Omega$. 如果对于 Ω 中收敛于 a 的任何点列 $\{x_n\}$，相应的点列 $\{f(x_n)\}$ 都以 $f(a)$ 为极限，那么我们就说映射 f 在点 a 连续. 如果映射 f 在 Ω 的每一点连续，那么我们就说映射 f 在 Ω 连续.

注记 与定义 5 等价的 ε-δ 说法是：如果对任何 $\varepsilon > 0$，存在 $\delta > 0$，使得只要

$$x \in \Omega, \quad d(x, a) < \delta,$$

就有
$$d'(f(x),f(a)) < \varepsilon,$$
那么我们就说映射 f 在点 a 连续.

定理 1 设 (X_1,d_1), (X_2,d_2) 和 (X_3,d_3) 都是距离空间, $G\subset X_1$, $H\subset X_2$. 如果 $f:G\to X_2$ 和 $g:H\to X_3$ 都是连续映射, 并且 $f(G)\subset H$, 那么复合映射
$$g\circ f:G\to X_3$$
也是连续映射.

证明 设 a 是 G 中任意一点, $\{x_n\}$ 是 G 中收敛于点 a 的任意点列, 则 $\{f(x_n)\}$ 是 H 中收敛于点 $f(a)$ 的点列, 于是点列
$$\{g(f(x_n))\}$$
收敛于 $g(f(a))$. 这证明了复合映射 $g\circ f$ 在点 a 的连续性. $\square$

定义 6 设 X 是一个非空集合, d_1 和 d_2 都是 X 上的距离. 如果存在正实数 a 和 A, 使得
$$ad_1(x,y)\leqslant d_2(x,y)\leqslant Ad_1(x,y),\quad \forall x,y\in X,$$
那么我们就说距离 d_2 与距离 d_1 等价.

例 1 设 X 是 $\mathbb{R}^m$ 的一个子集, N_1 和 N_2 是 $\mathbb{R}^m$ 的范数, 则 N_1 和 N_2 在 X 上诱导出等价的距离 d_1 和 d_2, 这里
$$d_1(x,y)=N_1(x-y),\quad d_2(x,y)=N_2(x-y).$$

例 2 设 $X=S$ 是 $\mathbb{R}^2$ 中的单位圆周, 即
$$X=S=\{(x^1,x^2)\in\mathbb{R}^2\,|\,(x^1)^2+(x^2)^2=1\}.$$
对于 $u,v\in X$, 我们用记号 $d_1(u,v)$ 表示 u 和 v 这两点间的直线距离, 即规定
$$d_1(u,v)=\sqrt{(u^1-v^1)^2+(u^2-v^2)^2},$$
又用记号 $d_2(u,v)$ 表示这两点间较短的一段圆弧的长度. 容易验证: d_1 和 d_2 都是 X 上的距离. 将证明这两距离是等价的. 为此, 我们用 $\theta=\theta(u,v)$ 表示这两点间的短弧长度的一半(见图 11-2). 于是, 显然有
$$\frac{d_1(u,v)}{d_2(u,v)}=\frac{2\sin\theta}{2\theta}=\frac{\sin\theta}{\theta},\quad 0<\theta\leqslant\frac{\pi}{2}.$$
但我们知道

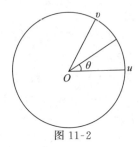

图 11-2

$$\frac{2}{\pi} \leqslant \frac{\sin\theta}{\theta} \leqslant 1$$

(参看第八章§4 例 4). 由此得到

$$\frac{2}{\pi}d_2(u,v) \leqslant d_1(u,v) \leqslant d_2(u,v)$$

(这不等式对 $u=v$ 的情形也成立). 我们证明了两种距离的等价性.

7. b   距离空间中的点集

对于 $E \subset X$ 的情形,我们约定把集合

$$X \backslash E$$

叫作集合 E 的**补集**(集合 E 在 X 中的补集).

设 (X,d) 是一个距离空间,E 是 X 的一个子集,a 是 X 中任意一点. 关于点 a 和集合 E,可能出现以下三种情形:

(1) 点 a 连同它的一个邻域 $U(a,\delta)$ 包含在集合 E 之中,即存在 $\delta > 0$ 使得

$$U(a,\delta) \subset E;$$

(2) 点 a 至少有一个邻域 $U(a,\delta)$ 不与集合 E 相交,即存在 $\delta > 0$ 使得

$$U(a,\delta) \bigcap E = \varnothing$$

(这等价于 $U(a,\delta) \subset X \backslash E$);

(3) 在点 a 的任何一个邻域 $U(a,\eta)$ 之中,既含有 E 的点,也含有 $X \backslash E$ 的点,即对任意的 $\eta > 0$ 都有

$$U(a,\eta) \bigcap E \neq \varnothing, \quad U(a,\eta) \bigcap (X \backslash E) \neq \varnothing.$$

定义 7   对于上面的情形(1),我们说点 a 是集合 E 的**内点**;对

于上面的情形(2),我们说点 a 是集合 E 的**外点**;对于上面的情形(3),我们说点 a 是集合 E 的**边界点**. 由集合 E 的所有内点组成的集合,称为 E 的**内部**,记为 int E 或者 E^0;由集合 E 的所有外点组成的集合,称为 E 的**外部**,记为 ext E;由集合 E 的所有边界点组成的集合,称为 E 的**边界**,记为 Bd E.

定义 8 设(X,d)是距离空间,$F \subset X$. 如果 F 中任何收敛点列 $\{x_n\}$ 的极限 $\lim x_n$ 仍属于 F,那么我们就说 F 是距离空间(X,d)中的**闭集**.

显然全空间 X 本身就是一个闭集. 空集 $\varnothing$ 也被认为是一个闭集.

定义 9 设(X,d)是距离空间,$G \subset X$. 如果 G 完全由内点组成,即 G 的任何一点都有一个邻域包含在 G 之中,那么我们就说 G 是距离空间(X,d)中的**开集**.

显然全空间 X 本身就是一个开集. 空集 $\varnothing$ 也被认为是一个开集.

定理 2 开集的补集是闭集,闭集的补集是开集.

证明 先证开集的补集是闭集. 设 G 是一个开集,$F = X \backslash G$. 我们来考察 F 中的任何一个收敛点列 $\{x_n\}$. 假如

$$\lim x_n = a \notin F,$$

那么

$$a \in X \backslash F = G,$$

因而存在 $\varepsilon > 0$,使得

$$U(a,\varepsilon) \subset G = X \backslash F.$$

于是,当 n 充分大时,就会有

$$x_n \in U(a,\varepsilon) \subset X \backslash F.$$

但这与 $\{x_n\} \subset F$ 矛盾. 这一矛盾说明:对于 F 中的任何收敛点列 $\{x_n\}$,必须有

$$\lim x_n \in F,$$

即 F 是一个闭集.

再来证明闭集的补集是开集. 设 F 是一个闭集,$G = X \backslash F$. 对于 G 中任何一点 b,我们来考察 b 的一串邻域

$$U\left(b, \frac{1}{n}\right), \quad n = 1, 2, \cdots.$$

假如每一邻域 $U\left(b,\dfrac{1}{n}\right)$ 都至少含有 F 的一点 y_n，那么在闭集 F 中就有收敛于 b 的点列 $\{y_n\}$，因而 $b\in F$. 但这与 $b\in G=X\backslash F$ 矛盾. 这一矛盾说明，必定有一个 $\delta=\dfrac{1}{n_0}>0$，使得 $U(b,\delta)$ 不含有 F 的点，即

$$U(b,\delta)\subset X\backslash F=G.$$

这样，我们证明了 G 是一个开集. $\square$

引理 设 (X,d) 是距离空间，$a\in X$，$\eta>0$，E 是 X 的任意子集，则

(1) $U(a,\eta)$ 是开集；

(2) $\operatorname{int}E$ 是开集；

(3) $\operatorname{ext}E$ 是开集.

证明 留给读者作为练习. $\square$

定理 3 设 (X,d) 是距离空间，E 是 X 的任意一个子集. 我们记

$$\overline{E}=E\cup\operatorname{Bd}E,$$

则有

(1) $\overline{E}$ 是一个闭集；

(2) $\overline{E}$ 中任何一点 c 都是 E 中一个点列的极限；

(3) $\overline{E}$ 是包含 E 的最小闭集.

证明 从显然的集合等式

$$X=E\cup\operatorname{Bd}E\cup\operatorname{ext}E$$

可以得到

$$\overline{E}=E\cup\operatorname{Bd}E=X\backslash\operatorname{ext}E.$$

但 $\operatorname{ext}E$ 是一个开集，所以 $\overline{E}=X\backslash\operatorname{ext}E$ 是一个闭集. 这证明了结论(1).

(2) 设 c 是 $\overline{E}=E\cup\operatorname{Bd}E$ 中的任意一点. 如果 $c\in E$，那么显然有 E 中的常点列

$$c,c,c,\cdots$$

收敛于 c. 如果 $c\in\operatorname{Bd}E$，那么在 c 的任何邻域 $U\left(c,\dfrac{1}{n}\right)$ 之中都必定

含有 E 中的点,即存在

$$x_n \in U\left(c, \frac{1}{n}\right) \bigcap E, \quad n = 1, 2, \cdots.$$

于是,E 中的点列 $\{x_n\}$ 收敛于 c.

(3) 设 F 是包含 E 的任何闭集. 我们来证明 F 必定包含 $\bar{E}$. 事实上,任何 $c \in \bar{E}$ 都是 E 中某个收敛点列 $\{x_n\}$ 的极限,但

$$\{x_n\} \subset E \subset F,$$

所以 c 也是 F 中收敛点列的极限. 又因为 F 是闭集,所以 $c \in F$. 我们证明了

$$\bar{E} \subset F. \qquad \square$$

注记 我们把 $\bar{E} = E \cup \mathrm{Bd}E$ 叫作集合 E 的**闭包**. 除了 $\bar{E}$ 这样的记号以外,人们还常常采用记号 $\mathrm{Cl}E$ 来表示集合 E 的闭包,即约定

$$\mathrm{Cl}E = \bar{E} = E \cup \mathrm{Bd}E.$$

从上面定理中的(1)和(2)可知,$c \in \mathrm{Cl}E$ 的充要条件是:有 E 中的点列 $\{x_n\}$ 收敛于 c. 根据上面定理中的(3),闭包 $\mathrm{Cl}E$ 可以定义为包含 E 的最小闭集.

7. c 完备性、压缩映射原理

定义 10 设 (X, d) 是距离空间,$\{x_n\}$ 是 X 中的一个点列. 如果对任何 $\varepsilon > 0$,存在 $N \in \mathbb{N}$,使得只要

$$n, p \in \mathbb{N}, \quad n > N,$$

就有

$$d(x_{n+p}, x_n) < \varepsilon,$$

那么我们就说 $\{x_n\}$ 是 (X, d) 中的一个基本序列或柯西序列.

定理 4 (X, d) 中的收敛序列都是柯西序列.

证明 设 $\{x_n\}$ 是 (X, d) 中的收敛序列,$\lim x_n = a$. 则对于任何 $\varepsilon > 0$,存在 $N \in \mathbb{N}$,使得只要 $n > N$,就有

$$d(x_n, a) < \frac{\varepsilon}{2}.$$

于是,对于

$$n, p \in \mathbb{N}, \quad n > N,$$

就有

$$d(x_{n+p}, x_n) \leqslant d(x_{n+p}, a) + d(a, x_n)$$

$$< \frac{\varepsilon}{2} + \frac{\varepsilon}{2} = \varepsilon. \quad \square$$

定义 11 设 (X, d) 是距离空间. 如果 (X, d) 中的任何基本序列都是收敛序列, 那么我们就说距离空间 (X, d) 是完备的, 或者说距离 d 是完备的.

例 3 在 $\mathbb{R}^m$ 中用任何一种范数 N 来定义距离

$$d(x, y) = N(x - y), \quad \forall x, y \in \mathbb{R}^m.$$

这样得到的距离空间 $(\mathbb{R}^m, d)$ 都是完备的.

例 4 设 X 是 $\mathbb{R}^m$ 的非空闭子集. 用 $\mathbb{R}^m$ 的任何一种范数 N 在 X 上定义距离

$$d(x, y) = N(x - y), \quad \forall x, y \in X.$$

这样得到的距离空间 (X, d) 也是完备的.

定义 12 设 (X, d) 是距离空间, $\varphi: X \to X$ 是一个映射. 如果存在 $\alpha \in [0, 1)$, 使得

$$d(\varphi(x), \varphi(y)) \leqslant \alpha d(x, y), \quad \forall x, y \in X,$$

那么我们就说 φ 是一个**压缩映射**.

注记 显然压缩映射都是连续映射.

设 X 是一个集合, $\varphi: X \to X$ 是一个映射. 如果 $\xi \in X$ 使得

$$\varphi(\xi) = \xi,$$

那么我们就说 ξ 是映射 φ 的一个**不动点**.

下面的重要定理被称为压缩映射原理或者巴拿赫 (Banach) 不动点原理.

定理 5 完备距离空间 (X, d) 的压缩映射 φ 必定有唯一的不动点.

证明 先证明不动点的存在性. 任取 $x_0 \in X$, 按下式定义一个迭代序列

$$x_{n+1} = \varphi(x_n), \quad n = 0, 1, 2, \cdots.$$

因为 φ 是压缩映射, 所以

$$d(x_{n+1}, x_n) = d(\varphi(x_n), \varphi(x_{n-1}))$$

$$\leqslant \alpha d(x_n, x_{n-1}), \quad \forall n \in \mathbb{N}.$$

于是得到

$$d(x_{n+1}, x_n) \leqslant \alpha d(x_n, x_{n-1})$$
$$\leqslant \alpha^2 d(x_{n-1}, x_{n-2})$$
$$\cdots\cdots\cdots\cdots$$
$$\leqslant \alpha^n d(x_1, x_0).$$

利用这一估计可以证明 $\{x_n\}$ 是基本序列. 事实上, 我们有

$$d(x_{n+p}, x_n) \leqslant d(x_{n+p}, x_{n+p-1}) + \cdots + d(x_{n+1}, x_n)$$
$$\leqslant (\alpha^{n+p-1} + \cdots + \alpha^n) d(x_1, x_0)$$
$$\leqslant \frac{\alpha^n}{1-\alpha} d(x_1, x_0).$$

因为 $\alpha \in [0, 1)$, $\lim \dfrac{\alpha^n}{1-\alpha} d(x_1, x_0) = 0$, 所以对任何 $\varepsilon > 0$, 存在 $N \in \mathbb{N}$, 使得只要 $n > N$, 就有

$$\frac{\alpha^n}{1-\alpha} d(x_1, x_0) < \varepsilon.$$

这证明了 $\{x_n\}$ 是基本序列. 从空间 (X, d) 的完备性可知, 点列 $\{x_n\}$ 是收敛的. 设

$$\lim x_n = \xi.$$

对等式

$$x_{n+1} = \varphi(x_n)$$

取极限, 利用 φ 的连续性就得到

$$\xi = \varphi(\xi).$$

再来证明不动点的唯一性. 假设另有 $\xi' \in X$ 也使得

$$\xi' = \varphi(\xi'),$$

则有

$$0 \leqslant d(\xi', \xi) = d(\varphi(\xi'), \varphi(\xi)) \leqslant \alpha d(\xi', \xi).$$

但 $0 \leqslant \alpha < 1$, 要使上式成立, 只能有

$$d(\xi', \xi) = 0,$$

即 $\xi' = \xi$. 这证明了不动点的唯一性. □

注记 压缩映射的定义即保证了它的不动点不能多于一个. 在

上面定理唯一性部分的证明中,并未用到空间完备性的条件. 但为了保证不动点的存在性,空间完备这一条件却不能取消. 请看下面的反例:

例5   在 $X=(0,1]$ 上定义距离
$$d(x,y)=|x-y|, \quad \forall x,y\in(0,1].$$
易见
$$\varphi(x)=\frac{1}{2}x$$

是一个压缩映射. 但 φ 在 X 中没有不动点$\Big($因为 $\frac{1}{2}x=x$ 的唯一解 x $=0$ 不在 $(0,1]$ 之中$\Big)$.

§8   紧   致   性

虽然我们主要关心的是空间 $\mathbb{R}^m$ 中的问题,但许多概念和结果,可以在一般距离空间的框架中进行讨论.

定义1   设 (X,d) 是距离空间,$K\subset X$. 如果 K 中的任何点列 $\{x_n\}$ 都至少含有一个子序列 $\{x_n\}$,这子序列收敛于 K 中的某点,那么我们就说 K 是距离空间 (X,d) 中的一个**列紧集**.

注记   如果 X 本身就是列紧的,那么我们说 (X,d) 是列紧空间(或者就简单地说 X 是列紧空间).

例   空间 $\mathbb{R}^m$ 中的任何有界闭集 K 都是这空间中的列紧集.

定义2   设 E 是 X 的一个子集,$\mathscr{V}=\{V\}$ 是 X 的一族子集. 如果 E 中的任何一点都至少属于 $\mathscr{V}$ 中的一个集合 V:
$$(\forall x\in E)(\exists V\in\mathscr{V})(x\in V),$$
那么我们就说集合族 $\mathscr{V}$ 覆盖了集合 E.

注记   作为约定,我们认为:空集 $\varnothing$ 包含于任何集合 V 之中;集合 $E=\varnothing$ 能被任何集合族 $\mathscr{V}=\{V\}$ 所覆盖.

定义3   设 (X,d) 是一个距离空间,$E\subset X$,$\mathscr{V}=\{V\}$ 是 X 的一族开子集. 如果 $\mathscr{V}$ 覆盖了 E,那么我们就说 $\mathscr{V}$ 是 E 的一个**开覆盖**.

定义 4 设 (X,d) 是距离空间，$C \subset X$. 如果 C 的任何开覆盖 $\mathcal{V}$ 都至少含有一个有限子族 $\mathcal{V}'$，这子族仍覆盖住 C，那么我们就说 C 是 (X,d) 中的**紧致集**.

注记 如果 X 本身就是紧致的，那么我们说 (X,d) 是紧致空间.

对于空间 $\mathbb{R}^m$ 来说，"紧致集""列紧集"和"有界闭集"这三者完全是一回事. 为了证明这个重要的结论，先要做一些准备.

设 $E^1, E^2, \cdots, E^m$ 是 m 个集合. 我们把集合
$$E = \{(x^1, \cdots, x^m) \mid x^1 \in E^1, \cdots, x^m \in E^m\}$$
称为集合 $E^1, E^2, \cdots, E^m$ 的直积，记为
$$E = E^1 \times E^2 \times \cdots \times E^m.$$
例如，$\mathbb{R}^m$ 可以看成 m 个 $\mathbb{R}$ 的直积
$$\mathbb{R}^m = \underbrace{\mathbb{R} \times \mathbb{R} \times \cdots \times \mathbb{R}}_{m\text{个因子}}.$$

定义 5 设 $I^1 = [a^1, b^1] \subset \mathbb{R}$，$I^2 = [a^2, b^2] \subset \mathbb{R}$，$\cdots$，$I^m = [a^m, b^m] \subset \mathbb{R}$. 我们把集合
$$I = I^1 \times I^2 \times \cdots \times I^m \subset \mathbb{R}^m$$
叫作 $\mathbb{R}^m$ 中的**闭方块**，并把实数
$$l(I) = \max\{b^1 - a^1, \cdots, b^m - a^m\}$$
叫作这闭方块的**线度**.

注记 用类似的方式还可以定义 $\mathbb{R}^m$ 中的开方块以及部分边界开、部分边界闭的方块. 这里不再一一细说了.

对于 $\mathbb{R}$ 中的闭区间 $[a,b]$，用中点 $\dfrac{a+b}{2}$ 把它分成两个闭子区间，其中每一个闭子区间的长度为原区间长度的一半. 对于 $\mathbb{R}^2$ 中的闭矩形（闭方块）$I = [a^1, b^1] \times [a^2, b^2]$，我们可以把它分成四个闭子矩形（闭子方块），其中每一个闭子矩形的边长为原矩形边长的一半（图 11-3）.

对更一般的情形，我们有以下结果.

引理 1 设 I 是 $\mathbb{R}^m$ 中的闭方块，则我们可以把它表示成 2^m 个闭子方块的并集：

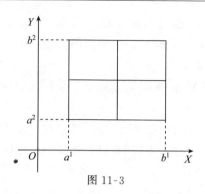

图 11-3

$$I = J_1 \bigcup J_2 \bigcup \cdots \bigcup J_{2^m},$$

其中每一个闭子方块的线度为原方块线度的 $\dfrac{1}{2}$：

$$l(J_k) = \frac{1}{2} l(I), \quad k = 1, 2, \cdots, 2^m.$$

证明　设 $I = I^1 \times I^2 \times \cdots \times I^m$，每一个 $I^i = [a^i, b^i]$ 是 $\mathbb{R}$ 中的闭区间. 考察 $\mathbb{R}^m$ 中的如下形式的闭方块：

$$J = J^1 \times J^2 \times \cdots \times J^m,$$

这里的每一个因子 J^i 或者为 $\left[a^i, \dfrac{a^i + b^i}{2}\right]$，或者为 $\left[\dfrac{a^i + b^i}{2}, b^i\right]$（$i = 1, 2, \cdots, m$）. 显然有

$$l(J) = \frac{1}{2} l(I).$$

容易看出 $J \subset I$. 还容易看出：I 中的每一点 x 至少包含在一个这种形式的闭子方块 J 中（因为它的每一坐标 x^i 或者落入 $\left[a^i, \dfrac{a^i + b^i}{2}\right]$ 之中，或者落入 $\left[\dfrac{a^i + b^i}{2}, b^i\right]$ 之中）.

所有这种形式的 J 总共有 2^m 个. 把它们编号为

$$J_1, J_2, \cdots, J_{2^m},$$

则有

$$I = J_1 \bigcup J_2 \bigcup \cdots \bigcup J_{2^m},$$

$$l(J_k) = \frac{1}{2}l(I), \quad k = 1, 2, \cdots, 2^m. \quad \Box$$

定义 6　设 $\{I_n\}$ 是 $\mathbb{R}^m$ 中的一串闭方块,满足条件:

(1) $I_1 \supset I_2 \supset \cdots I_n \supset I_{n+1} \supset \cdots$;

(2) $l(I_n) \to 0$,

则称这串闭方块为 $\mathbb{R}^m$ 中的一个**闭方块套**.

引理 2（闭方块套原理）　设 $\{I_n\}$ 是 $\mathbb{R}^m$ 中的一个闭方块套,则有 $\mathbb{R}^m$ 中唯一的一点 c,适合

$$c \in I_n, \quad \forall n \in \mathbb{N}.$$

证明　设 $I_n = I_n^1 \times I_n^2 \times \cdots \times I_n^m$, $n = 1, 2, \cdots$. 容易看出:闭方块套 $\{I_n\}$ 在每一坐标轴上的投影

$$I_n^i, \quad n = 1, 2, \cdots,$$

都构成 $\mathbb{R}$ 中的一个闭区间套:

(1) $I_1^i \supset I_2^i \supset \cdots \supset I_n^i \supset I_{n+1}^i \supset \cdots$;

(2) $l(I_n^i) \to 0 \quad (n \to +\infty)$.

从 $\mathbb{R}$ 中的闭区间套原理可知,存在唯一的 c^i,适合

$$c^i \in I_n^i, \quad \forall n \in \mathbb{N}.$$

记

$$c = (c^1, c^2, \cdots, c^m),$$

则显然 c 是 $\mathbb{R}^m$ 中适合以下条件的唯一一点:

$$c \in I_n, \quad \forall n \in \mathbb{N}. \quad \Box$$

在做了这些准备之后,我们来证明本节的主要定理.

定理 1　对于空间 $\mathbb{R}^m$ 的子集 K,以下三条陈述相互等价:

(1) K 是紧致集;

(2) K 是列紧集;

(3) K 是有界闭集.

证明　我们将循以下途径证明三条陈述相互等价:

$$(1) \Rightarrow (2) \Rightarrow (3) \Rightarrow (1).$$

首先来证明"(1)⇒(2)". 设 K 是紧致集,$\{x_n\}$ 是 K 中任意点列. 如果存在 $a \in K$,它的每一邻域中都含有点列 $\{x_n\}$ 的无穷多项,那么就一定可以从 $\{x_n\}$ 中选出一个子序列收敛于 a(请读者自证这

一结论). 下面我们用反证法证明满足上述条件的 a 一定存在. 假如不是这样, 那么任何 $b \in K$ 都有一个邻域 $U(b)$, 其中只含点列 $\{x_n\}$ 的有限多项. 所有这样的

$$U(b), b \in K$$

覆盖了 K. 因为每一 $U(b)$ 中只含有 $\{x_n\}$ 的有限多项, 至少要无穷多个这样的 $U(b)$ 才能盖住 $\{x_n\}$, 所以 K 的开覆盖

$$U(b), b \in K$$

不可能具有有限子覆盖. 这一矛盾说明: 存在 $a \in K$, 它的每一邻域中都含有 $\{x_n\}$ 的无穷多项. 我们从陈述(1)推得了陈述(2).

其次证明"(2)$\Rightarrow$(3)"(用反证法). 假如 K 无界, 那么对任何 $n \in \mathbb{N}$ 都存在 $x_n \in K$, 使得

$$\|x_n\| > n.$$

如果这点列的子序列 $\{x_{n_k}\}$ 收敛于 K 中某点 a, 那么从

$$\big| \|x_{n_k}\| - \|a\| \big| \leqslant \|x_{n_k} - a\|$$

可得

$$\lim \|x_{n_k}\| = \|a\|,$$

但这与

$$\|x_{n_k}\| > n_k, \quad k = 1, 2, \cdots,$$

相矛盾. 我们证明了 K 必须是有界的. 假如 K 不是闭集, 那么存在点列 $\{y_n\} \subset K$, 使得

$$\lim y_n = b \notin K.$$

这点列 $\{y_n\}$ 不可能有子序列收敛于 K 中的某点(因为 $\{y_n\}$ 的任何子序列仍应收敛于 $b \notin K$). 这一矛盾说明: K 必须是闭集.

再来证明"(3)$\Rightarrow$(1)"(仍用反证法). 有界闭集 K 可以包含在一个闭方块 I_0 之中. 假设 $\mathscr{V}$ 是 K 的一个开覆盖, 它的任何有限子族都不能覆盖 K, 我们来推出矛盾. 按照引理 1 中的作法, 可以把 I_0 分成 2^m 个闭子方块, 其中至少有某一个闭子方块 I_1, 使得

$$I_1 \bigcap K$$

不能被 $\mathscr{V}$ 的任何有限子族所覆盖. 这闭子方块的线度为

$$l(I_1) = \frac{1}{2} l(I_0).$$

再把 I_1 分成 2^m 个闭子方块,其中又至少有某一个闭子方块 I_2,使得

$$I_2 \bigcap K$$

不能被 $\mathscr{V}$ 的任何有限子族所覆盖. 这闭子方块的线度为

$$l(I_2) = \frac{1}{2} l(I_1) = \frac{1}{2^2} l(I_0).$$

继续这样的手续,我们就能做出一个闭方块套:

$$I_1 \supset I_2 \supset \cdots \supset I_n \supset I_{n+1} \supset \cdots,$$

$$l(I_n) = \frac{1}{2^n} l(I_0) \to 0,$$

其中的 I_n 使得

$$I_n \bigcap K$$

不能被 $\mathscr{V}$ 的任何有限子族所覆盖 $(n = 1, 2, \cdots)$. 由闭方块套原理可知,存在唯一的 c,它满足

$$c \in I_n, \quad \forall n \in \mathbb{N}.$$

对任何 $n \in \mathbb{N}$,因为 $I_n \bigcap K \neq \varnothing$,所以存在

$$x_n \in I_n \bigcap K.$$

易见 K 中的点列 $\{x_n\}$ 收敛于 c:

$$\lim x_n = c.$$

因为 K 是闭集,所以 $c \in K$. 于是 c 为 $\mathscr{V}$ 的某一个开集 V 盖住:

$$c \in V.$$

于是又存在 $\eta > 0$,使得

$$U(c, \eta) \subset V.$$

取 n 充分大,使得

$$\|x_n - c\| < \frac{\eta}{2},$$

$$l(I_n) = \frac{1}{2^n} l(I_0) < \frac{\eta}{2\sqrt{m}}.$$

于是,I_n 中任意一点 x 到 c 的距离

$$\|x - c\| \leqslant \|x - x_n\| + \|x_n - c\|$$

$$< \sqrt{\sum_{i=1}^{m} (x^i - x_n^i)^2} + \frac{\eta}{2}$$

$$< \sqrt{m \left(\frac{\eta}{2\sqrt{m}} \right)^2} + \frac{\eta}{2}$$

$$= \eta.$$

这证明了

$$I_n \subset U(c, \eta) \subset V.$$

但这与 I_n 的选取方式矛盾(I_n 不能被 $\mathscr{V}$ 中有限个开集所覆盖). 这一矛盾说明: $\mathbb{R}^m$ 中的有界闭集必定是紧致集.   □

定理 2   设 (X, d) 是距离空间,K 是 X 中的紧致集,$f: K \to \mathbb{R}$ 是连续函数,则

(1) f 在 K 上是有界的;

(2) f 在 K 上是一致连续的.

证明   (1) 对任何 $a \in K$,因为

$$\lim_{\substack{x \to a \\ K}} f(x) = f(a),$$

所以存在 a 的邻域 $U(a)$,使得

$$x \in U(a) \bigcap K \Rightarrow |f(x)| < |f(a)| + 1.$$

所有的这样的 $U(a)$ 构成 K 的一个开覆盖:

$$K \subset \bigcup_{a \in K} U(a).$$

于是,存在有限个 $U(a)$,它们仍覆盖 K:

$$K \subset U(a_1) \bigcup \cdots \bigcup U(a_p).$$

记

$$L = \max_{1 \leqslant i \leqslant p} \{|f(a_i)| + 1\},$$

则有

$$|f(x)| < L, \quad \forall x \in K.$$

(2) 对于任意给定的 $\varepsilon > 0$ 和任何 $b \in K$,存在 b 的邻域 $U(b, \eta)$,使得

$$x \in U(b, \eta) \bigcap K \Rightarrow |f(x) - f(b)| < \frac{\varepsilon}{2}.$$

于是,只要 $x,x'\in U(b,\eta)\bigcap K$,就有
$$|f(x)-f(x')|<\varepsilon.$$

所有的 $U\left(b,\dfrac{\eta}{2}\right)$ 构成 K 的一个开覆盖. 于是,应该有其中的有限个,它们仍能覆盖 K:
$$K\subset U\left(b_1,\dfrac{\eta_1}{2}\right)\bigcup\cdots\bigcup U\left(b_q,\dfrac{\eta_q}{2}\right).$$

记
$$\delta=\min\left\{\dfrac{\eta_1}{2},\cdots,\dfrac{\eta_q}{2}\right\}.$$

我们指出:只要 $x,x'\in K$,$d(x,x')<\delta$,就必定有
$$|f(x)-f(x')|<\varepsilon.$$

事实上,对这 $x\in K$,存在 $b_i(1\leqslant i\leqslant q)$ 使得
$$x\in U\left(b_i,\dfrac{\eta_i}{2}\right).$$

因为
$$x'\in K,\ d(x',x)<\delta\leqslant\dfrac{\eta_i}{2},$$

所以
$$x'\in U(b_i,\eta_i)\bigcap K.$$

我们看到
$$x,x'\in U(b_i,\eta_i)\bigcap K.$$

由此可知
$$|f(x)-f(x')|<\varepsilon.\quad\square$$

注记　对于一般的距离空间,紧致集与列紧集仍然是同一回事,但有界闭集可以不是列紧-紧致集. 我们将在本节末的补充内容中讨论这些问题.

　　读者可能已注意到:本章 §5 中定理 2、定理 3 和定理 4 的证明,实际上是利用了 K 的列紧性. 通过这些定理的证明以及本节中定理 2 的证明,可以领会到列紧性和紧致性的重要意义.

补 充 内 容

在这部分内容里,我们考察一般距离空间中紧致性与列紧性之间的关系.

设 (X,d) 是距离空间, S 是 X 的一个非空子集,我们把

$$\mathrm{diam}\, S = \sup_{x,x' \in S} d(x,x')$$

叫作集合 S 的**直径**. 对于空集 $\varnothing$, 我们约定

$$\mathrm{diam}\, \varnothing = 0.$$

如果

$$\mathrm{diam}\, S < +\infty,$$

那么我们就说集合 S 是**有界**的.

引理　设 (X,d) 是距离空间, K 是 X 中的列紧集, $\mathscr{V} = \{V\}$ 是 K 的一个开覆盖. 则存在 $\delta > 0$, 使得只要集合 $S \subset K$ 满足条件

$$S \cap K \neq \varnothing, \quad \mathrm{diam}\, S < \delta,$$

就能断定 S 包含在 $\mathscr{V}$ 的某个开集 V 之中.

证明　用反证法. 假设所说的 δ 不存在,那么必定存在 X 的一串子集合

$$S_1, S_2, \cdots, S_n, \cdots,$$

使得

$$S_n \cap K \neq \varnothing, \quad \mathrm{diam}\, S_n < \frac{1}{n},$$

但是

$$S_n \not\subset V, \quad \forall V \in \mathscr{V}.$$

我们选取

$$x_n \in S_n \cap K, \quad n = 1,2,\cdots.$$

根据列紧性的定义,序列 $\{x_n\} \subset K$ 有子序列 $\{x_{n_k}\}$ 收敛于 K 中的某一点 a:

$$\lim x_{n_k} = a \in K.$$

于是,存在 $V \in \mathscr{V}$, 使得

$$a \in V.$$

因为 V 是开集,并且

$$\operatorname{diam} S_{n_k} < \frac{1}{n_k},$$

所以对充分大的 k 也应有

$$S_{n_k} \subset V.$$

但这与 $\{S_n\}$ 的选取方式矛盾. $\square$

注记　引理中的数 $\delta > 0$ 被称为覆盖 $\mathscr{V}$ 的**勒贝格数**（Lebesgue number）.

定理　设 (X,d) 是距离空间，$K \subset X$，则以下两陈述等价：

（1）K 是紧致集；

（2）K 是列紧集.

证明　"（1）$\Rightarrow$（2）"的推证与定理 1 证明中的相应讨论类似，这里就不重复了. 下面我们证明"（2）$\Rightarrow$（1）".

设 $\mathscr{V} = \{V\}$ 是 K 的任意一个开覆盖，并设 $\delta > 0$ 是这覆盖的勒贝格数. 记

$$\varepsilon = \frac{\delta}{2}.$$

对任何 $x \in K$，$U(x,\varepsilon) \cap K$ 都包含在某一个 $V \in \mathscr{V}$ 之中. 如果 K 的开覆盖

$$\mathscr{U} = \{U(x,\varepsilon) \mid x \in K\}$$

含有有限子覆盖，那么 $\mathscr{V}$ 也含有有限子覆盖.

我们用反证法来证明 $\mathscr{U}$ 含有有限子覆盖. 假设 K 不能为有限个 $U(x,\varepsilon)$ 所覆盖. 对任意取定的 $x_1 \in K$，显然 $U(x_1,\varepsilon)$ 不能盖住 K. 于是存在 $x_2 \in K$，$x_2 \notin U(x_1,\varepsilon)$. 显然 $U(x_1,\varepsilon)$ 和 $U(x_2,\varepsilon)$ 也不能盖住 K. 于是又存在 $x_3 \in K$，$x_3 \notin U(x_1,\varepsilon)$，$x_3 \notin U(x_2,\varepsilon)$. 继续这样的讨论，我们就可以选出 K 的一个点列 $\{x_n\}$，满足这样的条件

$$d(x_{n+p}, x_n) \geqslant \varepsilon, \quad \forall n, p \in \mathbb{N}.$$

这样的点列 $\{x_n\} \subset K$ 不可能有收敛的子序列. 我们得出了矛盾. $\square$

注记　仿照定理 1 证明中的"（2）$\Rightarrow$（3）"部分，可以证明距离空间中的紧致-列紧集都是有界闭集. 但对于某些距离空间，有界闭集可以不是紧致-列紧集. 请看下面的例子.

例　设 X 是任意无限集合. 在 X 中规定距离 d 如下：

$$d(x,y) = \begin{cases} 0, & \text{如果 } x = y, \\ 1, & \text{如果 } x \neq y. \end{cases}$$

容易验证：这样定义的 d 满足距离三公理 $(\boldsymbol{D}_1)$, $(\boldsymbol{D}_2)$ 和 $(\boldsymbol{D}_3)$. 在这样定义的距离空间 (X,d) 之中, 任何子集都是有界闭集, 但仅仅有限集才是紧致集.

§9   连   通   性

学习一元函数的时候, 我们熟悉了闭区间上连续函数的重要性质:

一、有界性;

二、取得最大值和最小值;

三、一致连续性;

四、介值性质——取得介于它的任意两个值中间的一切值. 在以上几节中, 我们推广有关的一些结果到多元函数, 证明了: 在紧致集(有界闭集)上连续的多元函数也具有性质一、二和三. 但到此为止我们还没有涉及性质四. 实际上, 设函数 f 在 D 上连续, 能保证 f 具有介值性质的, 并不是 D 的紧致性, 而是 D 的另外一种性质——连通性. 必须要求 D "连成一片", 才能保证介值定理成立.

例 1   开区间
$$J = (a,b)$$
是"连成一片"的. 对于在 J 上连续的函数, 介值定理也成立.

例 2   考察 $\mathbb{R}$ 中的有界闭集
$$K = [-2,-1] \cup [1,2]$$
和定义于 K 上的函数
$$f(x) = \begin{cases} -1, & x \in [-2,-1], \\ 1, & x \in [1,2]. \end{cases}$$
容易看出: f 在 K 上连续, 但却不具有介值性质(请读者自己验证).

要说明一个集合是否"连成一片", 有若干种方法. 我们这里只介绍其中最简单的一种——路径连通.

设 $T \subset \mathbb{R}$, $E \subset \mathbb{R}^m$, 则 T 和 E 都可以看成距离空间, 因而可以

讨论映射

$$\varphi : T \to E$$

的连续性. 因为

$$\max_{1 \leqslant j \leqslant m} |\varphi^j(t) - \varphi^j(t_0)| \leqslant \|\varphi(t) - \varphi(t_0)\|$$

$$\leqslant \sum_{j=1}^{m} |\varphi^j(t) - \varphi^j(t_0)|,$$

所以映射 $\varphi(t) = (\varphi^1(t), \cdots, \varphi^m(t))$ 在 t_0 连续的充要条件是: 它的各分量 $\varphi^j(t)$ 都在 t_0 连续 $(j = 1, \cdots, m)$.

定义 1 设 $E \subset \mathbb{R}^m$, $x_0, x_1 \in E$, 并设

$$\gamma : [0, 1] \to E$$

是一个连续映射, 满足条件

$$\gamma(0) = x_0, \quad \gamma(1) = x_1,$$

则称 γ 为 E 中联结 x_0 相 x_1 的一条**路径**.

注记 "路径"的直观几何形象就是联结给定两点的一条连续曲线.

定义 2 设 $E \subset \mathbb{R}^m$. 如果对任何 $x_0, x_1 \in E$, 都至少存在 E 中联结这两点的一条路径, 那么我们就说 E 是**路径连通的**.

空集 $\varnothing$ 也被认为是路径连通的.

定理 1 设 E 是 $\mathbb{R}^m$ 中的路径连通子集, 函数 f 在 E 上连续, 则 f 具有介值性质.

证明 设 A_0 和 A_1 是 f 的任意两个值. 不妨设

$$x_0 \in E, \quad f(x_0) = A_0,$$

$$x_1 \in E, \quad f(x_1) = A_1.$$

由于集合 E 的路径连通性, 存在连续映射

$$\gamma : [0, 1] \to E,$$

使得

$$\gamma(0) = x_0, \quad \gamma(1) = x_1.$$

考察复合映射

$$\varphi(t) = f(\gamma(t)), \quad t \in [0, 1].$$

这是一个在 $[0, 1]$ 上连续的函数, 并且

$$\varphi(0) = A_0, \quad \varphi(1) = A_1.$$

于是 φ 取得介于 A_0 和 A_1 之间的任何值. 因此,函数 f 在点集

$$\gamma([0,1]) = \{\gamma(t) \mid t \in [0,1]\}$$

之上可以取得介于 A_0 和 A_1 之间的任何值. $\quad\square$

定义 3 我们把 $\mathbb{R}^m$ 中的连通开集 D 称为开区域,并把连通开集 D 的闭包 $\overline{D}$ 称为**闭区域**.

定理 2 在开区域或闭区域上连续的函数具有介值性质.

证明 从定理 1 已经知道,在开区域上连续的函数具有介值性质. 以下考察在闭区域上连续的函数.

设 $D \subset \mathbb{R}^m$ 是一个开区域,函数 f 在闭区域 $\overline{D}$ 上连续,A_0 和 A_1 是 f 在 $\overline{D}$ 上的两个值,C 介于 A_0 和 A_1 之间. 不妨设

$$x_0 \in \overline{D}, \quad f(x_0) = A_0,$$
$$x_1 \in \overline{D}, \quad f(x_1) = A_1,$$
$$A_0 < C < A_1.$$

如果 $x_0, x_1 \in D$,那么显然 f 在 D 中某点取得值 C. 我们来考察 x_0 与 x_1 之一不在 D 中的情形,例如这样的情形:

$$x_0 \in \mathrm{Bd}\, D, \quad x_1 \in D.$$

记 $\varepsilon = C - A_0 > 0$. 由于函数 f 在 $\overline{D}$ 上的连续性,对于充分接近于 $x_0 \in \mathrm{Bd}\,D$ 的 $x'_0 \in D$,就有

$$f(x'_0) = A'_0 < A_0 + \varepsilon = C.$$

我们看到,存在 $x'_0 \in D$ 和 $x_1 \in D$,使得

$$f(x'_0) = A'_0 < C < A_1 = f(x_1).$$

由此得知:函数 f 在 D 中某点必定能取到值 C.

对于 x_0 和 x_1 两点都在边界 $\mathrm{Bd}\, D$ 上的情形,也可类似地进行讨论. $\quad\square$

§10 向量值函数

设 (X, d) 和 (X', d') 是距离空间,$\Omega \subset X$. 对于映射

$$f: \Omega \to X',$$

已经定义了极限和连续等概念. 在本节中,我们对
$$X = \mathbb{R}^m, \quad X' = \mathbb{R}^p$$
的情形,再做一些具体的讨论.

10. a 向量值函数的极限与连续性

设 $\Omega \subset \mathbb{R}^m$. 我们来考察映射
$$f: \Omega \to \mathbb{R}^p.$$
这样的映射被称为**向量值函数**,因为它的每一个值 $f(x)$ 都是一个 p 维向量:
$$f(x) = (f^1(x), \cdots, f^p(x)).$$
我们注意到:向量值函数 $f(x)$ 的每一分量
$$f^i(x) = f^i(x^1, \cdots, x^m)$$
都可以看作一个 m 元数值函数 $(i = 1, \cdots, p)$.

定理 1 设 $\Omega \subset \mathbb{R}^m$,$a$ 是 Ω 的一个聚点,向量值函数 $f(x) = (f^1(x), \cdots, f^p(x))$ 在 $\mathring{U}(a, \eta) \bigcap \Omega$ 上有定义,$A = (A^1, \cdots, A^p)$. 我们断定:使得
$$\lim_{\substack{x \to a \\ \Omega}} f(x) = A$$
的充要条件是
$$\lim_{\substack{x \to a \\ \Omega}} f^i(x) = A^i, \quad i = 1, \cdots, p.$$

证明 我们有不等式
$$\max_{1 \leqslant i \leqslant p} |f^i(x) - A^i| \leqslant \|f(x) - A\|$$
$$\leqslant \sum_{i=1}^{p} |f^i(x) - A^i|. \quad \square$$

定理 2 设 $\Omega \subset \mathbb{R}^m$,$a \in \Omega$,向量值函数 $f(x) = (f^1(x), \cdots, f^p(x))$ 在 Ω 上有定义. 则 $f(x)$ 在 a 点连续的充要条件是:它的每一分量 $f^i(x)$ 都在 a 点连续 $(i = 1, \cdots, p)$.

证明 我们有不等式
$$\max_{1 \leqslant i \leqslant p} |f^i(x) - f^i(a)| \leqslant \|f(x) - f(a)\|$$

$$\leqslant \sum_{i=1}^{p} |f^i(x) - f^i(a)|. \quad \square$$

10. b　连续性与开集

先就空间 $\mathbb{R}^m$ 的情形,回顾开集的定义. 设 G 是 $\mathbb{R}^m$ 中的点集. 如果对任何 $x \in G$,都存在 $\eta > 0$,使得

$$U(x, \eta) \subset G,$$

那么我们就说 G 是 $\mathbb{R}^m$ 中的开集.

例 1　$U(a, r)$ 是 $\mathbb{R}^m$ 中的开集.

例 2　开方块

$$I = \{(x^1, \cdots, x^m) \mathbb{R}^m \in |a^i < x^i < b^i, \ i = 1, \cdots, m\}$$

是 $\mathbb{R}^m$ 中的开集.

定理 3　设 Ω 是 $\mathbb{R}^m$ 中的开集,

$$f: \Omega \to \mathbb{R}^p$$

是一个映射. 则 f 在 Ω 连续的充要条件是:对于 $\mathbb{R}^p$ 中的任何开集 H,集合

$$G = f^{-1}(H)$$

都是 $\mathbb{R}^m$ 中的开集.

证明　必要性　设 $f: \Omega \to \mathbb{R}^p$ 是连续映射,H 是 $\mathbb{R}^p$ 中任意一个开集. 如果 $G = f^{-1}(H) = \varnothing$,那么按照定义 G 是一个开集. 设 $G = f^{-1}(H) \neq \varnothing$,而 a 是 $G = f^{-1}(H)$ 中任意一点,则 $f(a) \in H$. 由于 H 是开集,所以存在 $\varepsilon > 0$,使得

$$U(f(a), \varepsilon) \subset H.$$

又因为映射 f 在点 $a \in G$ 连续,所以存在 $\delta > 0$,使得只要 $x \in U(a, \delta)$,就有

$$f(x) \in U(f(a), \varepsilon) \subset H.$$

这就是说

$$f(U(a, \delta)) \subset H,$$

因而

$$U(a, \delta) \subset f^{-1}(H) = G.$$

这样,我们证明了 $G = f^{-1}(H)$ 是开集.

充分性   对任何 $a\in\Omega$,记 $H=U(f(a),\varepsilon)$,则 H 是 $\mathbb{R}^p$ 中的开集,因而 $G=f^{-1}(H)$ 是 $\mathbb{R}^m$ 中的开集. 显然有 $a\in G=f^{-1}(H)$,所以又存在 $\delta>0$,使得

$$U(a,\delta)\subset G=f^{-1}(H).$$

由此得到

$$f(U(a,\delta))\subset H=U(f(a),\varepsilon).$$

这证明了 f 在点 a 的连续性. $\square$

注记   对于一般距离空间之间的映射,也有与定理 3 类似的结果. 请读者仿照定理 3 予以陈述并写出证明.

第十二章　多元微分学

§1　偏导数,全微分

在第二篇里,为了考察一元函数 f 在点 x_0 邻近的性态,我们首先定义了导数

$$f'(x_0) = \lim_{\Delta x \to 0} \frac{f(x_0 + \Delta x) - f(x_0)}{\Delta x},$$

然后导出微分公式

$$f(x_0 + \Delta x) - f(x_0) = f'(x_0)\Delta x + o(\Delta x).$$

以下,借鉴对一元函数取得的经验,我们来考察多元函数的局部状况. 为记号简单起见,先讨论二元函数,然后再推广到多元函数的一般情形.

1. a　方向导数,偏导数

设二元函数 $f(x,y)$ 在点 (x_0, y_0) 邻近有定义. 为了考察这函数的局部变化状况,我们过点 (x_0, y_0) 沿单位向量 $e = (\cos\alpha, \sin\alpha)$ 的方向引一有向直线

$$L: x = x_0 + t\cos\alpha, \quad y = y_0 + t\sin\alpha,$$

然后考察函数 f 沿这有向直线的变化. 请注意,这里的参数 t,正好表示沿有向直线 L 从点 (x_0, y_0) 到点 (x, y) 的有号距离. 如果存在极限

$$\lim_{t \to 0} \frac{f(x_0 + t\cos\alpha, y_0 + t\sin\alpha) - f(x_0, y_0)}{t},$$

那么这极限表示了函数 f 在点 (x_0, y_0) 沿有向直线 L 的变化率,我们把它叫作函数 f 在点 (x_0, y_0) 沿方向 e 的**方向导数**,记为

$$\frac{\partial f}{\partial e}(x_0, y_0) \quad \text{或} \quad \partial_e f(x_0, y_0).$$

要了解函数 f 在点(x_0,y_0)沿各方向的变化状况,应该考察它沿各方向的方向导数. 但对于很重要的一类函数来说,沿各方向的方向导数都可由沿坐标轴方向的导数来决定. 稍后,我们将对此做更进一步的讨论. 这里先对沿坐标轴方向的导数做一些说明.

OX 坐标轴方向的单位向量为 $e_1=(1,0)$. OY 坐标轴方向的单位向量为 $e_2=(0,1)$. 过(x_0,y_0)点平行于 OX 轴的有向直线可以表示为

$$L_1:x=x_0+t, \quad y=y_0.$$

按照定义,函数 f 在点(x_0,y_0)沿方向 e_1 的方向导数为

$$\frac{\partial f}{\partial e_1}(x_0,y_0)=\lim_{t\to 0}\frac{f(x_0+t,y_0)-f(x_0,y_0)}{t}$$

$$=\lim_{h\to 0}\frac{f(x_0+h,y_0)-f(x_0,y_0)}{h}.$$

如果在二元函数 $f(x,y)$ 中,让 y 固定于 y_0,然后求一元函数 $f(x,y_0)$ 在 x_0 点的导数,那么得到的就是函数 $f(x,y)$ 在点 (x_0,y_0) 沿方向 e_1 的方向导数. 我们把这方向导数叫作函数 f 在点 (x_0,y_0) 对 x 的**偏导数**,并约定用以下记号之一来表示:

$$\frac{\partial f}{\partial x}(x_0,y_0), \; f'_x(x_0,y_0) \quad 或者 \quad f_x(x_0,y_0).$$

类似地,如果在二元函数 $f(x,y)$ 中,先让 x 固定于 x_0,然后求 y 的一元函数 $f(x_0,y)$ 在 y_0 点的导数,那么得到的就是函数 f 在点 (x_0,y_0) 沿方向 e_2 的方向导数. 我们把这方向导数叫作函数 f 在点 (x_0,y_0) 对 y 的**偏导数**,并约定用以下记号之一来表示:

$$\frac{\partial f}{\partial y}(x_0,y_0), \; f'_y(x_0,y_0) \quad 或者 \quad f_y(x_0,y_0).$$

通过以上讨论,我们看到:偏导数 $\dfrac{\partial f}{\partial x}$ 和 $\dfrac{\partial f}{\partial y}$,实际上都可以按照一元函数的求导法则来计算.

我们来说明方向导数与偏导数的几何意义. 设 D 是 OXY 平面上的一个开集,二元函数 $f(x,y)$ 在 D 上有定义,$(x_0,y_0)\in D$. 在 $OXYZ$ 直角坐标系中,函数 f 表示为一块曲面

$$S:z=f(x,y), \quad (x,y)\in D.$$

设 $e = (\cos\alpha, \sin\alpha)$ 是 OXY 平面上的一个单位向量. 在平面 OXY 上过点 (x_0, y_0) 作平行于方向 e 的一条有向直线 L, 然后过直线 L 作正交于平面 OXY 的一张平面 P. 容易看出: 平面 P 截曲面 S 所得的截口曲线 C, 可以表示为

$$\begin{cases} x = x_0 + t\cos\alpha, \, y = y_0 + t\sin\alpha, \\ z = f(x_0 + t\cos\alpha, y_0 + t\sin\alpha). \end{cases}$$

考察截口曲线 C 在 $x = x_0, y = y_0, z = f(x_0, y_0)$ 处的切线 T. 我们看到: 这切线对有向直线 L 的斜率(即 T 与 L 正方向夹角的正切)就是函数 f 在点 (x_0, y_0) 沿方向 e 的方向导数. 作为沿坐标轴方向的方向导数, 偏导数的几何意义如下: 曲面 S 与平面 $y = y_0$ 相截, 所得截口曲线的斜率就是函数 f 对 x 的偏导数; 曲面 S 与平面 $x = x_0$ 相截, 所得截口曲线的斜率就是函数 f 对 y 的偏导数.

对于一元函数来说, 在某点可导的函数必然在该点连续. 单就这一方面, 多元函数就已显得大不相同. 即使函数 $f(x, y)$ 在点 (x_0, y_0) 沿任何方向的方向导数都存在, 也不能判定函数 f 在这点连续. 请看下面的反例.

例 1 考察函数

$$f(x, y) = \begin{cases} \dfrac{x^2 y}{x^4 + y^2}, & (x, y) \neq (0, 0), \\ 0, & (x, y) = (0, 0). \end{cases}$$

计算这函数在 $(0, 0)$ 点沿方向 $e = (\cos\alpha, \sin\alpha)$ 的差商, 我们得到

$$\frac{f(t\cos\alpha, t\sin\alpha) - f(0, 0)}{t}$$

$$= \begin{cases} \dfrac{\cos^2\alpha \cdot \sin\alpha}{t^2 \cos^4\alpha + \sin^2\alpha}, & \text{若 } \alpha \neq 0, \\ 0, & \text{若 } \alpha = 0. \end{cases}$$

容易看出, 函数 f 在点 $(0, 0)$ 沿任何方向 $e = (\cos\alpha, \sin\alpha)$ 的方向导数都存在,

$$\frac{\partial f}{\partial e}(0, 0) = \lim_{t \to 0} \frac{f(t\cos\alpha, t\sin\alpha) - f(0, 0)}{t}$$

$$=\begin{cases}\dfrac{\cos^2\alpha}{\sin\alpha}, & \text{若 }\alpha\neq 0,\\[2mm] 0, & \text{若 }\alpha=0.\end{cases}$$

但由第十一章 §4 的例 6 可知,函数 $f(x,y)$ 在点 $(0,0)$ 不连续.

1. b 全微分

定义 设函数 $f(x,y)$ 在点 (x_0,y_0) 邻近有定义. 如果存在 A, $B\in\mathbb{R}$,使得对于极限过程 $\sqrt{(\Delta x)^2+(\Delta y)^2}\to 0$,以下关系成立:

$$f(x_0+\Delta x,y_0+\Delta y)-f(x_0,y_0)$$
$$=A\Delta x+B\Delta y+o(\sqrt{(\Delta x)^2+(\Delta y)^2}),$$

那么我们就说函数 f 在点 (x_0,y_0) **可微**,并把表示式

$$A\Delta x+B\Delta y$$

叫作函数 f 在点 (x_0,y_0) 的**全微分**,记为

$$\mathrm{d}f(x_0,y_0)=A\Delta x+B\Delta y=A\mathrm{d}x+B\mathrm{d}y.$$

我们把自变量的增量(改变量)

$$\mathrm{d}x=\Delta x,\quad \mathrm{d}y=\Delta y$$

定义为自变量的微分.

注记 为书写简单,人们也常常用

$$h:=\Delta x,\quad k:=\Delta y$$

表示自变量的增量. 采用这样的记号,函数 f 在点 (x_0,y_0) 的微分表示可以写成

$$f(x_0+h,y_0+k)-f(x_0,y_0)$$
$$=Ah+Bk+o(\sqrt{h^2+k^2})\quad(\sqrt{h^2+k^2}\to 0).$$

按照小 o 记号的含义,这式子意味着

$$f(x_0+h,y_0+k)-f(x_0,y_0)$$
$$=Ah+Bk+\varepsilon(h,k)\cdot\sqrt{h^2+k^2},$$

其中 $\varepsilon(h,k)$ 满足条件

$$\lim_{(h,k)\to(0,0)}\varepsilon(h,k)=0.$$

与这样的微分表示等价的另一常用的方便的写法是

$$f(x_0+h,y_0+k)-f(x_0,y_0)$$

$$= Ah + Bk + \alpha h + \beta k,$$

其中 $\alpha = \alpha(h,k)$ 和 $\beta = \beta(h,k)$ 满足条件

$$\lim_{(h,k)\to(0,0)} \alpha(h,k) = 0,$$
$$\lim_{(h,k)\to(0,0)} \beta(h,k) = 0.$$

上面介绍了表示 $o(\sqrt{h^2+k^2})$ 的两种方式. 我们来说明这两种表示方式的等价性. 首先, 显然有

$$\varepsilon(h,k) \cdot \sqrt{h^2+k^2} = \varepsilon(h,k)\frac{h^2+k^2}{\sqrt{h^2+k^2}}$$
$$= \alpha(h,k)h + \beta(h,k)k,$$

这里

$$\alpha(h,k) = \varepsilon(h,k)\frac{h}{\sqrt{h^2+k^2}},$$
$$\beta(h,k) = \varepsilon(h,k)\frac{k}{\sqrt{h^2+k^2}}$$

都是无穷小量与有界变量的乘积, 因而

$$\lim_{(h,k)\to(0,0)} \alpha(h,k) = 0,$$
$$\lim_{(h,k)\to(0,0)} \beta(h,k) = 0.$$

其次, 我们看到

$$\alpha(h,k)h + \beta(h,k)k$$
$$= \frac{\alpha(h,k)h + \beta(h,k)k}{\sqrt{h^2+k^2}} \cdot \sqrt{h^2+k^2}.$$

如果记

$$\varepsilon(h,k) = \frac{\alpha(h,k)h + \beta(h,k)k}{\sqrt{h^2+k^2}},$$

那么很容易验证

$$\lim_{(h,k)\to(0,0)} \varepsilon(h,k) = 0.$$

定理 1 如果函数 $f(x,y)$ 在点 (x_0,y_0) 可微, 那么它在该点连续.

证明 利用可微性的定义式

$$f(x,y) - f(x_0,y_0) = A(x-x_0) + B(y-y_0)$$

$$+ o(\sqrt{(x-x_0)^2 + (y-y_0)^2}),$$

就可看出函数 f 在点 (x_0, y_0) 的连续性. $\quad\square$

定理 2 如果函数 $f(x, y)$ 在点 (x_0, y_0) 可微，那么它在这点沿任何方向 $e = (\cos\theta, \sin\theta)$ 的方向导数都存在.

证明 在微分表示式

$$f(x_0 + h, y_0 + k) - f(x_0, y_0)$$
$$= Ah + Bk + o(\sqrt{h^2 + k^2})$$

之中，取 $h = t\cos\theta$，$k = t\sin\theta$，就可得到

$$\frac{f(x_0 + t\cos\theta, y_0 + t\sin\theta) - f(x_0, y_0)}{t}$$

$$= A\cos\theta + B\sin\theta + \frac{o(|t|)}{t}$$

$$= A\cos\theta + B\sin\theta + o(1).$$

我们看到：函数 $f(x, y)$ 在点 (x_0, y_0) 沿任何方向 $e = (\cos\theta, \sin\theta)$ 的方向导数都存在，并且

$$\frac{\partial f}{\partial e}(x_0, y_0) = A\cos\theta + B\sin\theta. \quad\square$$

特别地，对于 $e_1 = (1, 0)$ 和 $e_2 = (0, 1)$ 的情形，我们得到

$$\frac{\partial f}{\partial x}(x_0, y_0) = A, \qquad \frac{\partial f}{\partial y}(x_0, y_0) = B.$$

推论 如果函数 $f(x, y)$ 在点 (x_0, y_0) 可微，其全微分为

$$\mathrm{d}f(x_0, y_0) = A\,\mathrm{d}x + B\,\mathrm{d}y,$$

那么这函数在点 (x_0, y_0) 的偏导数为

$$\frac{\partial f}{\partial x}(x_0, y_0) = A, \qquad \frac{\partial f}{\partial y}(x_0, y_0) = B,$$

并且这函数在点 (x_0, y_0) 沿方向

$$e = (\cos\theta, \sin\theta)$$

的方向导数可以表示为

$$\frac{\partial f}{\partial e}(x_0, y_0) = \frac{\partial f}{\partial x}(x_0, y_0)\cos\theta + \frac{\partial f}{\partial y}(x_0, y_0)\sin\theta.$$

1. c   连续可微函数

关于一元函数的求导,我们已经有了一整套办法. 借助于对一元函数的经验,在考察多元函数的时候,对于偏导数"是否存在"和"如何求出"这些问题,是不难解决的. 我们希望通过偏导数进一步了解多元函数的局部性态. 以下的定理具有重要的意义.

定理 3   设函数 $f(x,y)$ 的各偏导数在点 (x_0,y_0) 邻近存在,并且这些偏导数,

$$\frac{\partial f}{\partial x}(x,y) \text{ 和 } \frac{\partial f}{\partial y}(x,y),$$

作为二元函数在点 (x_0,y_0) 连续,则函数 $f(x,y)$ 在点 (x_0,y_0) 可微(因而也在该点连续).

证明   为书写简单起见,记

$$h = \Delta x = x - x_0, \quad k = \Delta y = y - y_0.$$

我们来考察函数 $f(x,y)$ 在点 (x_0,y_0) 邻近的改变量:

$$
\begin{aligned}
&f(x_0+h, y_0+k) - f(x_0,y_0)\\
&= f(x_0+h, y_0+k) - f(x_0, y_0+k)\\
&\quad + f(x_0, y_0+k) - f(x_0,y_0)\\
&= f'_x(x_0+\theta h, y_0+k)h + f'_y(x_0, y_0+\omega k)k,\\
&\qquad\qquad 0 < \theta, \omega < 1,
\end{aligned}
$$

这里用到了一元函数的有限增量公式. 因为函数 $f'_x(x,y)$ 和 $f'_y(x,y)$ 在点 (x_0,y_0) 连续,所以应有

$$f'_x(x_0+\theta h, y_0+k) = f'_x(x_0,y_0) + \alpha,$$
$$f'_y(x_0, y_0+\omega k) = f'_y(x_0,y_0) + \beta,$$

这里的 α 和 β 当 $(x,y) \to (x_0,y_0)$ 时(即当 $(h,k) \to (0,0)$ 时)的极限为 0. 把这两式代入前面的函数增量表示式,就得到

$$
\begin{aligned}
&f(x_0+h, y_0+k) - f(x_0,y_0)\\
&= f'_x(x_0,y_0)h + f'_y(x_0,y_0)k + \alpha h + \beta k.
\end{aligned}
$$

又因为

$$\left| \frac{\alpha h + \beta k}{\sqrt{h^2+k^2}} \right| \leqslant |\alpha| + |\beta| \to 0$$

$$（当(x,y) \to (x_0,y_0)\ 时），$$

所以

$$\alpha h + \beta k = o(\sqrt{h^2 + k^2}).$$

最后，我们得到

$$f(x_0 + h, y_0 + k) - f(x_0, y_0)$$
$$= f'_x(x_0, y_0)h + f'_y(x_0, y_0)k + o(\sqrt{h^2 + k^2}).$$

这证明了定理. □

综合以上的讨论，关于函数 $f(x,y)$ 在点 (x_0,y_0) 的分析性质，有以下关系：

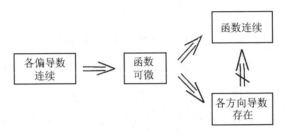

定义 设 $\Omega \subset \mathbb{R}^2$ 是一个区域. 如果函数 $f(x,y)$ 的各偏导数都在 Ω 连续，那么我们就说函数 f 在区域 Ω **连续可微**.

由全体在 Ω 连续的函数组成的集合，通常记为 $C^0(\Omega)$. 由全体在 Ω 连续可微的函数组成的集合，通常记为 $C^1(\Omega)$.

1. d m 元函数的一般情形

对于 m 元函数的一般情形，我们陈述涉及偏导数和全微分的有关结果. 至于定理的证明，因为与二元函数的情形无本质的差别，这里就不再重复了.

定义 设 m 元函数 $f(x) = f(x^1, \cdots, x^m)$ 在点 $x_0 = (x_0^1, \cdots, x_0^m)$ 邻近有定义，$e = (e^1, \cdots, e^m)$ 是一个单位向量（即满足条件 $\|e\| = 1$ 的向量）. 如果存在极限

$$\lim_{t \to 0} \frac{f(x_0 + te) - f(x_0)}{t},$$

那么我们就把这极限称为函数 f 在点 x_0 沿方向 e 的方向导数，

记为

$$\frac{\partial f}{\partial e}(x_0) \quad \text{或者} \quad \partial_e f(x_0).$$

特别地，对于

$$e_1 = (1, 0, 0, \cdots, 0),$$
$$e_2 = (0, 1, 0, \cdots, 0),$$
$$\cdots\cdots\cdots\cdots\cdots\cdots\cdots\cdots$$
$$e_m = (0, 0, 0, \cdots, 1),$$

我们把方向导数

$$\frac{\partial f}{\partial e_i}(x_0) = \lim_{t \to 0} \frac{f(x_0 + te_i) - f(x_0)}{t}$$

称为函数 f 在点 x_0 对变元 x^i 的偏导数，并把它记为

$$\frac{\partial f}{\partial x^i}(x_0), \quad f'_{x^i}(x_0) \quad \text{或者} \quad f_{x^i}(x_0).$$

定义 设 m 元函数 $f(x) = f(x^1, \cdots, x^m)$ 在点 $x_0 = (x_0^1, \cdots, x_0^m)$ 邻近有定义. 如果存在 $A_i \in \mathbb{R}$, $i = 1, \cdots, m$, 使得对于充分小的

$$\Delta x = (\Delta x^1, \cdots, \Delta x^m),$$

有这样的关系：

$$f(x_0 + \Delta x) - f(x_0) = \sum_{i=1}^{m} A_i \Delta x^i + o(\|\Delta x\|),$$

那么我们就说函数 f 在点 x_0 可微，并把表示式

$$\sum_{i=1}^{m} A_i \Delta x^i$$

叫作函数 f 在点 x_0 的**全微分**，记为

$$\mathrm{d}f(x_0) = \sum_{i=1}^{m} A_i \Delta x^i = \sum_{i=1}^{m} A_i \mathrm{d}x^i.$$

这里，我们约定

$$\mathrm{d}x^i = \Delta x^i, \quad i = 1, \cdots, m.$$

定理 1 如果 m 元函数 $f(x)$ 在点 x_0 可微，那么它在这点连续.

定理 2 如果 m 元函数 $f(x)$ 在点 x_0 可微，那么它在这点沿任何方向的方向导数都存在，它在这点对各变元的偏导数当然也都存在.

推论　如果 m 元函数 $f(x)$ 在点 x_0 可微, 它的全微分为

$$\mathrm{d}f(x_0) = \sum_{i=1}^{m} A_i \mathrm{d}x^i,$$

那么

$$\frac{\partial f}{\partial x^i}(x_0) = A_i, \quad i = 1, \cdots, m,$$

并且函数 f 在这点沿方向 $\boldsymbol{e} = (e^1, \cdots, e^m)$ 的方向导数可以表示为

$$\frac{\partial f}{\partial \boldsymbol{e}}(x_0) = \sum_{i=1}^{m} A_i e^i.$$

定理 3　如果在点 $x_0 = (x_0^1, \cdots, x_0^m)$ 邻近 m 元函数 $f(x) = f(x^1, \cdots, x^m)$ 的各偏导数都存在, 并且

$$\frac{\partial f}{\partial x^i}(x) = \frac{\partial f}{\partial x^i}(x^1, \cdots, x^m)$$

作为 m 元函数在点 x_0 连续 ($i = 1, \cdots, m$), 那么函数 $f(x)$ 在点 x_0 可微 (因而也在这点连续).

定义　设 $\Omega \subset \mathbb{R}^m$ 是一个区域. 如果 m 元函数 f 的各偏导数都在 Ω 连续, 那么我们就说函数 f 在 Ω 连续可微. 我们约定:

$C^0(\Omega)$ 表示在 Ω 连续的函数的集合;

$C^1(\Omega)$ 表示在 Ω 连续可微的函数的集合.

§2　复合函数的偏导数与全微分

2. a　复合函数求导的链式法则

设 m 个一元函数 $\varphi^1(t), \cdots, \varphi^m(t)$ 都在 t_0 处可导, $\varphi^1(t_0) = x_0^1$, $\cdots, \varphi^m(t_0) = x_0^m$, 而 m 元函数 $f(x) = f(x^1, \cdots, x^m)$ 在点 $x_0 = (x_0^1, \cdots, x_0^m)$ **可微**. 我们来考察复合函数

$$F(t) = f(\varphi^1(t), \cdots, \varphi^m(t)).$$

利用函数 f 在点 x_0 的微分式

$$f(x) - f(x_0) = \sum_{i=1}^{m} \frac{\partial f}{\partial x^i}(x_0)(x^i - x_0^i) + o(\|\Delta x\|),$$

可得

$$F(t) - F(t_0)$$
$$= f(\varphi^1(t), \cdots, \varphi^m(t)) - f(\varphi^1(t_0), \cdots, \varphi^m(t_0))$$
$$= \sum_{i=1}^{m} \frac{\partial f}{\partial x^i}(x_0)(\varphi^i(t) - \varphi^i(t_0))$$
$$+ o\left(\sqrt{\sum_{i=1}^{m}(\varphi^i(t) - \varphi^i(t_0))^2}\right).$$

再利用 $\varphi^i(t)$ 在 t_0 处的微分式

$$\varphi^i(t) - \varphi^i(t_0) = \frac{\mathrm{d}\varphi^i}{\mathrm{d}t}(t_0)(t - t_0) + o(t - t_0),$$
$$i = 1, \cdots, m,$$

即得到

$$F(t) - F(t_0) = \sum_{i=1}^{m} \frac{\partial f}{\partial x^i}(x_0) \frac{\mathrm{d}\varphi^i}{\mathrm{d}t}(t_0)(t - t_0) + o(\|\Delta x\|).$$

这证明了

$$F'(t_0) = \sum_{i=1}^{m} \frac{\partial f}{\partial x^i}(x_0) \frac{\mathrm{d}\varphi^i}{\mathrm{d}t}(t_0)$$
$$= \sum_{i=1}^{m} \frac{\partial f}{\partial x^i}(\varphi(t_0)) \frac{\mathrm{d}\varphi^i}{\mathrm{d}t}(t_0),$$

式中为书写省事采用了记号

$$\varphi(t) = (\varphi^1(t), \cdots, \varphi^m(t)).$$

以上得到的复合函数求导法则,可以用来求偏导数(对某个变元的偏导数,可以看成固定其他变元所得到的一元函数的导数). 设有 m 个 k 元函数 $\varphi^i(t) = \varphi^i(t^1, \cdots, t^k)(i = 1, \cdots, m)$,其中每个函数在点 $t_0 = (t_0^1, \cdots, t_0^k)$ 对 t^j 的偏导数都存在,$\varphi^1(t_0) = x_0^1, \cdots, \varphi^m(t_0) = x_0^m$,又设 m 元函数 $f(x) = f(x^1, \cdots, x^m)$ 在点 $x_0 = (x_0^1, \cdots, x_0^m)$ **可微**,则复合函数

$$F(t) = f(\varphi^1(t), \cdots, \varphi^m(t))$$

在点 $t_0 = (t_0^1, \cdots, t_0^k)$ 对 t^j 的偏导数也存在,并且

$$\frac{\partial F}{\partial t^j}(t_0) = \sum_{i=1}^{m} \frac{\partial f}{\partial x^i}(x_0) \frac{\partial \varphi^i}{\partial t^j}(t_0).$$

只要不至于引起混淆,通常就把上式写成

$$\frac{\partial F}{\partial t^j} = \sum_{i=1}^{m} \frac{\partial f}{\partial x^i} \cdot \frac{\partial \varphi^i}{\partial t^j}, \tag{2.1}$$

或者

$$\frac{\partial F}{\partial t^j} = \sum_{i=1}^{m} \frac{\partial f}{\partial x^i} \cdot \frac{\partial x^i}{\partial t^j}. \tag{2.2}$$

我们把(2.1)式或者(2.2)式叫作**复合函数求导的链式法则**.

2. b 微分表示的不变性

我们知道,函数

$$f(x) = f(x^1, \cdots, x^m)$$

的全微分表示为

$$\mathrm{d}f(x) = \sum_{i=1}^{m} \frac{\partial f}{\partial x^i} \mathrm{d}x^i.$$

如果把函数 $f(x) = f(x^1, \cdots, x^m)$ 的各个变元 x^i,都换成依赖于变元 $t = (t^1, \cdots, t^k)$ 的可微函数

$$x^i = x^i(t) = x^i(t^1, \cdots, t^k), \quad i = 1, \cdots, m,$$

那么根据复合函数求导的链式法则应有

$$\frac{\partial}{\partial t^j}(f(x^1(t), \cdots, x^m(t))) = \sum_{i=1}^{m} \frac{\partial f}{\partial x^i}(x(t)) \frac{\partial x^i}{\partial t^j}(t),$$

$$j = 1, \cdots, k,$$

上式中采用了简写记号

$$x(t) = (x^1(t), \cdots, x^m(t)).$$

由此得到

$$\mathrm{d}(f(x^1(t), \cdots, x^m(t)))$$

$$= \sum_{j=1}^{k} \frac{\partial}{\partial t^j}(f(x^1(t), \cdots, x^m(t))) \mathrm{d}t^j$$

$$= \sum_{j=1}^{k} \left(\sum_{i=1}^{m} \frac{\partial f}{\partial x^i}(x(t)) \frac{\partial x^i}{\partial t^j}(t) \right) \mathrm{d}t^j$$

$$= \sum_{i=1}^{m} \frac{\partial f}{\partial x^i}(x(t)) \left(\sum_{j=1}^{k} \frac{\partial x^i}{\partial t^j}(t) \mathrm{d}t^j \right)$$

$$= \sum_{i=1}^{m} \frac{\partial f}{\partial x^i}(x(t)) \mathrm{d}x^i(t).$$

这就是说,不论 $x = (x^1, \cdots, x^m)$ 是自变元,或者是依赖于另外的变元 $t = (t^1, \cdots, t^k)$ 的可微函数,函数 $f(x) = f(x^1, \cdots, x^m)$ 的全微分表示都是

$$\mathrm{d}f(x) = \sum_{i=1}^{m} \frac{\partial f}{\partial x^i}(x) \mathrm{d}x^i.$$

这一重要事实被称为**(全)微分表示的不变性**.

应用微分表示的不变性,我们来证明以下的关于全微分的运算法则.

定理 设 $u(x)$ 和 $v(x)$ 是可微函数,$\lambda \in \mathbb{R}$,则有

(1) $\mathrm{d}(u(x) + v(x)) = \mathrm{d}u(x) + \mathrm{d}v(x)$;

(2) $\mathrm{d}(\lambda u(x)) = \lambda \mathrm{d}u(x)$;

(3) $\mathrm{d}(u(x)v(x)) = v(x)\mathrm{d}u(x) + u(x)\mathrm{d}v(x)$;

(4) $\mathrm{d}\left(\dfrac{u(x)}{v(x)}\right) = \dfrac{v(x)\mathrm{d}u(x) - u(x)\mathrm{d}v(x)}{(v(x))^2}$ $(v(x) \neq 0)$.

证明 结论(1)和(2)的证明比较简单,留给读者作为练习. 这里叙述结论(3)和(4)的证明. 考察二元函数

$$f(u, v) = uv \quad \text{和} \quad g(u, v) = \frac{u}{v}.$$

计算这两函数的偏导数得

$$\frac{\partial f}{\partial u} = v, \quad \frac{\partial f}{\partial v} = u$$

和

$$\frac{\partial g}{\partial u} = \frac{1}{v}, \quad \frac{\partial g}{\partial v} = -\frac{u}{v^2} \quad (v \neq 0).$$

这些偏导数都是连续的,所以函数 f 和 g 可微,并且

$$\mathrm{d}f(u, v) = v\mathrm{d}u + u\mathrm{d}v,$$

$$\mathrm{d}g(u, v) = \frac{v\mathrm{d}u - u\mathrm{d}v}{v^2} \quad (v \neq 0).$$

利用微分表示的不变性,对于 $u = u(x)$,$v = v(x)$,仍有

$$\mathrm{d}(u(x)v(x)) = v(x)\mathrm{d}u(x) + u(x)\mathrm{d}v(x)$$

和

$$\mathrm{d}\left(\frac{u(x)}{v(x)}\right) = \frac{v(x)\mathrm{d}u(x) - u(x)\mathrm{d}v(x)}{(v(x))^2}$$
$$(v(x) \neq 0). \quad \square$$

注记　对于 $u=u(x)$ 和 $v=v(x)$ 是一元函数的情形,这些运算法则已在第四章 §2 中证明过. 但这里给出的基于全微分表示的不变性的证明,既适用于一元函数的情形,也适用于 $u=u(x)=u(x^1,\cdots,x^m)$ 和 $v=v(x)=v(x^1,\cdots,x^m)$ 是 m 元函数的情形.

§3　高阶偏导数

3. a　高阶偏导数的定义

考察 m 元函数 $f(x)=f(x_1,\cdots,x_m)$（涉及高阶偏导数时,用下标给自变元编号比较方便）. 这函数的偏导数 $\dfrac{\partial f}{\partial x_i}(x)$ 仍是 x 的函数. 我们又可以讨论函数

$$\frac{\partial f}{\partial x_i}(x)$$

是否可求偏导数的问题. 如果函数 $\dfrac{\partial f}{\partial x_i}(x)$ 对变元 x_j 可求偏导数,那么我们就把这样的偏导数

$$\frac{\partial}{\partial x_j}\left(\frac{\partial f}{\partial x_i}(x)\right)$$

称为函数 $f(x)$ 的二阶偏导数,并约定用以下记号之一来表示:

$$\frac{\partial^2 f}{\partial x_j \partial x_i}(x), \quad f''_{x_i x_j}(x) \quad \text{或者} \quad f_{x_i x_j}(x).$$

例如,对于二元 $f(x,y)$,可以有以下几种偏导数

$$\frac{\partial^2 f}{\partial x \partial x}(x,y) = \frac{\partial}{\partial x}\left(\frac{\partial}{\partial x}f(x,y)\right),$$

$$\frac{\partial^2 f}{\partial y \partial x}(x,y) = \frac{\partial}{\partial y}\left(\frac{\partial}{\partial x}f(x,y)\right),$$

$$\frac{\partial^2 f}{\partial x \partial y}(x,y) = \frac{\partial}{\partial x}\left(\frac{\partial}{\partial y}f(x,y)\right),$$

$$\frac{\partial^2 f}{\partial y \partial y}(x,y) = \frac{\partial}{\partial y}\left(\frac{\partial}{\partial y}f(x,y)\right).$$

我们约定用以下记号表示重复对同一变元求导：

$$\frac{\partial^2 f}{\partial x^2}(x,y) = \frac{\partial^2 f}{\partial x \partial x}(x,y),$$

$$\frac{\partial^2 f}{\partial y^2}(x,y) = \frac{\partial^2 f}{\partial y \partial y}(x,y).$$

对于更一般的 m 元函数 $f(x) = f(x_1, \cdots, x_m)$，也采用类似的记号：

$$\frac{\partial^2 f}{\partial x_i^2}(x) = \frac{\partial^2 f}{\partial x_i \partial x_i}(x).$$

假设已经求得了 m 元函数 $f(x)$ 的某个 k 阶偏导数

$$\frac{\partial^k f}{\partial x_{i_k} \cdots \partial x_{i_1}}(x).$$

把这 k 阶偏导数看作 x 的函数，又可以考虑求它的偏导数的问题. 对 k 阶偏导数再求一次偏导数就得到 $k+1$ 阶偏导数，通常采用以下形式的符号来表示：

$$\frac{\partial^{k+1} f}{\partial x_{i_{k+1}} \partial x_{i_k} \cdots \partial x_{i_1}}(x)$$

$$= \frac{\partial}{\partial x_{i_{k+1}}}\left(\frac{\partial^k f}{\partial x_{i_k} \cdots \partial x_{i_1}}(x)\right).$$

3. b 混合偏导数与求导顺序

对于二元函数 $f(x,y)$，两个二阶偏导数

$$\frac{\partial^2 f}{\partial y \partial x}(x,y) \text{ 和 } \frac{\partial^2 f}{\partial x \partial y}(x,y)$$

都被称为二阶混合偏导数. 这两个求导顺序不同的二阶混合偏导数并不一定相等. 换句话说就是：混合偏导数可能与求导顺序有关. 请看下面的例子.

例 1 考察函数

$$f(x,y) = \begin{cases} xy\,\dfrac{x^2 - y^2}{x^2 + y^2}, & \text{如果}(x,y) \neq (0,0), \\ 0, & \text{如果}(x,y) = (0,0). \end{cases}$$

我们来比较 $f_{xy}(0,0)$ 与 $f_{yx}(0,0)$. 为此,先要做一些计算.

对于 $y \neq 0$ 的情形,要计算 $f_x(0,y)$,可以利用表示式

$$f(x,y) = xy\,\frac{x^2 - y^2}{x^2 + y^2}.$$

将这式对 x 求导,然后再令 $x = 0$,就得到

$$f_x(0,y) = -y \quad (y \neq 0).$$

为了计算 $f_x(0,0)$,需要直接利用偏导数的定义:

$$f_x(0,0) = \lim_{h \to 0} \frac{f(h,0) - f(0,0)}{h} = 0.$$

这样,我们求得

$$f_x(0,y) = \begin{cases} -y, & \text{如果 } y \neq 0. \\ 0, & \text{如果 } y = 0; \end{cases}$$

用类似的办法可得

$$f_y(x,0) = \begin{cases} x, & \text{如果 } x \neq 0, \\ 0, & \text{如果 } x = 0. \end{cases}$$

在此基础上,可进一步求出:

$$f_{xy}(0,0) = \lim_{k \to 0} \frac{f_x(0,k) - f_x(0,0)}{k} = -1,$$

$$f_{yx}(0,0) = \lim_{h \to 0} \frac{f_y(h,0) - f_y(0,0)}{h} = 1.$$

我们看到:

$$f_{xy}(0,0) \neq f_{yx}(0,0).$$

但只要两个二阶混合偏导数都连续,就不会出现上例中的情形.

定理 1　如果函数 $f(x,y)$ 的两个二阶混合偏导数 $f_{xy}(x,y)$ 和 $f_{yx}(x,y)$ 在点 (x_0,y_0) 邻近存在并且在点 (x_0,y_0) 连续,那么就有

$$f_{xy}(x_0,y_0) = f_{yx}(x_0,y_0).$$

证明　考察一元函数

$$\varphi(x) = f(x, y_0 + k) - f(x, y_0)$$

和
$$\psi(y) = f(x_0 + h, y) - f(x_0, y).$$
利用一元函数的有限增量公式可得
$$\varphi(x_0 + h) - \varphi(x_0) = \varphi'(x_0 + \theta_1 h)h$$
$$= [f_x(x_0 + \theta_1 h, y_0 + k) - f_x(x_0 + \theta_1 h, y_0)]h$$
$$= f_{xy}(x_0 + \theta_1 h, y_0 + \theta_2 k)hk,$$
$$\psi(y_0 + k) - \psi(y_0) = \psi'(y_0 + \theta_3 k)k$$
$$= [f_y(x_0 + h, y_0 + \theta_3 k) - f_y(x_0, y_0 + \theta_3 k)]k$$
$$= f_{yx}(x_0 + \theta_4 h, y_0 + \theta_3 k)hk,$$
这里
$$0 < \theta_1, \theta_2, \theta_3, \theta_4 < 1.$$
容易验证
$$\varphi(x_0 + h) - \varphi(x_0)$$
$$= f(x_0 + h, y_0 + k) - f(x_0 + h, y_0)$$
$$\quad - f(x_0, y_0 + k) + f(x_0, y_0)$$
$$= f(x_0 + h, y_0 + k) - f(x_0, y_0 + k)$$
$$\quad - f(x_0 + h, y_0) + f(x_0, y_0)$$
$$= \psi(y_0 + k) - \psi(y_0).$$
由此得到
$$f_{xy}(x_0 + \theta_1 h, y_0 + \theta_2 k) = f_{yx}(x_0 + \theta_4 h, y_0 + \theta_3 k).$$
在上式中，让 $(h, k) \to (0, 0)$ 取极限，利用 $f_{xy}(x, y)$ 和 $f_{yx}(x, y)$ 在点 (x_0, y_0) 的连续性，即得到
$$f_{xy}(x_0, y_0) = f_{yx}(x_0, y_0). \quad \square$$

定义　设 Ω 是 $\mathbb{R}^m$ 中的开集. 如果函数 f 和它的直到 r 阶的所有偏导数在 Ω 上都是连续的，那么我们就说函数 f 在开集 Ω 上是 r 阶连续可微的.

设 Ω 是 $\mathbb{R}^m$ 中的开集. 我们约定以
$$C^r(\Omega)$$
表示由所有的在 Ω 上 r 阶连续可微的函数组成的集合.

定理 2　设 Ω 是 $\mathbb{R}^m$ 中的开集，$f \in C^r(\Omega)$，则函数 f 的 k 阶 $(2 \leqslant k \leqslant r)$ 混合偏导数与求导顺序无关.

证明　从定理 1 容易得到

$$\frac{\partial^k f(x)}{\partial x_{i_k} \cdots \partial x_{i_{p+1}} \partial x_{i_p} \cdots \partial x_{i_1}}$$

$$= \frac{\partial^k f(x)}{\partial x_{i_k} \cdots \partial x_{i_p} \partial x_{i_{p+1}} \cdots \partial x_{i_1}}.$$

通过逐次交换相邻的两个求导运算,可以证明:只是求导顺序不同的任何两个 k 阶混合偏导数都相等

$$\frac{\partial^k f(x)}{\partial x_{i_k} \cdots \partial x_{i_q} \cdots \partial x_{i_p} \cdots \partial x_{i_1}}$$

$$= \frac{\partial^k f(x)}{\partial x_{i_k} \cdots \partial x_{i_p} \cdots \partial x_{i_q} \cdots \partial x_{i_1}}. \qquad \square$$

3. c 计算高阶偏导数的例题

根据定义,高阶偏导数可以用逐次求一阶偏导数的办法来计算. 如果是复合函数的高阶偏导数,那么每一次求导时又可利用链式法则. 这样看来,求高阶偏导数的计算,原则上没有什么困难. 只是计算时需细心检查,不要漏掉了应有的项(特别是某些"交叉项").

例 2 试求复合函数

$$u = f(x(\xi, \eta), y(\xi, \eta))$$

的二阶偏导数. 这里假设 $x(\xi, \eta), y(\xi, \eta)$ 和 $f(x, y)$ 都是二阶连续可微函数.

解 利用链式法则逐次计算可得:

$$\frac{\partial u}{\partial \xi} = \frac{\partial f}{\partial x} \frac{\partial x}{\partial \xi} + \frac{\partial f}{\partial y} \frac{\partial y}{\partial \xi},$$

$$\frac{\partial u}{\partial \eta} = \frac{\partial f}{\partial x} \frac{\partial x}{\partial \eta} + \frac{\partial f}{\partial y} \frac{\partial y}{\partial \eta},$$

$$\frac{\partial^2 u}{\partial \xi^2} = \frac{\partial}{\partial \xi} \left(\frac{\partial f}{\partial x} \frac{\partial x}{\partial \xi} \right) + \frac{\partial}{\partial \xi} \left(\frac{\partial f}{\partial y} \frac{\partial y}{\partial \xi} \right)$$

$$= \frac{\partial}{\partial \xi} \left(\frac{\partial f}{\partial x} \right) \frac{\partial x}{\partial \xi} + \frac{\partial f}{\partial x} \frac{\partial^2 x}{\partial \xi^2}$$

$$+ \frac{\partial}{\partial \xi} \left(\frac{\partial f}{\partial y} \right) \frac{\partial y}{\partial \xi} + \frac{\partial f}{\partial y} \frac{\partial^2 y}{\partial \xi^2}$$

$$= \left(\frac{\partial^2 f}{\partial x^2}\frac{\partial x}{\partial \xi} + \frac{\partial^2 f}{\partial y \partial x}\frac{\partial y}{\partial \xi}\right)\frac{\partial x}{\partial \xi} + \frac{\partial f}{\partial x}\frac{\partial^2 x}{\partial \xi^2}$$

$$+ \left(\frac{\partial^2 f}{\partial x \partial y}\frac{\partial x}{\partial \xi} + \frac{\partial^2 f}{\partial y^2}\frac{\partial y}{\partial \xi}\right)\frac{\partial y}{\partial \xi} + \frac{\partial f}{\partial y}\frac{\partial^2 y}{\partial \xi^2}$$

$$= \frac{\partial^2 f}{\partial x^2}\left(\frac{\partial x}{\partial \xi}\right)^2 + 2\frac{\partial^2 f}{\partial x \partial y}\left(\frac{\partial x}{\partial \xi}\frac{\partial y}{\partial \xi}\right)$$

$$+ \frac{\partial^2 f}{\partial y^2}\left(\frac{\partial y}{\partial \xi}\right)^2 + \frac{\partial f}{\partial x}\frac{\partial^2 x}{\partial \xi^2} + \frac{\partial f}{\partial y}\frac{\partial^2 y}{\partial \xi^2}.$$

类似地可以求得

$$\frac{\partial^2 u}{\partial \eta^2} = \frac{\partial^2 f}{\partial x^2}\left(\frac{\partial x}{\partial \eta}\right)^2 + 2\frac{\partial^2 f}{\partial x \partial y}\left(\frac{\partial x}{\partial \eta}\frac{\partial y}{\partial \eta}\right)$$

$$+ \frac{\partial^2 f}{\partial y^2}\left(\frac{\partial y}{\partial \eta}\right)^2 + \frac{\partial f}{\partial x}\frac{\partial^2 x}{\partial \eta^2} + \frac{\partial f}{\partial y}\frac{\partial^2 y}{\partial \eta^2},$$

$$\frac{\partial^2 f}{\partial \xi \partial \eta} = \frac{\partial^2 f}{\partial x^2}\frac{\partial x}{\partial \xi}\frac{\partial x}{\partial \eta} + \frac{\partial^2 f}{\partial x \partial y}\left(\frac{\partial x}{\partial \xi}\frac{\partial y}{\partial \eta} + \frac{\partial x}{\partial \eta}\frac{\partial y}{\partial \xi}\right)$$

$$+ \frac{\partial^2 f}{\partial y^2}\frac{\partial y}{\partial \xi}\frac{\partial y}{\partial \eta} + \frac{\partial f}{\partial x}\frac{\partial^2 x}{\partial \xi \partial \eta} + \frac{\partial f}{\partial y}\frac{\partial^2 y}{\partial \xi \partial \eta}.$$

例 3 二维拉普拉斯(Laplace)算子 Δ 定义如下:

$$\Delta u = \frac{\partial^2 u}{\partial x^2} + \frac{\partial^2 u}{\partial y^2}.$$

试对 $u = \ln\dfrac{1}{r}(r > 0)$ 计算 Δu,这里 $r = \sqrt{x^2 + y^2}$.

解 我们有

$$u = \ln\frac{1}{r} = -\frac{1}{2}\ln(x^2 + y^2),$$

$$\frac{\partial u}{\partial x} = -\frac{x}{x^2 + y^2}, \qquad \frac{\partial u}{\partial y} = -\frac{y}{x^2 + y^2},$$

$$\frac{\partial^2 u}{\partial x^2} = -\frac{(x^2 + y^2) - 2x^2}{(x^2 + y^2)^2} = \frac{x^2 - y^2}{(x^2 + y^2)^2},$$

$$\frac{\partial^2 u}{\partial y^2} = \frac{y^2 - x^2}{(x^2 + y^2)^2},$$

因而

$$\Delta u = \frac{\partial^2 u}{\partial x^2} + \frac{\partial^2 u}{\partial y^2} = 0.$$

例 4 三维拉普拉斯算子 Δ 定义如下：

$$\Delta u = \frac{\partial^2 u}{\partial x^2} + \frac{\partial^2 u}{\partial y^2} + \frac{\partial^2 u}{\partial z^2}.$$

试对 $u = \frac{1}{r}(r \neq 0)$ 计算 Δu，这里 $r = \sqrt{x^2 + y^2 + z^2}$.

解 我们有

$$u = (x^2 + y^2 + z^2)^{-1/2},$$

$$\frac{\partial u}{\partial x} = -\frac{1}{2}(x^2 + y^2 + z^2)^{-3/2} \cdot 2x$$

$$= -x(x^2 + y^2 + z^2)^{-3/2},$$

$$\frac{\partial^2 u}{\partial x^2} = -(x^2 + y^2 + z^2)^{-3/2} + 3x^2(x^2 + y^2 + z^2)^{-5/2}$$

$$= \frac{2x^2 - y^2 - z^2}{r^5},$$

$$\frac{\partial^2 u}{\partial y^2} = \frac{2y^2 - z^2 - x^2}{r^5},$$

$$\frac{\partial^2 u}{\partial z^2} = \frac{2z^2 - x^2 - y^2}{r^5},$$

因而

$$\Delta u = \frac{\partial^2 u}{\partial x^2} + \frac{\partial^2 u}{\partial y^2} + \frac{\partial^2 u}{\partial z^2} = 0.$$

例 5 设 $f(x, y)$ 是 n 阶连续可微函数，并设

$$\varphi(t) = f(x + th, y + tk).$$

试计算函数 $\varphi(t)$ 的 n 阶导数 $\varphi^{(n)}(t)$.

解 设 $g(x, y)$ 是任意连续可微函数. 我们先对形状如

$$\psi(t) = g(x + th, y + tk)$$

的函数，证明一个求导公式. 运用复合函数求导的链式法则可得

$$\psi'(t) = h \frac{\partial}{\partial x} g(x + th, y + tk)$$

$$+ k \frac{\partial}{\partial y} g(x + th, y + tk)$$

$$= \left(h \frac{\partial}{\partial x} + k \frac{\partial}{\partial y} \right) g(x + th, y + tk).$$

我们看到：以 $\dfrac{\mathrm{d}}{\mathrm{d}t}$ 作用于 $\psi(t)$，相当于以微分算子

$$\left(h \frac{\partial}{\partial x} + k \frac{\partial}{\partial y} \right)$$

作用于

$$g(x + th, y + tk).$$

对于 n 阶连续可微函数 $f(x, y)$，我们来计算复合函数

$$\varphi(t) = f(x + th, y + tk)$$

的各阶导数. 利用上面讨论的结果，容易得到

$$\varphi'(t) = \left(h \frac{\partial}{\partial x} + k \frac{\partial}{\partial y} \right) f(x + th, y + tk),$$

$$\varphi''(t) = \left(h \frac{\partial}{\partial x} + k \frac{\partial}{\partial y} \right)^2 f(x + th, y + tk),$$

$$\cdots\cdots\cdots\cdots\cdots\cdots\cdots\cdots\cdots\cdots\cdots\cdots\cdots\cdots$$

$$\varphi^{(n)}(t) = \left(h \frac{\partial}{\partial x} + k \frac{\partial}{\partial y} \right)^n f(x + th, y + tk).$$

对于连续可微足够多次的函数，求偏导数的运算 $\dfrac{\partial}{\partial x}$ 与 $\dfrac{\partial}{\partial y}$ 可以交换次序. 涉及 $\dfrac{\partial}{\partial x}$ 与 $\dfrac{\partial}{\partial y}$ 这些算子的相加、相乘以及乘以实数的运算，遵循多项式代数中关于文字符号的运算法则. 因此，算子二项式

$$\left(h \frac{\partial}{\partial x} + k \frac{\partial}{\partial y} \right)^n$$

可以按照代数中的二项式定理展开：

$$\left(h \frac{\partial}{\partial x} + k \frac{\partial}{\partial y} \right)^n = \sum_{p=0}^{n} \binom{n}{p} h^p k^{n-p} \frac{\partial^n}{\partial x^p \partial y^{n-p}},$$

这里

$$\binom{n}{p} = \frac{n!}{p!(n-p)!}$$

是二项式系数. 我们所得的结果可以写成

$$\varphi^{(n)}(t)=\left(h\frac{\partial}{\partial x}+k\frac{\partial}{\partial y}\right)^{n}f(x+th,y+tk)$$

$$=\sum_{p=0}^{n}\binom{n}{p}h^{p}k^{n-p}\frac{\partial^{n}}{\partial x^{p}\partial y^{n-p}}f(x+th,y+tk).$$

例 6　对于更一般的 m 元函数，考虑与上例类似的问题：设 $f(x)=f(x_{1},x_{2},\cdots,x_{m})$ 是 n 阶连续可微的函数，记

$$\varphi(t)=f(x+th)$$
$$=f(x_{1}+th_{1},x_{2}+th_{2},\cdots,x_{m}+th_{m}).$$

试计算 $\varphi^{(n)}(t)$.

解　设 $g(x)=g(x_{1},x_{2},\cdots,x_{m})$ 是连续可微函数，记

$$\psi(t)=g(x+th)$$
$$=g(x_{1}+th_{1},x_{2}+th_{2},\cdots,x_{m}+th_{m}).$$

与上例中类似，我们注意到：以 $\dfrac{\mathrm{d}}{\mathrm{d}t}$ 作用于 $\psi(t)$，相当于以算子

$$\left(h_{1}\frac{\partial}{\partial x_{1}}+h_{2}\frac{\partial}{\partial x_{2}}+\cdots+h_{m}\frac{\partial}{\partial x_{m}}\right)$$

作用于

$$g(x_{1}+th_{1},x_{2}+th_{2},\cdots,x_{m}+th_{m}).$$

运用这一观察结果，我们求得

$$\varphi'(t)=\left(h_{1}\frac{\partial}{\partial x_{1}}+\cdots+h_{m}\frac{\partial}{\partial x_{m}}\right)f(x+th),$$

$$\varphi''(t)=\left(h_{1}\frac{\partial}{\partial x_{1}}+\cdots+h_{m}\frac{\partial}{\partial x_{m}}\right)^{2}f(x+th),$$

$$\cdots\cdots\cdots\cdots\cdots\cdots\cdots\cdots\cdots\cdots\cdots\cdots\cdots$$

$$\varphi^{(n)}(t)=\left(h_{1}\frac{\partial}{\partial x_{1}}+\cdots+h_{m}\frac{\partial}{\partial x_{m}}\right)^{n}f(x+th).$$

对于连续可微足够多次的函数，求偏导数的运算 $\dfrac{\partial}{\partial x_{1}},\cdots,\dfrac{\partial}{\partial x_{m}}$ 可以互相交换顺序. 涉及 $\dfrac{\partial}{\partial x_{1}},\cdots,\dfrac{\partial}{\partial x_{m}}$ 这些算子的相加，相乘以及乘以实数的运算，遵循多项式代数中有关文字符号的运算法则. 因此，对

$$\left(h_{1}\frac{\partial}{\partial x_{1}}+h_{2}\frac{\partial}{\partial x_{2}}+\cdots+h_{m}\frac{\partial}{\partial x_{m}}\right)^{n}$$

可以按照代数中的"多项式定理"(参看本节后的补充内容)予以展开:

$$\left(h_1\frac{\partial}{\partial x_1}+h_2\frac{\partial}{\partial x_2}+\cdots+h_m\frac{\partial}{\partial x_m}\right)^n$$

$$=\sum_{p_1+\cdots+p_m=n}\frac{n!}{p_1!\cdots p_m!}h_1^{p_1}\cdots h_m^{p_m}\frac{\partial^n}{\partial x_1^{p_1}\cdots\partial x_m^{p_m}},$$

这里

$$\frac{n!}{p_1!p_2!\cdots p_m!}\quad(p_1+p_2+\cdots+p_m=n)$$

是多项式系数.

补充内容　多项式定理

考察 m 个文字 $u_1,u_2,\cdots,u_m$ 的代数式

$$(u_1+u_2+\cdots+u_m)^n.$$

以下展开式是二项式定理的推广,人们把它叫作**多项式定理**:

$$(u_1+\cdots+u_m)^n=\sum_{p_1+\cdots+p_m=n}\frac{n!}{p_1!\cdots p_m!}u_1^{p_1}\cdots u_m^{p_m}.$$

我们对加项的个数做归纳法来证明多项式定理. 对于 $m=2$,这就是二项式定理. 假设关于 $m-1$ 个加项的多项式定理成立. 我们来考察 m 个加项的情形. 利用二项式定理可得

$$(u_1+\cdots+u_{m-1}+u_m)^n$$

$$=[(u_1+\cdots+u_{m-1})+u_m]^n$$

$$=\sum_{p_m=0}^{n}\frac{n!}{(n-p_m)!p_m!}(u_1+\cdots+u_{m-1})^{n-p_m}u_m^{p_m}.$$

再利用归纳法假设,展开 $(u_1+\cdots+u_{m-1})^{n-p_m}$ 代入上式,就可以证明 m 个加项的多项式定理.

§4　有限增量公式与泰勒公式

为了以下叙述方便,先引入一些记号. 设 $a=(a_1,\cdots,a_m)$ 和 $b=(b_1,\cdots,b_m)$ 是 $\mathbb{R}^m$ 中的两点,我们约定记

$$(a,b)=\{a+t(b-a)\,|\,t\in(0,1)\},$$

$$[a,b] = \{a + t(b-a) \mid t \in [0,1]\},$$

并且约定分别把 (a,b) 和 $[a,b]$ 叫作联结 a,b 这两点的**开线段**和**闭线段**.

4. a　有限增量公式

定理 1　设 D 是 $\mathbb{R}^m$ 中的一个开集, $a = (a_1,\cdots,a_m)$ 和 $a + h = (a_1 + h_1,\cdots,a_m + h_m)$ 是 $\overline{D}$ 中的两点, 而联结这两点的开线段包含在 D 中:

$$(a, a+h) \subset D.$$

如果函数 $f(x) = f(x_1,\cdots,x_m)$ 在 $\overline{D}$ 连续, 在 D 可微, 那么就有

$$f(a+h) = f(a) + \sum_{i=1}^m \frac{\partial f}{\partial x_i}(a + \theta h) h_i,$$

这里 θ 是严格介于 0 与 1 之间的一个实数.

证明　考察函数

$$\varphi(t) = f(a + th).$$

利用复合函数求导的链式法则可得

$$\varphi'(t) = \sum_{i=1}^m \frac{\partial f}{\partial x_i}(a + th) h_i.$$

我们看到: 函数 $\varphi(t)$ 在 $[0,1]$ 连续, 在 $(0,1)$ 可微. 根据一元函数的有限增量定理, 应有

$$\varphi(1) = \varphi(0) + \varphi'(\theta)(1 - 0),$$

由此得到

$$f(a+h) = f(a) + \sum_{i=1}^m \frac{\partial f}{\partial x_i}(a + \theta h) h_i,$$

这里 $\theta \in (0,1)$.　□

定理 2　设 a 和 $a + h$ 是 $\mathbb{R}^m$ 中的两个点, D 是包含 $[a, a+h]$ 的一个开集. 如果函数 $f(x) = f(x_1,\cdots,x_m)$ 在 D 连续可微, 那么就有

$$f(a+h) = f(a) + \sum_{i=1}^m \left(\int_0^1 \frac{\partial f}{\partial x_i}(a + th)\,\mathrm{d}t \right) h_i.$$

证明　考察函数

$$\varphi(t) = f(a + th),$$

我们有

$$\varphi'(t) = \sum_{i=1}^{m} \frac{\partial f}{\partial x_i}(a + th)h_i.$$

因为 $\varphi'(t)$ 在 $[0,1]$ 连续,所以对它可以应用牛顿-莱布尼茨公式

$$\varphi(1) = \varphi(0) + \int_0^1 \varphi'(t)\mathrm{d}t.$$

由此得到

$$f(a + h) = f(a) + \sum_{i=1}^{m} \left(\int_0^1 \frac{\partial f}{\partial x_i}(a + th)\mathrm{d}t \right) h_i. \quad \square$$

作为有限增量公式的应用,我们来考察多元函数为常数的条件.

定理 3　设函数 f 在开区域 $\Omega \subset \mathbb{R}^m$ 可微. 如果

$$\frac{\partial f}{\partial x_1}(x) = \cdots = \frac{\partial f}{\partial x_m}(x) = 0, \quad \forall x \in \Omega,$$

那么 f 在 Ω 上恒等于一个常数.

证明　先考虑这样的情形: Ω 是一个开球 $U(c, \eta)$. 对这种情形,利用有限增量公式

$$f(x) = f(c) + \sum_{i=1}^{m} \frac{\partial f}{\partial x_i}(c + \theta(x - c))(x_i - c_i),$$

就得到

$$f(x) = f(c), \quad \forall x \in U(c, \eta).$$

再来考虑 Ω 是一般开区域的情形. 我们来证明: 对任意 $a, b \in \Omega$,都有

$$f(b) = f(a).$$

为此,用一条连续曲线 γ 联结 a, b 两点:

$$\gamma: [0,1] \to \Omega,$$

$$\gamma(0) = a, \quad \gamma(1) = b,$$

并记

$$\sigma = \sup\{t \,|\, t \in [0,1], f(\gamma(t)) = f(a)\}.$$

由于函数 $f \circ \gamma$ 的连续性,应有

$$f(\gamma(\sigma)) = f(a).$$

因为 Ω 是开集，$\gamma(\sigma)\in\Omega$，所以存在 $\eta>0$，使得

$$U=U(\gamma(\sigma),\eta)\subset\Omega.$$

于是又有

$$f(x)=f(\gamma(\sigma))=f(a),\quad \forall x\in U.$$

假如 $\sigma\neq1$，那么存在充分小的 $\tau>0$，使得

$$\sigma+\tau\in[0,1],\quad \gamma(\sigma+\tau)\in U.$$

于是又应有

$$f(\gamma(\sigma+\tau))=f(a).$$

但这与 σ 的定义相矛盾（因为 $\sigma+\tau>\sigma$ 也使得 $f(\gamma(\sigma+\tau))=f(a)$）。这矛盾说明：只能有 $\sigma=1$. 我们证明了：

$$f(b)=f(\gamma(1))=f(a). \quad \square$$

推论 设区域 Ω 是 $\mathbb{R}^m$ 中的一个开区域. 如果函数 $f(x)=f(x_1,\cdots,x_m)$ 在 $\overline{\Omega}$ 连续，在 Ω 可微，并且满足条件

$$\frac{\partial f}{\partial x_1}(x)=\cdots=\frac{\partial f}{\partial x_m}(x)=0,\quad \forall x\in\Omega,$$

那么 f 在 $\overline{\Omega}$ 上恒等于一个常数.

4. b 泰勒公式

定理 4 设 D 是 $\mathbb{R}^m$ 中的一个开集. 如果

$$f\in C^{n+1}(D),\quad [a,a+h]\subset D,$$

那么

$$f(a+h)=T_n+R_{n+1},$$

这里的 T_n 是多元泰勒多项式

$$T_n=\sum_{p=0}^{n}\frac{1}{p!}\left(h_1\frac{\partial}{\partial x_1}+\cdots+h_m\frac{\partial}{\partial x_m}\right)^p f(a),$$

而余项 R_{n+1} 可以表示为拉格朗日形式或者积分形式. 余项 R_{n+1} 的拉格朗日形式为

$$\frac{1}{(n+1)!}\left(h_1\frac{\partial}{\partial x_1}+\cdots+h_m\frac{\partial}{\partial x_m}\right)^{n+1}f(a+\theta h)$$

$$(0<\theta<1);$$

余项 R_{n+1} 的积分形式为

$$\frac{1}{n!}\int_0^1 (1-t)^n \left(h_1\frac{\partial}{\partial x_1}+\cdots+h_m\frac{\partial}{\partial x_m}\right)^{n+1}f(a+th)\mathrm{d}t.$$

证明 对于一元函数

$$\varphi(t)=f(a+th)$$

我们有泰勒公式

$$\varphi(1)=\varphi(0)+\frac{\varphi'(0)}{1!}+\cdots+\frac{\varphi^{(n)}(0)}{n!}+R_{n+1},$$

这里的余项 R_{n+1} 可以表示为

$$R_{n+1}=\frac{1}{(n+1)!}\varphi^{(n+1)}(\theta),\quad 0<\theta<1,$$

或者

$$R_{n+1}=\frac{1}{n!}\int_0^1 (1-t)^n \varphi^{(n+1)}(t)\mathrm{d}t.$$

在上一节的例 6 中,我们求得

$$\varphi^{(k)}(t)=\left(h_1\frac{\partial}{\partial x_1}+\cdots+h_m\frac{\partial}{\partial x_m}\right)^k f(a+th).$$

利用这计算结果,就得到多元函数的泰勒公式

$$f(a+h)=T_n+R_{n+1},$$

这里

$$T_n=\sum_{p=0}^n \frac{1}{p!}\left(\sum_{i=1}^m h_i\frac{\partial}{\partial x_i}\right)^p f(a),$$

而余项 R_{n+1} 可以表示为

$$R_{n+1}=\frac{1}{(n+1)!}\left(\sum_{i=1}^m h_i\frac{\partial}{\partial x_i}\right)^{n+1}f(a+\theta h)$$

$$(0<\theta<1),$$

或者

$$R_{n+1}=\frac{1}{n!}\int_0^1 (1-t)^n \left(\sum_{i=1}^m h_i\frac{\partial}{\partial x_i}\right)^{n+1}f(a+th)\mathrm{d}t.\quad \square$$

定理 5 设函数 $f(x)=f(x_1,\cdots,x_m)$ 在点 $a=(a_1,\cdots,a_m)$ 邻近 n 阶连续可微,则有

$$f(a+h)=\sum_{p=0}^n \frac{1}{p!}\left(\sum_{i=1}^m h_i\frac{\partial}{\partial x_i}\right)^p f(a)+o(\|h\|^n).$$

这样的表示式被称为带小 o 余项(或佩亚诺型余项)的泰勒公式.

证明 根据定理 4,有这样的展式:

$$f(a+h) = \sum_{p=0}^{n-1} \frac{1}{p!}\left(\sum_{i=1}^{m} h_i \frac{\partial}{\partial x_i}\right)^p f(a) + R_n,$$

$$R_n = \frac{1}{n!}\left(\sum_{i=1}^{m} h_i \frac{\partial}{\partial x_i}\right)^n f(a+\theta h) \quad (0 < \theta < 1).$$

由于各 n 阶偏导数的连续性,对于

$$\alpha_1 + \cdots + \alpha_m = n, \quad \alpha_1, \cdots, \alpha_m \text{ 为非负整数}$$

应有

$$\frac{\partial^n}{\partial x_1^{\alpha_1} \cdots \partial x_m^{\alpha_m}} f(a+\theta h) = \frac{\partial^n}{\partial x_1^{\alpha_1} \cdots \partial x_m^{\alpha_m}} f(a) + o(1).$$

又显然有

$$h_1^{\alpha_1} \cdots h_m^{\alpha_m} = O(\|h\|^{\alpha_1}) \cdots O(\|h\|^{\alpha_m}) = O(\|h\|^n),$$

所以

$$h_1^{\alpha_1} \cdots h_m^{\alpha_m} \frac{\partial^n}{\partial x_1^{\alpha_1} \cdots \partial x_m^{\alpha_m}} f(a+\theta h)$$

$$= h_1^{\alpha_1} \cdots h_m^{\alpha_m}\left(\frac{\partial^n}{\partial x_1^{\alpha_1} \cdots \partial x_m^{\alpha_m}} f(a) + o(1)\right)$$

$$= h_1^{\alpha_1} \cdots h_m^{\alpha_m} \frac{\partial^n}{\partial x_1^{\alpha_1} \cdots \partial x_m^{\alpha_m}} f(a) + o(\|h\|^n).$$

由此得到

$$R_n = \frac{1}{n!}\left(\sum_{i=1}^{m} h_i \frac{\partial}{\partial x_i}\right)^n f(a) + o(\|h\|^n). \quad \square$$

采用**重指标**记号可以把多元函数的泰勒公式写成更紧凑的形式.下面,我们来介绍这种表示法.

设 $\alpha_1, \alpha_2, \cdots, \alpha_m$ 是非负整数,我们把

$$\alpha = (\alpha_1, \alpha_2, \cdots, \alpha_m)$$

叫作以 $\alpha_1, \alpha_2, \cdots, \alpha_m$ 为分量的一个**重指标**,并约定

$$|\alpha| = \alpha_1 + \alpha_2 + \cdots + \alpha_m,$$

$$\alpha! = \alpha_1! \alpha_2! \cdots \alpha_m!.$$

对于 $h = (h_1, h_2, \cdots, h_m) \in \mathbb{R}^m$,我们约定

$$h^\alpha = h_1^{\alpha_1} h_2^{\alpha_2} \cdots h_m^{\alpha_m}.$$

我们还约定

$$\partial^\alpha = \frac{\partial^{|\alpha|}}{\partial x_1^{\alpha_1} \partial x_2^{\alpha_2} \cdots \partial x_m^{\alpha_m}}.$$

采用这些记号,我们写出

$$\frac{1}{p!}\left(h_1 \frac{\partial}{\partial x_1} + \cdots + h_m \frac{\partial}{\partial x_m}\right)^p$$

$$= \sum_{\alpha_1 + \cdots + \alpha_m = p} \frac{h_1^{\alpha_1} \cdots h_m^{\alpha_m}}{\alpha_1! \cdots \alpha_m!} \frac{\partial^p}{\partial x_1^{\alpha_1} \cdots \partial x_m^{\alpha_m}}$$

$$= \sum_{|\alpha| = p} \frac{h^\alpha}{\alpha!} \partial^\alpha.$$

于是,我们可以把 m 元函数的泰勒公式写成更紧凑的形式

$$f(a + h) = \sum_{p=0}^{n} \sum_{|\alpha|=p} \frac{1}{\alpha!} \partial^\alpha f(a) h^\alpha + R_{n+1}$$

$$= \sum_{|\alpha|=0}^{n} \frac{1}{\alpha!} \partial^\alpha f(a) h^\alpha + R_{n+1}$$

$$= \sum_{|\alpha| \leqslant n} \frac{1}{\alpha!} \partial^\alpha f(a) h^\alpha + R_{n+1}.$$

余项 R_{n+1} 可以表示为

$$R_{n+1} = \sum_{|\beta| = n+1} \frac{1}{\beta!} \partial^\beta f(a + \theta h) h^\beta$$

$$(0 < \theta < 1),$$

或者

$$R_{n+1} = \sum_{|\beta| = n+1} \frac{n+1}{\beta!} \int_0^1 (1-t)^n \partial^\beta f(a + th) \mathrm{d}t \, h^\beta.$$

§5   隐函数定理

5.a   单个方程的情形

根据定义,所谓 $f: D \to E$ 是一个函数,就是说 f 是这样一种对

应法则：按照这法则，对 D 中的每一个 x，有 E 中唯一的一个 y 与之对应. 我们约定：把与 $x \in D$ 对应的唯一的 $y \in E$，记为 $f(x)$. 但要强调指出，函数关系并不一定用明显的（代数的或分析的）算式来表示. 在某些实际问题中，两个量之间的关系是通过一定的方程来表示的. 我们应该研究这种由方程定义的函数关系（即所谓的"隐函数"关系）.

定义　设 $D \subset \mathbb{R}, E \subset \mathbb{R}$. 并设二元函数 $F(x, y)$ 的定义域包含了 $D \times E$. 如果对每一个 $x \in D$，恰好存在唯一的一个 $y \in E$，使得 $F(x, y) = 0$，那么我们就说：由方程

$$F(x, y) = 0$$

确定了一个从 D 到 E 的**隐函数**；或者说：由条件

$$F(x, y) = 0, \quad x \in D, y \in E$$

确定了一个（从 D 到 E 的）隐函数.

如果把上面定义中由条件

$$x \in D, y \in E, \quad F(x, y) = 0$$

所确定的从 D 到 E 的函数记为 f，那么对任意的 $x \in D$，我们有

$$f(x) \in E, \quad F(x, f(x)) = 0.$$

函数 f 的对应法则就是：把每一个 $x \in D$ 对应于满足方程 $F(x, y) = 0$ 的唯一的 $y \in E$.

例 1　由条件

$$x^2 + y^2 = 1, \quad x \in [-1, 1], y \in [0, +\infty),$$

确定了一个从 $[-1, 1]$ 到 $[0, +\infty)$ 的隐函数. 这隐函数可以用显式表示为

$$y = \sqrt{1 - x^2}, \quad x \in [-1, 1].$$

由条件

$$x^2 + y^2 = 1, \quad x \in [-1, 1], y \in (-\infty, 0],$$

确定了另一个隐函数，这隐函数可以用显式表示为

$$y = -\sqrt{1 - x^2}, \quad x \in [-1, 1].$$

从上面的例子可以看出，要由方程

$$F(x, y) = 0$$

确定一个隐函数,仅仅指出 x 的变化范围 D 是不够的,还需要指出 y 的变化范围 E.

如果方程 $F(x,y)=0$ 完全没有解(例如 $F(x,y)=x^2+y^2+1$ 的情形),那么当然谈不上定义隐函数的问题. 假设 $F(x,y)=0$ 有解 (x_0,y_0),函数 F 在点 (x_0,y_0) 邻近是连续可微的. 我们在点 (x_0,y_0) 邻近展开函数 F 得到

$$F(x,y)=\frac{\partial F}{\partial x}(x_0,y_0)(x-x_0)+\frac{\partial F}{\partial y}(x_0,y_0)(y-y_0)$$
$$+o(\sqrt{(x-x_0)^2+(y-y_0)^2}).$$

代替原来的方程

$$F(x,y)=0,$$

我们来考察近似方程

$$\frac{\partial F}{\partial x}(x_0,y_0)(x-x_0)+\frac{\partial F}{\partial y}(x_0,y_0)(y-y_0)=0.$$

要使这近似方程对每一给定的 x 都确定唯一的 y,必须而且只须

$$\frac{\partial F}{\partial y}(x_0,y_0)\neq 0.$$

从观察近似方程得到启发,人们探索能保证原来的方程 $F(x,y)=0$ 在 (x_0,y_0) 邻近确定隐函数的条件. 所得的结果可以陈述为以下的隐函数定理.

定理 1 设函数 $F(x,y)$ 在包含 (x_0,y_0) 的一个开集 Ω 上连续可微,并且满足条件

$$F(x_0,y_0)=0,\qquad \frac{\partial F}{\partial y}(x_0,y_0)\neq 0,$$

则存在以 (x_0,y_0) 为中心的开方块

$$D\times E\subset\Omega$$
$$(D=(x_0-\delta,x_0+\delta),E=(y_0-\eta,y_0+\eta)),$$

使得:

(1) 对任何一个 $x\in D$,恰好存在唯一的一个 $y\in E$,满足方程

$$F(x,y)=0.$$

这就是说,方程 $F(x,y)=0$ 确定了一个从 D 到 E 的函数 $y=f(x)$.

（2）这函数 $y = f(x)$ 在 D 连续可微，它的导数可按下式计算

$$\frac{\mathrm{d}y}{\mathrm{d}x} = -\frac{\dfrac{\partial F}{\partial x}(x,y)}{\dfrac{\partial F}{\partial y}(x,y)}.$$

证明 不妨设

$$\frac{\partial F}{\partial y}(x_0,y_0) > 0.$$

于是，存在充分小的 $\gamma > 0$ 和 $\eta > 0$，使得

$$[x_0 - \gamma, x_0 + \gamma] \times [y_0 - \eta, y_0 + \eta] \subset \Omega,$$

并且使得

$$\frac{\partial F}{\partial y}(x,y) > 0,$$

$$\forall (x,y) \subset [x_0 - \gamma, x_0 + \gamma] \times [y_0 - \eta, y_0 + \eta].$$

考察 y 的函数 $\psi(y) = F(x_0, y)$. 因为

$$\psi'(y) = \frac{\partial F}{\partial y}(x_0, y) > 0,$$

$$\forall y \in [y_0 - \eta, y_0 + \eta],$$

所以

$$\psi(y_0 - \eta) < \psi(y_0) < \psi(y_0 + \eta),$$

即

$$F(x_0, y_0 - \eta) < F(x_0, y_0) < F(x_0, y_0 + \eta),$$

$$F(x_0, y_0 - \eta) < 0 < F(x_0, y_0 + \eta). \tag{5.1}$$

再来考察 x 的函数 $F(x, y_0 - \eta)$ 和 $F(x, y_0 + \eta)$. 由于这两函数是连续的，从（5.1）式可知：存在 $\delta \in (0, \gamma)$，使得

$$F(x, y_0 - \eta) < 0 < F(x, y_0 + \eta),$$

$$\forall x \in (x_0 - \delta, x_0 + \delta).$$

我们来验证：

$$D = (x_0 - \delta, x_0 + \delta) \text{ 和 } E = (y_0 - \eta, y_0 + \eta)$$

满足定理的要求（图 12-1）。

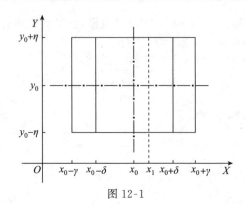

图 12-1

(1) 对任何一个 $x_1 \in D$，考察 y 的函数 $F(x_1, y)$. 因为该函数是连续的，并且

$$F(x_1, y_0 - \eta) < 0 < F(x_1, y_0 + \eta),$$

所以存在

$$y_1 \in (y_0 - \eta, y_0 + \eta) = E,$$

使得

$$F(x_1, y_1) = 0. \tag{5.2}$$

又因为

$$\frac{\partial F}{\partial y}(x_1, y) > 0, \quad \forall y \in [y_0 - \eta, y_0 + \eta],$$

函数 $F(x_1, y)$ 是严格单调上升的，所以仅有唯一的 $y_1 \in E$ 能使 (5.2)式成立.

我们看到：方程 $F(x, y) = 0$ 确定了一个从 D 到 E 的函数 $y = f(x)$.

为了叙述方便，我们把结论(2)分成两部分来验证：

① 函数 $y = f(x)$ 是连续的；② 函数 $y = f(x)$ 有连续导数.

① 我们来考察函数 $y = f(x)$ 在任意一点 $x_1 \in D$ 的连续性. 记 $y_1 = f(x_1)$，因为

$$y_1 \in (y_0 - \eta, y_0 + \eta) = E,$$

只要 $\varepsilon > 0$ 足够小，就有

$$(y_1 - \varepsilon, y_1 + \varepsilon) \subset (y_0 - \eta, y_0 + \eta).$$

与前面的讨论完全类似，易知

$$F(x_1, y_1 - \varepsilon) < 0 < F(x_1, y_1 + \varepsilon).$$

于是，又存在 $\sigma > 0$，使得

$$F(x, y_1 - \varepsilon) < 0 < F(x, y_1 + \varepsilon),$$

$$\forall x \in (x_1 - \sigma, x_1 + \sigma).$$

由此可知：对任何 $x \in (x_1 - \sigma, x_1 + \sigma)$，在 $y_1 - \varepsilon$ 与 $y_1 + \varepsilon$ 之间，存在唯一的一个 y，使得 $F(x, y) = 0$. 按照函数 f 的定义，这意味着：

$$f(x) \in (y_1 - \varepsilon, y_1 + \varepsilon), \quad \forall x \in (x_1 - \sigma, x_1 + \sigma).$$

我们证明了函数 f 在任意点 $x_1 \in D$ 的连续性.

② 为了求函数 $f(x)$ 的导数，需要写出其差商

$$\frac{f(x+h) - f(x)}{h}$$

的表示式. 为此，我们记

$$y = f(x), \quad k = f(x+h) - f(x).$$

利用二元函数的有限增量公式可得

$$0 = F(x+h, y+k) - F(x, y)$$

$$= \frac{\partial F}{\partial x}(x+\theta h, y+\theta k)h$$

$$+ \frac{\partial F}{\partial y}(x+\theta h, y+\theta k)k.$$

由此得到

$$\frac{k}{h} = -\frac{\dfrac{\partial F}{\partial x}(x+\theta h, y+\theta k)}{\dfrac{\partial F}{\partial y}(x+\theta h, y+\theta k)},$$

即

$$\frac{f(x+h) - f(x)}{h} = -\frac{\dfrac{\partial F}{\partial x}(x+\theta h, y+\theta k)}{\dfrac{\partial F}{\partial y}(x+\theta h, y+\theta k)}.$$

在上式中让 $h \to 0$ 取极限，注意到这时有

$$k = f(x+h) - f(x) \to 0,$$

并利用 F 的偏导数的连续性，我们求得

$$\lim_{h \to 0} \frac{f(x+h) - f(x)}{h} = -\frac{\dfrac{\partial F}{\partial x}(x,y)}{\dfrac{\partial F}{\partial y}(x,y)}.$$

这证明了隐函数 $f(x)$ 的可微性.

函数 $\dfrac{\partial F}{\partial x}(x,y)$, $\dfrac{\partial F}{\partial y}(x,y)$ 和 $f(x)$ 都是连续的. 从关系式

$$f'(x) = -\frac{\dfrac{\partial F}{\partial x}(x,f(x))}{\dfrac{\partial F}{\partial y}(x,f(x))}$$

就可看出 $f'(x)$ 的连续性. $\quad\square$

推论 在定理 1 中,如果函数 $F(x,y)$ 在开集 Ω 上是 r 阶连续可微的,那么由

$$F(x,y) = 0, \quad x \in D, y \in E,$$

所确定的函数 $y = f(x)$ 在开区间 D 上也是 r 阶连续可微的.

证明 在定理 1 中已经证明了 $r=1$ 的情形. 假设对于 $r=s$ 的情形推论成立. 我们来考察 $r=s+1$ 的情形. 这时,复合函数

$$\frac{\partial F}{\partial x}(x,f(x)) \quad \text{和} \quad \frac{\partial F}{\partial y}(x,f(x))$$

显然都是 s 阶连续可微的,所以

$$f'(x) = -\frac{\dfrac{\partial F}{\partial x}(x,f(x))}{\dfrac{\partial F}{\partial y}(x,f(x))}$$

也是 s 阶连续可微的. 这证明了函数 $f(x)$ 在开区间 D 上是 $s+1$ 阶连续可微的. $\quad\square$

定理 1 及其推论可以平行地推广到更多个变元的情形.

定理 2 设 $m+1$ 元函数 $F(x^1, \cdots, x^m, y)$ 在包含 $(x_0^1, \cdots, x_0^m, y_0)$ 的一个开集 Ω 上连续可微,并且满足条件

$$F(x_0^1, \cdots, x_0^m, y_0) = 0,$$

$$\frac{\partial F}{\partial y}(x_0^1, \cdots, x_0^m, y_0) \neq 0,$$

则存在以 $(x_0^1, \cdots, x_0^m, y_0)$ 为中心的一个开方块

$$D \times E \subset \Omega$$

$$(D = (x_0^1 - \delta, x_0^1 + \delta) \times \cdots \times (x_0^m - \delta, x_0^m + \delta),$$

$$E = (y_0 - \eta, y_0 + \eta)),$$

使得

(1) 对任何一点 $(x^1, \cdots, x^m) \in D$，恰好存在唯一的一个 $y \in E$，满足方程

$$F(x^1, \cdots, x^m, y) = 0.$$

这就是说：方程 $F(x^1, \cdots, x^m, y) = 0$ 确定了一个从 D 到 E 的函数

$$y = f(x^1, \cdots, x^m).$$

(2) 这函数 $y = f(x^1, \cdots, x^m)$ 在 D 连续可微，它的各偏导数可按下式计算

$$\frac{\partial y}{\partial x^i} = -\frac{\dfrac{\partial F}{\partial x^i}(x^1, \cdots, x^m, y)}{\dfrac{\partial F}{\partial y}(x^1, \cdots, x^m, y)}.$$

推论 在定理 2 中，如果函数 F 在开集 Ω 上 r 阶连续可微，那么由

$$F(x^1, \cdots, x^m, y) = 0,$$

$$(x^1, \cdots, x^m) \in D, \ y \in E,$$

所确定的函数

$$y = f(x^1, \cdots, x^m)$$

在开方块 D 上也是 r 阶连续可微的.

注记 在定理 1 的条件下，为了求隐函数 $y = f(x)$ 的导数，我们可以利用恒等式

$$F(x, f(x)) = 0.$$

将这式两边对 x 求导，就得到

$$F_x(x, f(x)) + F_y(x, f(x)) f'(x) = 0. \tag{5.3}$$

定理 1 的条件保证了在 (x_0, y_0) 邻近有

$$F_y(x, y) \neq 0.$$

因而从 (5.3) 式可以唯一地解出

$$f'(x) = -\frac{F_x(x, f(x))}{F_y(x, f(x))}.$$

这就是求隐函数导数的实际做法. 定理 1 为隐函数的微分法提供了理论依据. 如果 F 在 Ω 是 r 阶连续可微的, 那么 f 也是 r 阶连续可微的. 为了求得 f 的 k 阶导数 $(1 \leqslant k \leqslant r)$, 我们仍可利用恒等式

$$F(x, f(x)) = 0.$$

将这式两边对 x 求导 1 次, 2 次, $\cdots$, r 次, 从所得的各式中就可以依次解出 $f'(x), f''(x), \cdots, f^{(r)}(x)$.

对定理 2 也可做类似的注记.

例 2 我们知道, 理想气体的状态方程为

$$PV = RT.$$

真实的气体或多或少地偏离这一理想的情形, 它们的状态可以用更复杂的范德瓦耳斯(Van der Walls)方程近似地加以描述:

$$\left(P + \frac{a}{V^2}\right)(V - b) = RT,$$

这里的 a, b 和 R 都是常数. 如果需要求出 V 对 P 的偏导数, 可以利用上面的方程. 将这方程两边对 P 求偏导数, 我们得到

$$\left(1 - \frac{2a}{V^3}\frac{\partial V}{\partial P}\right)(V - b) + \left(P + \frac{a}{V^2}\right)\frac{\partial V}{\partial P} = 0,$$

$$\frac{\partial V}{\partial P} = \frac{V - b}{\frac{2a}{V^3}(V - b) - \left(P + \frac{a}{V^2}\right)}.$$

5. b 方程组的情形

本段讨论由方程组确定的隐函数. 先从比较简单的情形开始. 我们来考察方程组

$$F^i(x, y^1, \cdots, y^p) = 0, \quad i = 1, \cdots, p. \tag{5.4}$$

这里设备函数 F^i 都在包含 $(x_0, y_0^1, \cdots, y_0^p)$ 的一个开集 Ω 上连续可微, 并设

$$F^i(x_0, y_0^1, \cdots, y_0^p) = 0, \quad i = 1, \cdots, p.$$

我们提出的第一个问题是: 能否确定以

$$(x_0, y_0^1, \cdots, y_0^p)$$

为中心的开方块

$$D \times (E^1 \times \cdots \times E^p) \subset \Omega,$$

使得对任何一个 $x \in D$，恰好存在唯一的一组

$$(y^1, \cdots, y^p) \in E^1 \times \cdots \times E^p,$$

它们满足方程组

$$F^i(x, y^1, \cdots, y^p) = 0, \quad i = 1, \cdots, p.$$

如果对这问题的回答是肯定的，那么方程组 (5.4) 就确定了从 D 分别到 $E^1, \cdots, E^p$ 的一组函数

$$y^i = f^i(x), \quad i = 1, \cdots, p.$$

于是，我们又可提出第二个问题：能否从函数 $F^1, \cdots, F^p$ 的连续可微性质推知函数 $f^1, \cdots, f^p$ 的连续可微性质？

假如对上面两个问题的回答都是肯定的，那么我们就有恒等式

$$F^i(x, f^1(x), \cdots, f^p(x)) = 0, \quad i = 1, \cdots, p,$$

并且这里的 $f^1(x), \cdots, f^p(x)$ 都是连续可微函数. 将这组恒等式对 x 求导，就得到

$$\frac{\partial F^i}{\partial x} + \sum_{j=1}^{p} \frac{\partial F^i}{\partial y^j} \frac{\mathrm{d} f^j(x)}{\mathrm{d} x} = 0, \tag{5.5}$$
$$i = 1, \cdots, p.$$

我们把由偏导数组成的方阵

$$\begin{bmatrix} \dfrac{\partial F^1}{\partial y^1} & \cdots & \dfrac{\partial F^1}{\partial y^p} \\ \vdots & & \vdots \\ \dfrac{\partial F^p}{\partial y^1} & \cdots & \dfrac{\partial F^p}{\partial y^p} \end{bmatrix}$$

称为函数 $F^1, \cdots, F^p$ 对变元 $y^1, \cdots, y^p$ 的雅可比 (Jacobi) 矩阵，并把这方阵的行列式称为函数 $F^1, \cdots, F^p$ 对变元 $y^1, \cdots, y^p$ 的雅可比行列式，记为

$$\frac{\partial(F^1, \cdots, F^p)}{\partial(y^1, \cdots, y^p)} = \begin{vmatrix} \dfrac{\partial F^1}{\partial y^1} & \cdots & \dfrac{\partial F^1}{\partial y^p} \\ \vdots & & \vdots \\ \dfrac{\partial F^p}{\partial y^1} & \cdots & \dfrac{\partial F^p}{\partial y^p} \end{vmatrix}.$$

如果

$$\frac{\partial(F^1,\cdots,F^p)}{\partial(y^1,\cdots,y^p)}(x_0,y_0^1,\cdots,y_0^p)\neq 0,$$

那么在点$(x_0,y_0^1,\cdots,y_0^p)$邻近仍有

$$\frac{\partial(F^1,\cdots,F^p)}{\partial(y^1,\cdots,y^p)}(x,y^1,\cdots,y^p)\neq 0.$$

这就能保证从(5.5)中唯一地解出

$$\frac{\mathrm{d}f^1(x)}{\mathrm{d}x},\ \cdots,\ \frac{\mathrm{d}f^p(x)}{\mathrm{d}x}.$$

从以上的分析得到启发,我们可以把定理 1 推广为以下形式:

定理 3 设函数 $F^1(x,y^1,\cdots,y^p),\cdots,F^p(x,y^1,\cdots,y^p)$ 在包含点$(x_0,y_0^1,\cdots,y_0^p)$的一个开集 Ω 上连续可微,并且满足条件

$$F^i(x_0,y_0^1,\cdots,y_0^p)=0,\quad i=1,\cdots,p,$$

$$\frac{\partial(F^1,\cdots,F^p)}{\partial(y^1,\cdots,y^p)}(x_0,y_0^1,\cdots,y_0^p)\neq 0,$$

则存在以$(x_0,y_0^1,\cdots,y_0^p)$为中心的开方块

$$D\times(E^1\times\cdots\times E^p)\subset\Omega$$
$$(D=(x_0-\delta,x_0+\delta),\ E^1=(y_0^1-\eta,y_0^1+\eta),$$
$$\cdots,E^p=(y_0^p-\eta,y_0^p+\eta)),$$

使得

(1) 对任何一个 $x\in D$, 恰存在唯一的一组

$$(y^1,\cdots,y^p)\in E^1\times\cdots\times E^p,$$

它们满足方程组

$$F^i(x,y^1,\cdots,y^p)=0,\quad i=1,\cdots,p.$$

这就是说,上面的方程组确定了从 D 分别到 $E^1,\cdots,E^p$ 的一组函数

$$y^1=f^1(x),\cdots,y^p=f^p(x).$$

(2) 这组函数中的每一个都在 D 连续可微,它们的导数可以通过以下的方程组求得:

$$\frac{\partial F^i}{\partial x}+\sum_{j=1}^{p}\frac{\partial F^i}{\partial y^j}\frac{\mathrm{d}f^j(x)}{\mathrm{d}x}=0,\quad i=1,\cdots,p,$$

这里的$\dfrac{\partial F^i}{\partial x}$和$\dfrac{\partial F^i}{\partial y^j}$都在$(x,f^1(x),\cdots,f^p(x))$处计算其值.

我们再陈述一个更一般的结果.

定理 4 设函数 $F^1(x^1,\cdots,x^m,y^1,\cdots,y^p),\cdots,F^p(x^1,\cdots,x^m,$ $y^1,\cdots,y^p)$ 在包含点 $(x_0^1,\cdots,x_0^m,y_0^1,\cdots,y_0^p)$ 的一个开集 Ω 上连续可微,并且满足条件

$$F^i(x_0^1,\cdots,x_0^m,y_0^1,\cdots,y_0^p)=0,\quad i=1,\cdots,p,$$

$$\frac{\partial(F^1,\cdots,F^p)}{\partial(y^1,\cdots,y^p)}(x_0^1,\cdots,x_0^m,y_0^1,\cdots,y_0^p)\neq 0,$$

则存在以 $(x_0^1,\cdots,x_0^m,y_0^1,\cdots,y_0^p)$ 为中心的开方块

$$D^1\times\cdots\times D^m\times E^1\times\cdots\times E^p\subset\Omega$$

$$(D^1=(x_0^1-\delta,x_0^1+\delta),\cdots,D^m=(x_0^m-\delta,x_0^m+\delta),$$

$$E^1=(y_0^1-\eta,y_0^1+\eta),\cdots,E^p=(y_0^p-\eta,y_0^p+\eta)),$$

使得

(1) 对每一个

$$x=(x^1,\cdots,x^m)\in D=D^1\times\cdots\times D^m,$$

恰存在唯一的一组

$$(y^1,\cdots,y^p)\in E^1\times\cdots\times E^p,$$

满足

$$F^i(x^1,\cdots,x^m,y^1,\cdots,y^p)=0,\quad i=1,\cdots,p. \tag{5.6}$$

这就是说,由方程组(5.6)确定了从 $D=D^1\times\cdots\times D^m$ 分别到 $E^1,\cdots,E^p$ 的一组函数

$$y^1=f^1(x)=f^1(x^1,\cdots,x^m),\cdots,y^p=f^p(x)=f^p(x^1,\cdots,x^m).$$

(2) 这组函数中的每一个都在 D 连续可微,它们的各偏导数可以通过以下的方程组求得:

$$\frac{\partial F^i}{\partial x^k}+\sum_{j=1}^{p}\frac{\partial F^i}{\partial y^j}\frac{\partial f^j(x)}{\partial x^k}=0,\quad i=1,\cdots,p, \tag{5.7}$$

这里的 $\frac{\partial F^i}{\partial x^k}$ 和 $\frac{\partial F^i}{\partial y^j}$ 都在

$$(x^1,\cdots,x^m,f^1(x),\cdots,f^p(x))$$

处计算其值.

定理 3 可以看作定理 4 的一种特殊情形($m=1$ 的情形). 要证明定理 4,自然会想到的办法是:对方程的个数 p 作归纳. 虽然这定

理的归纳证明的基本思路十分简单,但要具体详细地写出每一步骤来,就会感到符号太烦琐了(读者可以试一试 $m=3,p=2$ 的情形). 我们将通过另外的途径来证明定理 4. 为此,先要在以下两节($\S6$ 和 $\S7$)里做一些准备. 然后,在 $\S8$ 中,我们将介绍一般隐函数定理(即本节定理 4)的一个较为紧凑的证明.

$\S 6$　线　性　映　射

微分学的基本手段是局部线性化,即通过适当的线性逼近,研究映射的局部性质. 为了介绍更一般的微分概念,需要先了解有关线性映射的一些预备知识.

6. a　线性映射与矩阵

考察从 $\mathbb{R}^m$ 到 $\mathbb{R}^p$ 的线性映射(或称线性变换)

$$y = Ax. \tag{6.1}$$

这映射可以写成分量形式

$$y_j = \sum_{i=1}^{m} a_{ji}x_i, \quad j=1,\cdots,p. \tag{6.2}$$

如果把 $\mathbb{R}^m$ 中的向量 x 和 $\mathbb{R}^p$ 中的向量 y 都写成列矩阵的形式

$$[x] = \begin{bmatrix} x_1 \\ x_2 \\ \vdots \\ x_m \end{bmatrix}, \quad [y] = \begin{bmatrix} y_1 \\ y_2 \\ \vdots \\ y_p \end{bmatrix},$$

并记

$$[A] = \begin{bmatrix} a_{11} & a_{12} & \cdots & a_{1m} \\ a_{21} & a_{22} & \cdots & a_{2m} \\ \vdots & \vdots & & \vdots \\ a_{p1} & a_{p2} & \cdots & a_{pm} \end{bmatrix},$$

那么线性映射(6.1)或(6.2)可以写成以下的矩阵形式

$$[y] = [A][x]. \tag{6.3}$$

我们约定,把从 $\mathbb{R}^m$ 到 $\mathbb{R}^p$ 的一切线性映射所组成的集合记为

$$L(\mathbb{R}^m, \mathbb{R}^p),$$

并约定把线性映射 $A \in L(\mathbb{R}^m, \mathbb{R}^p)$ 与 $B \in L(\mathbb{R}^p, \mathbb{R}^q)$ 的复合写作

$$B \circ A = BA.$$

于是,线性映射的复合,可以表示为矩阵的乘法

$$[BA] = [B][A].$$

我们可以把向量 x 与表示它的列矩阵 $[x]$ 等同视之,把线性映射 A 与表示它的矩阵 $[A]$ 等同视之,把 $L(\mathbb{R}^m, \mathbb{R}^p)$ 与由全体 $p \times m$ 矩阵组成的集合等同视之. 以下,在一般情形下,对于等同视之的对象,在记号上也就不再加以区别了.

6. b 线性映射与矩阵的范数

我们约定记

$$L = \bigcup_{m,p \in N} L(\mathbb{R}^m, \mathbb{R}^p).$$

这可看作一切矩阵的集合.

定义 我们把满足以下条件 $(\mathbf{N}_1)-(\mathbf{N}_4)$ 的任何一个实值函数 $N: L \to \mathbb{R}$,称为线性映射的范数(或矩阵的范数).

$(\mathbf{N}_1)$ 对于任何线性映射(矩阵)A,都有

$$N(A) \geqslant 0,$$

并且仅当 $A = 0$ 时才有 $N(A) = 0$;

$(\mathbf{N}_2)$ 对于任何线性映射(矩阵)A 和实数 λ,都有

$$N(\lambda A) = |\lambda| N(A);$$

$(\mathbf{N}_3)$ 对于任何两个可相加的线性映射(矩阵)A 和 B,都有

$$N(A + B) \leqslant N(A) + N(B);$$

$(\mathbf{N}_4)$ 对于任何两个可复合的线性映射(可相乘的矩阵)B 和 A,都有

$$N(BA) \leqslant N(B)N(A).$$

例 1 如果对

$$A = \begin{bmatrix} a_{11} & a_{12} & \cdots & a_{1m} \\ a_{21} & a_{22} & \cdots & a_{2m} \\ \vdots & \vdots & & \vdots \\ a_{p1} & a_{p2} & \cdots & a_{pm} \end{bmatrix},$$

规定

$$N(A) = \Big(\sum_{j=1}^{p} \sum_{i=1}^{m} a_{ji}^{2} \Big)^{1/2},$$

那么 N 是线性映射(矩阵)的一种范数,条件$(\boldsymbol{N}_1)$,$(\boldsymbol{N}_2)$和$(\boldsymbol{N}_3)$比较容易验证(与关于向量空间的欧几里得范数的验证完全类似). 条件$(\boldsymbol{N}_4)$可验证如下:设

$$B = \begin{bmatrix} b_{11} & b_{12} & \cdots & b_{1p} \\ b_{21} & b_{22} & \cdots & b_{2p} \\ \vdots & \vdots & & \vdots \\ b_{q1} & b_{q2} & \cdots & b_{qp} \end{bmatrix}, \quad A = \begin{bmatrix} a_{11} & a_{12} & \cdots & a_{1m} \\ a_{21} & a_{22} & \cdots & a_{2m} \\ \vdots & \vdots & & \vdots \\ a_{p1} & a_{p2} & \cdots & a_{pm} \end{bmatrix},$$

则有

$$BA = \begin{bmatrix} c_{11} & c_{12} & \cdots & c_{1m} \\ c_{21} & c_{22} & \cdots & c_{2m} \\ \vdots & \vdots & & \vdots \\ c_{q1} & c_{q2} & \cdots & c_{qm} \end{bmatrix},$$

这里

$$c_{ki} = \sum_{j=1}^{p} b_{kj} a_{ji},$$

$$i = 1, \cdots, m, \quad k = 1, \cdots, q.$$

利用柯西不等式可得

$$c_{ki}^{2} = \Big(\sum_{j=1}^{p} b_{kj} a_{ji} \Big)^{2}$$

$$\leqslant \Big(\sum_{j=1}^{p} b_{kj}^{2} \Big) \Big(\sum_{j=1}^{p} a_{ji}^{2} \Big).$$

于是得到

$$N(BA) = \Big(\sum_{k=1}^{q} \sum_{i=1}^{m} c_{ki}^{2} \Big)^{1/2}$$

$$\leqslant \Big(\sum_{k=1}^{q} \sum_{i=1}^{m} \Big(\sum_{j=1}^{p} b_{kj}^{2} \Big) \Big(\sum_{j=1}^{p} a_{ji}^{2} \Big) \Big)^{1/2}$$

$$= \Big(\sum_{k=1}^{q} \sum_{j=1}^{p} b_{kj}^{2} \Big)^{1/2} \Big(\sum_{j=1}^{p} \sum_{i=1}^{m} a_{ji}^{2} \Big)^{1/2}$$

$$= N(B)N(A).$$

以下,我们约定把本例中所定义的范数记为

$$\|\cdot\|,$$

即对于

$$A = \begin{bmatrix} a_{11} & a_{12} & \cdots & a_{1m} \\ a_{21} & a_{22} & \cdots & a_{2m} \\ \vdots & \vdots & & \vdots \\ a_{p1} & a_{p2} & \cdots & a_{pm} \end{bmatrix},$$

规定

$$\|A\| = \Big(\sum_{j=1}^{p} \sum_{i=1}^{m} a_{ji}^2 \Big)^{1/2}.$$

例 2 如果对

$$A = \begin{bmatrix} a_{11} & a_{12} & \cdots & a_{1m} \\ a_{21} & a_{22} & \cdots & a_{2m} \\ \vdots & \vdots & & \vdots \\ a_{p1} & a_{p2} & \cdots & a_{pm} \end{bmatrix}$$

规定

$$N(A) = \max_j \Big\{ \sum_{i=1}^{m} |a_{ji}| \Big\}$$

(即取各行元素绝对值之和的最大值作为 $N(A)$),则这样定义的 N 也是线性映射(矩阵)的一种范数. 条件(N_1),(N_2)和(N_3)仍容易验证. 这里来验证条件(N_4). 设

$$B = (b_{kj})_{q \times p}, \quad A = (a_{ji})_{p \times m},$$

则有

$$BA = (c_{ki})_{q \times m},$$

这里

$$c_{ki} = \sum_{j=1}^{p} b_{kj} a_{ji}.$$

我们有

$$\sum_{i=1}^{m} |c_{ki}| = \sum_{i=1}^{m} \Big| \sum_{j=1}^{p} b_{kj} a_{ji} \Big|$$

$$\leqslant \sum_{i=1}^{m} \sum_{j=1}^{p} |b_{kj}| |a_{ji}|$$

$$= \sum_{j=1}^{p} \left(|b_{kj}| \sum_{i=1}^{m} |a_{ji}| \right)$$

$$\leqslant \left(\sum_{j=1}^{p} |b_{kj}| \right) \max_{j} \left\{ \sum_{i=1}^{m} |a_{ji}| \right\}.$$

于是有

$$N(BA) = \max_{k} \left\{ \sum_{i=1}^{m} |c_{ki}| \right\}$$

$$\leqslant \max_{k} \left\{ \sum_{j=1}^{p} |b_{kj}| \right\} \cdot \max_{j} \left\{ \sum_{i=1}^{m} |a_{ji}| \right\}$$

$$= N(B)N(A).$$

以下,我们约定把本例中所定义的范数记为

$$|\cdot|,$$

即对于

$$A = (a_{ji})_{p \times m},$$

规定

$$|A| = \max_{j} \left\{ \sum_{i=1}^{m} |a_{ji}| \right\}.$$

我们注意到:如果 $\mathbb{R}^m$ 和 $\mathbb{R}^p$ 都赋以欧几里得范数 $\|\cdot\|$,而 $L(\mathbb{R}^m, \mathbb{R}^p)$ 赋以例 1 中所定义的范数 $\|\cdot\|$,那么就有

$$\|Ax\| \leqslant \|A\| \|x\|, \quad \forall x \in \mathbb{R}^m, A \in L(\mathbb{R}^m, \mathbb{R}^p). \quad (6.4)$$

事实上,利用柯西不等式就可得到

$$\left\{ \sum_{j=1}^{p} \left(\sum_{i=1}^{m} a_{ji} x_i \right)^2 \right\}^{\frac{1}{2}} \leqslant \left\{ \sum_{j=1}^{p} \left(\sum_{i=1}^{m} a_{ji}^2 \right) \left(\sum_{i=1}^{m} x_i^2 \right) \right\}^{\frac{1}{2}}$$

$$= \left(\sum_{j=1}^{p} \sum_{i=1}^{m} a_{ji}^2 \right)^{\frac{1}{2}} \left(\sum_{i=1}^{m} x_i^2 \right)^{\frac{1}{2}}.$$

这就是(6.4)式.

类似地,如果 $\mathbb{R}^m$ 赋以范数

$$|x| = \max_{1 \leqslant i \leqslant m} \{ |x_i| \},$$

$\mathbb{R}^p$ 赋以范数

$$|y| = \max_{1 \leqslant j \leqslant p} \{|y_j|\},$$

而 $L(\mathbb{R}^m, \mathbb{R}^p)$ 赋以例 2 中所定义的范数 $|\cdot|$,那么也有

$$|Ax| \leqslant |A||x|, \quad \forall x \in \mathbb{R}^m, A \in L(\mathbb{R}^m, \mathbb{R}^p). \quad (6.5)$$

事实上,我们有

$$\Big| \sum_{i=1}^m a_{ji} x_i \Big| \leqslant \sum_{i=1}^m |a_{ji}||x_i|$$

$$\leqslant \Big(\sum_{i=1}^m |a_{ji}| \Big) \max_{1 \leqslant i \leqslant m} \{|x_i|\}.$$

由此得到

$$\max_{1 \leqslant j \leqslant p} \Big\{ \Big| \sum_{i=1}^m a_{ji} x_i \Big| \Big\}$$

$$\leqslant \max_{1 \leqslant j \leqslant p} \Big\{ \sum_{i=1}^m |a_{ji}| \Big\} \cdot \max_{1 \leqslant i \leqslant m} \{|x_i|\}.$$

这就是(6.5)式.

(6.4)式和(6.5)式十分重要,我们以后将多次用到这些不等式.

在 $L(\mathbb{R}^m, \mathbb{R}^p)$ 中引入范数之后,就可以讨论极限和连续这些概念. 作为例子,让我们来考察如下的映射的连续性

$$\mathbb{R}^l \supset \Omega \to L(\mathbb{R}^m, \mathbb{R}^p)$$

$$x \mapsto A(x) = (a_{ji}(x))_{p \times m}$$

(这样的映射又称为矩阵值函数). 设 $x_0 \in \Omega$. 如果有

$$\lim_{x \to x_0} \|A(x) - A(x_0)\| = 0,$$

或者与之等价地有

$$\lim_{x \to x_0} |A(x) - A(x_0)| = 0,$$

那么我们就说矩阵值函数 $A(x)$ 在点 x_0 连续.

容易证明,矩阵值函数 $A(x)$ 在点 x_0 连续的充要条件是:它的每一个分量

$$a_{ji}(x) \quad (i = 1, \cdots, m, j = 1, \cdots, p)$$

都在点 x_0 连续. 事实上,我们有

$$|a_{ji}(x) - a_{ji}(x_0)| \leqslant \begin{cases} \|A(x) - A(x_0)\| \\ |A(x) - A(x_0)| \end{cases}$$

$$\leqslant \sum_{j=1}^{p} \sum_{i=1}^{m} |a_{ji}(x) - a_{ji}(x_0)|$$
$$(i = 1, \cdots, m, j = 1, \cdots, p).$$

利用这不等式,即可证明上面的论断.

§7 向量值函数的微分

我们知道,一元(数值)函数 $f(x)$ 在点 x_0 的微分是一个线性函数

$$Ah = f'(x_0) \cdot h,$$

它满足条件

$$\lim_{h \to 0} \frac{|f(x_0 + h) - f(x_0) - Ah|}{|h|}$$
$$= \lim_{h \to 0} \left| \frac{f(x_0 + h) - f(x_0)}{h} - f'(x_0) \right|$$
$$= 0.$$

采取类似这样的方式,可以把微分的定义推广到更一般的情形.

定义1 设 G 是 $\mathbb{R}^m$ 的一个开集,$f:G \to \mathbb{R}^p$ 是一个映射(向量值函数),$x_0 \in G$. 如果存在一个线性映射

$$A \in L(\mathbb{R}^m, \mathbb{R}^p),$$

使得

$$\lim_{h \to 0} \frac{|f(x_0 + h) - f(x_0) - Ah|}{|h|} = 0, \tag{7.1}$$

那么我们就说向量值函数 f 在点 x_0 **可微分**. 如果 f 在 G 的每一点可微分,那么我们就说 f 在 G 可微分.

注记1 在上面的定义中,可以把范数 $|\cdot|$ 换成 $\|\cdot\|$ 或其他范数. 由于各种范数互相等价,依不同范数定义的可微性是完全一致的.

注记2 我们指出:满足(7.1)式的线性映射 $A \in L(\mathbb{R}^m, \mathbb{R}^p)$ 是唯一的. 事实上,如果还有 $B \in L(\mathbb{R}^m, \mathbb{R}^p)$ 也使得

$$\lim_{h \to 0} \frac{|f(x_0 + h) - f(x_0) - Bh|}{|h|} = 0,$$

那么对于任意取定的 $h \in \mathbb{R}^m \setminus \{0\}$ 和充分小的实数 $\varepsilon > 0$，就有

$$|(B-A)h| = \frac{1}{\varepsilon}|(B-A)(\varepsilon h)|$$

$$\leqslant \frac{1}{\varepsilon}\left(|f(x_0+\varepsilon h)-f(x_0)-B(\varepsilon h)|\right.$$

$$\left.+|f(x_0+\varepsilon h)-f(x_0)-A(\varepsilon h)|\right)$$

$$=|h|\left(\frac{|f(x_0+\varepsilon h)-f(x_0)-B(\varepsilon h)|}{|\varepsilon h|}\right.$$

$$\left.+\frac{|f(x_0+\varepsilon h)-f(x_0)-A(\varepsilon h)|}{|\varepsilon h|}\right).$$

在上式中让 $\varepsilon \to 0$，就得到

$$|(B-A)h| = 0,$$

$$(B-A)h = 0.$$

我们看到

$$Bh = Ah, \quad \forall h \in \mathbb{R}^m,$$

这意味着

$$B = A.$$

定义 2 我们把满足定义 1 的唯一线性映射 A 叫作向量值函数 f 在点 x_0 的**微分**，记为

$$\mathrm{D}f(x_0) = A.$$

注记 我们介绍与(7.1)式等价的几种表述：

(1) 对任何 $\varepsilon > 0$，存在 $\delta > 0$，使得只要 $0 < |h| < \delta$，就有

$$|f(x_0+h)-f(x_0)-Ah| < \varepsilon |h|;$$

(2) 当 $h \to 0$ 时，

$$|f(x_0+h)-f(x_0)-Ah| = o(|h|),$$

也就是当 $x \to x_0$ 时，

$$|f(x)-f(x_0)-A(x-x_0)| = o(|x-x_0|);$$

(3) 如果记

$$\alpha(x,x_0) = \begin{cases} \dfrac{|f(x)-f(x_0)-A(x-x_0)|}{|x-x_0|}, & \text{对于 } x \neq x_0, \\ 0, & \text{对于 } x = x_0, \end{cases}$$

那么 $\alpha(x,x_0)$ 看作 x 的函数在 x_0 点连续,也就是

$$\lim_{x \to x_0} \alpha(x,x_0) = 0.$$

这里列举的(1),(2)或(3)都可以代替(7.1)作为"函数 f 在 x_0 点可微并且 $Df(x_0) = A$"的定义.

定理 1   设 G 是 $\mathbb{R}^m$ 的一个开集,$f: G \to \mathbb{R}^p$ 是一个映射(向量值函数),$x_0 \in G$. 如果 f 在点 x_0 可微,那么存在点 x_0 的邻域 U 和正实数 γ,使得

$$|f(x) - f(x_0)| \leqslant \gamma |x - x_0|, \quad \forall x \in U.$$

由此可知,如果函数 f 在点 x_0 可微. 那么这函数在 x_0 连续.

证明   设 $Df(x_0) = A$. 根据可微性的定义,对任意取定的 $\varepsilon > 0$,存在 $\delta > 0$,使得只要 $0 < |x - x_0| < \delta$,就有

$$|f(x) - f(x_0) - A(x - x_0)| < \varepsilon |x - x_0|.$$

于是,只要 $0 < |x - x_0| < \delta$,就有

$$\begin{aligned}
|f(x) - f(x_0)| &\leqslant |f(x) - f(x_0) - A(x - x_0)| \\
&\quad + |A(x - x_0)| \\
&\leqslant \varepsilon |x - x_0| + |A| |x - x_0| \\
&= (\varepsilon + |A|) |x - x_0|.
\end{aligned}$$

在 $0 < |x - x_0| < \delta$ 的条件下,我们得到

$$|f(x) - f(x_0)| \leqslant (\varepsilon + |A|) |x - x_0|.$$

上述不等式对于 $x = x_0$ 的情形当然也成立. 如果记

$$U = \{x \in \mathbb{R}^m \mid |x - x_0| < \delta\},$$
$$\gamma = \varepsilon + |A|,$$

那么就有

$$|f(x) - f(x_0)| \leqslant \gamma |x - x_0|, \quad \forall x \in U. \quad \square$$

定理 2   设 G 是 $\mathbb{R}^m$ 中的一个开集,$f: G \to \mathbb{R}^p$ 和 $g: G \to \mathbb{R}^p$ 都是向量值函数,$\lambda \in \mathbb{R}, x_0 \in G$. 如果 f 和 g 都在点 x_0 可微,那么 $f + g$ 和 λf 也都在点 x_0 可微,并且

$$D(f + g)(x_0) = Df(x_0) + Dg(x_0),$$
$$D(\lambda f)(x_0) = \lambda Df(x_0).$$

证明   留给读者作为练习. $\quad \square$

定理 3（链式法则） 设 G 是空间 $\mathbb{R}^m$ 中的开集，H 是空间 $\mathbb{R}^p$ 中的开集，$f: G \to \mathbb{R}^p$ 和 $g: H \to \mathbb{R}^q$ 是向量值函数，$f(G) \subset H$. 如果向量值函数 f 在点 $x_0 \in G$ 可微，而向量值函数 g 在点 $f(x_0) \in H$ 可微，那么向量值函数 $g \circ f: G \to \mathbb{R}^q$ 也在点 x_0 可微，并且有

$$\mathrm{D}(g \circ f)(x_0) = \mathrm{D}g(f(x_0))\mathrm{D}f(x_0).$$

证明 为简便起见，我们引入以下记号：

$$A = \mathrm{D}f(x_0), \quad B = \mathrm{D}g(f(x_0)),$$

$$k = f(x_0 + h) - f(x_0), \quad y_0 = f(x_0),$$

$$\alpha(x, x_0) = \begin{cases} \dfrac{|f(x) - f(x_0) - A(x - x_0)|}{|x - x_0|}, & x \neq x_0, \\ 0, & x = x_0, \end{cases}$$

$$\beta(y, y_0) = \begin{cases} \dfrac{|g(y) - g(y_0) - B(y - y_0)|}{|y - y_0|}, & y \neq y_0, \\ 0, & y = y_0. \end{cases}$$

于是有

$$|g \circ f(x_0 + h) - g \circ f(x_0) - BAh|$$
$$= |g(f(x_0) + k) - g(f(x_0)) - BAh|$$
$$\leqslant |g(f(x_0) + k) - g(f(x_0)) - Bk|$$
$$\quad + |B(k - Ah)|$$
$$\leqslant |g(f(x_0) + k) - g(f(x_0)) - Bk|$$
$$\quad + |B||f(x_0 + h) - f(x_0) - Ah|$$
$$= \beta(f(x_0) + k, f(x_0))|k|$$
$$\quad + |B|\alpha(x_0 + h, x_0)|h|.$$

由定理 1 可知，存在常数 $\gamma > 0$，使得对于充分小的 h 有

$$|k| = |f(x_0 + h) - f(x_0)| \leqslant \gamma |h|.$$

于是，我们得到

$$\frac{|g \circ f(x_0 + h) - g \circ f(x_0) - BAh|}{|h|}$$

$$\leqslant \beta(f(x_0) + k, f(x_0))\frac{|k|}{|h|} + |B|\alpha(x_0 + h, x_0)$$

$$\leqslant \gamma \cdot \beta(f(x_0) + k, f(x_0)) + |B| \cdot \alpha(x_0 + h, x_0).$$

由此即可得到
$$\lim_{h \to 0} \frac{|g \circ f(x_0 + h) - g \circ f(x_0) - BAh|}{|h|} = 0. \quad \square$$

设 G 是 $\mathbb{R}^m$ 中的开集，$f: G \to \mathbb{R}^p$ 是向量值函数. 于是可以写成
$$f(x) = (f_1(x), \cdots, f_p(x)) \quad (x \in G).$$
我们看到，向量值函数 $f(x)$ 的每一分量 $f_i(x)(i=1,\cdots,p)$ 定义了一个数值函数
$$f_i: G \to \mathbb{R}.$$

定理 4 向量值函数
$$f(x) = (f_1(x), \cdots, f_p(x))$$
在点 x_0 可微的充要条件是：它的每一个分量 $f_i(x)(i=1,\cdots,p)$ 都在点 x_0 可微. 当这条件满足时，就有
$$\mathrm{D}f(x_0) = \begin{bmatrix} \dfrac{\partial f_1}{\partial x_1}(x_0) & \cdots & \dfrac{\partial f_1}{\partial x_m}(x_0) \\ \vdots & & \vdots \\ \dfrac{\partial f_p}{\partial x_1}(x_0) & \cdots & \dfrac{\partial f_p}{\partial x_m}(x_0) \end{bmatrix},$$

证明 为了书写简便，我们采用分块矩阵记号. 设
$$A = \begin{bmatrix} A_1 \\ A_2 \\ \vdots \\ A_p \end{bmatrix} = \begin{bmatrix} a_{11} & a_{12} & \cdots & a_{1m} \\ a_{21} & a_{22} & \cdots & a_{2m} \\ \vdots & \vdots & & \vdots \\ a_{p1} & a_{p2} & \cdots & a_{pm} \end{bmatrix},$$
要使以下的不等式对充分小的 h 成立
$$|f(x_0 + h) - f(x_0) - Ah| < \varepsilon |h|,$$
必须而且只需对充分小的 h 有
$$|f_i(x_0 + h) - f_i(x_0) - A_ih| < \varepsilon |h|,$$
$$i = 1, \cdots, p.$$
这样，我们证明了，向量值函数 $f(x)$ 在点 x_0 可微分并且 $\mathrm{D}f(x_0) = A$ 的充要条件是：各分量 $f_i(x)$ 都在点 x_0 可微分，并且
$$\mathrm{D}f_i(x_0) = A_i, \quad i = 1, \cdots, p.$$
当这条件满足时，应有

$$A_i = \left[\frac{\partial f_i}{\partial x_1}(x_0) \cdots \frac{\partial f_i}{\partial x_m}(x_0) \right], \quad i = 1, \cdots, p,$$

因而有

$$A = \begin{bmatrix} \dfrac{\partial f_1}{\partial x_1}(x_0) & \cdots & \dfrac{\partial f_1}{\partial x_m}(x_0) \\ \vdots & & \vdots \\ \dfrac{\partial f_p}{\partial x_1}(x_0) & \cdots & \dfrac{\partial f_p}{\partial x_m}(x_0) \end{bmatrix}. \quad \square$$

注记　我们看到：向量值函数的微分，具体表现为雅可比矩阵——这一事实非常重要. 如果我们先证明定理 4,那么定理 1、定理 2 和定理 3 都可以利用数值函数的相应定理以及矩阵运算的有关法则来证明. 建议读者按照这提示重新考察定理 1、定理 2 和定理 3.

定理 5（有限增量估计）　设 G 是 $\mathbb{R}^m$ 中的开集, $f: G \to \mathbb{R}^p$ 是在 G 上可微的向量值函数. 又设 a, b 是 G 中的两个点,满足条件 $[a, b] \subset G$. 则存在 $c \in (a, b)$, 使得

$$|f(b) - f(a)| \leqslant |\mathrm{D}f(c)| |b - a|.$$

证明　考察向量值函数 $f(x)$ 的各个分量

$$f_1(x), f_2(x), \cdots, f_p(x).$$

不妨设

$$\begin{aligned} |f_k(b) - f_k(a)| &= \max_{1 \leqslant j \leqslant p} |f_j(b) - f_j(a)| \\ &= |f(b) - f(a)|. \end{aligned}$$

对数值函数 $f_k(x)$ 用有限增量定理,可以断定：存在 $c \in (a, b)$, 使得

$$f_k(b) - f_k(a) = \sum_{i=1}^m \frac{\partial f_k}{\partial x}(c)(b_i - a_i).$$

于是有

$$\begin{aligned} |f_k(b) - f_k(a)| &\leqslant \sum_{i=1}^m \left| \frac{\partial f_k}{\partial x_i}(c) \right| |b_i - a_i| \\ &\leqslant \left(\sum_{i=1}^m \left| \frac{\partial f_k}{\partial x_i}(c) \right| \right) \cdot \max_{1 \leqslant i \leqslant m} \{ |b_i - a_i| \} \end{aligned}$$

$$\leqslant \max_{1\leqslant j\leqslant p}\left\{\sum_{i=1}^{m}\left|\frac{\partial f_j}{\partial x_i}(c)\right|\right\}\cdot\max_{1\leqslant i\leqslant m}\{|b_i-a_i|\}.$$

这就是

$$|f(b)-f(a)|\leqslant|\mathrm{D}f(c)||b-a|.\quad\square$$

注记　在定理 5 的条件下,对于范数 $\|\cdot\|$,也可以断定:存在 $\tilde c$ $\in(a,b)$,使得

$$\|f(b)-f(a)\|\leqslant\|\mathrm{D}f(\tilde c)\|\|b-a\|.\tag{7.2}$$

为了证明这一事实,让我们来考察函数

$$g(x)=\sum_{j=1}^{p}(f_j(b)-f_j(a))f_j(x).$$

对这数值函数用有限增量定理,我们得知:存在 $\tilde c\in(a,b)$,使得

$$g(b)-g(a)=\sum_{i=1}^{m}\frac{\partial g}{\partial x_i}(\tilde c)(b_i-a_i),$$

即

$$\sum_{j=1}^{p}(f_j(b)-f_j(a))^2$$
$$=\sum_{j=1}^{p}\left((f_j(b)-f_j(a))\sum_{i=1}^{m}\frac{\partial f_j}{\partial x_i}(\tilde c)(b_i-a_i)\right).$$

再利用柯西不等式,就得到

$$\sum_{j=1}^{p}(f_j(b)-f_j(a))^2$$
$$\leqslant\sqrt{\sum_{j=1}^{p}(f_j(b)-f_j(a))^2}$$
$$\cdot\sqrt{\sum_{j=1}^{p}\left(\sum_{i=1}^{m}\frac{\partial f_j}{\partial x_i}(\tilde c)(b_i-a_i)\right)^2}$$
$$\leqslant\sqrt{\sum_{j=1}^{p}(f_j(b)-f_j(a))^2}$$
$$\cdot\sqrt{\sum_{j=1}^{p}\left\{\sum_{i=1}^{m}\left(\frac{\partial f_j}{\partial x_i}(\tilde c)\right)^2\right\}\left\{\sum_{i=1}^{m}(b_i-a_i)^2\right\}}$$

$$= \sqrt{\sum_{j=1}^{p}(f_j(b)-f_j(a))^2}$$

$$\cdot \sqrt{\sum_{j=1}^{p}\sum_{i=1}^{m}\left(\frac{\partial f_j}{\partial x_i}(\bar{c})\right)^2}\sqrt{\sum_{i=1}^{m}(b_i-a_i)^2}.$$

由此就可得到(7.2)式.

下面讨论向量值函数对部分变元的偏微分. 为了叙述方便,我们把 $\mathbb{R}^{m+p}$ 看作乘积

$$\mathbb{R}^m \times \mathbb{R}^p,$$

把 $\mathbb{R}^{m+p}=\mathbb{R}^m \times \mathbb{R}^p$ 中的点表示为

$$(x,y)=(x^1,\cdots,x^m,y^1,\cdots,y^p).$$

以下,凡是写 $\mathbb{R}^{m+p}=\mathbb{R}^m \times \mathbb{R}^p$ 的时候,就约定采用这种简便的表示法.

设 Ω 是 $\mathbb{R}^{m+p}=\mathbb{R}^m \times \mathbb{R}^p$ 中的开集,考察 $m+p$ 个变元的向量值函数

$$F: \Omega \to \mathbb{R}^q.$$

如果固定 $y=(y^1,\cdots,y^p)$,把 $F(x,y)$ 看成仅仅依赖于 x 的向量值函数,那么我们就可以讨论这函数对变元 x 的微分. 我们把这样的微分叫作向量值函数 $F(x,y)$ 对变元 x 的偏微分,并把它记为 $\mathrm{D}_x F(x,y)$. 类似地,还可以讨论向量值函数 $F(x,y)$ 对变元 y 的偏微分 $\mathrm{D}_y F(x,y)$. 我们把偏微分的正式定义陈述如下.

定义3 设 Ω 是 $\mathbb{R}^{m+p}=\mathbb{R}^m \times \mathbb{R}^p$ 中的一个开集, $F:\Omega\to\mathbb{R}^q$ 是一个映射, $(x_0,y_0)\in\Omega$. 如果存在 $A_1\in L(\mathbb{R}^m,\mathbb{R}^q)(A_2\in L(\mathbb{R}^p,\mathbb{R}^q))$,使得

$$\lim_{h\to0}\frac{|f(x_0+h,y_0)-f(x_0,y_0)-A_1 h|}{|h|}=0.$$

$$\left(\lim_{k\to0}\frac{|f(x_0,y_0+k)-f(x_0,y_0)-A_2 k|}{|k|}=0\right),$$

那么我们就说向量值函数 F 在点 (x_0,y_0) 对变元 x(对变元 y)可微分,并把 $A_1(A_2)$ 叫作 F 在 (x_0,y_0) 对变元 x(对变元 y)的偏微分,记为

$$\mathrm{D}_x F(x_0,y_0)=A_1$$
$$(\mathrm{D}_y F(x_0,y_0)=A_2).$$

定理 6 设 Ω 是 $\mathbb{R}^{m+p} = \mathbb{R} \times \mathbb{R}^p$ 中的一个开集，$F: \Omega \to \mathbb{R}^q$ 是一个映射，$(x_0, y_0) \in \Omega$. 如果 $F(x, y)$ 在点 (x_0, y_0)（作为依赖于 $m+p$ 个自变元的向量值函数）是可微分的，那么它在这点对变元 x 的偏微分和对变元 y 的偏微分都存在，并且

$$D_x F(x_0, y_0) h = DF(x_0, y_0)(h, 0), \quad \forall h \in \mathbb{R}^m,$$
$$D_y F(x_0, y_0) k = DF(x_0, y_0)(0, k), \quad \forall k \in \mathbb{R}^p.$$

证明 记 $A = DF(x_0, y_0)$，并定义 $A_1 \in L(\mathbb{R}^m, \mathbb{R}^q)$ 和 $A_2 \in L(\mathbb{R}^p, \mathbb{R}^q)$ 如下：

$$A_1 h = A(h, 0), \quad \forall h \in \mathbb{R}^m,$$
$$A_2 k = A(0, k), \quad \forall k \in \mathbb{R}^p.$$

则有

$$\lim_{h \to 0} \frac{|F(x_0 + h, y_0) - F(x_0, y_0) - A_1 h|}{|h|}$$
$$= \lim_{h \to 0} \frac{|F((x_0, y_0) + (h, 0)) - F(x_0, y_0) - A(h, 0)|}{|(h, 0)|}$$
$$= 0.$$

这就证明了

$$D_x F(x_0, y_0) = A_1.$$

同样可以证明

$$D_y F(x_0, y_0) = A_2. \quad \square$$

注记 设 Ω 是 $\mathbb{R}^{m+p} = \mathbb{R}^m \times \mathbb{R}^p$ 中的一个开集，$(x_0, y_0) \in \Omega$. 又设 $F: \Omega \to \mathbb{R}^q$ 是一个映射，$F(x, y)$ 的各分量为

$$F^1(x, y), \cdots, F^q(x, y).$$

如果 F 在点 (x_0, y_0) 可微，那么 $DF(x_0, y_0)$ 表现为矩阵：

$$DF(x_0, y_0) = \begin{bmatrix} \dfrac{\partial F^1}{\partial x^1} & \cdots & \dfrac{\partial F^1}{\partial x^m} & \dfrac{\partial F^1}{\partial y^1} & \cdots & \dfrac{\partial F^1}{\partial y^p} \\ \vdots & & \vdots & \vdots & & \vdots \\ \dfrac{\partial F^q}{\partial x^1} & \cdots & \dfrac{\partial F^q}{\partial x^m} & \dfrac{\partial F^q}{\partial y^1} & \cdots & \dfrac{\partial F^q}{\partial y^p} \end{bmatrix}_{(x_0, y_0)}.$$

我们注意到，偏微分 $D_x F(x_0, y_0)$ 和 $D_y F(x_0, y_0)$ 的矩阵表示恰好就是 $DF(x_0, y_0)$ 的分块矩阵表示中的两个子块：

$$D_x F(x_0, y_0) = \begin{vmatrix} \dfrac{\partial F^1}{\partial x^1} & \cdots & \dfrac{\partial F^1}{\partial x^m} \\ \vdots & & \vdots \\ \dfrac{\partial F^q}{\partial x^1} & \cdots & \dfrac{\partial F^q}{\partial x^m} \end{vmatrix}_{(x_0, y_0)},$$

$$D_y F(x_0, y_0) = \begin{vmatrix} \dfrac{\partial F^1}{\partial y^1} & \cdots & \dfrac{\partial F^1}{\partial y^p} \\ \vdots & & \vdots \\ \dfrac{\partial F^q}{\partial y^1} & \cdots & \dfrac{\partial F^q}{\partial y^p} \end{vmatrix}_{(x_0, y_0)}.$$

另一方面,如果 $D_x F(x, y)$ 和 $D_y F(x, y)$ 在点 (x_0, y_0) 邻近有定义并且作为 (x, y) 的函数在点 (x_0, y_0) 连续,那么 $F(x, y)$ 也就在点 (x_0, y_0) 可微,并且 $DF(x_0, y_0)$ 可以表示成如下的分块矩阵形式

$$DF(x_0, y_0) = [D_x F(x_0, y_0) \vdots D_y F(x_0, y_0)].$$

限于篇幅,我们不去讨论高阶微分的一般概念了. 这里仅仅通过分量来定义向量值函数的高阶连续可微性.

定义 4 设 Ω 是 $\mathbb{R}^m$ 中的一个开集,设 $f: \Omega \to \mathbb{R}^p$ 是一个映射(向量值函数),并设 $f(x)$ 的分量为

$$f_1(x), f_2(x), \cdots, f_p(x).$$

如果向量值函数 $f(x)$ 的每一分量 $f_j(x)$ 都是 r 阶连续可微的,那么我们就说 f 是 r 阶连续可微的,或者说 f 是 C^r 类的. 如果对任意的 $r \in \mathbb{N}$,函数 f 都是 r 阶连续可微的,那么我们就说 f 是 ∞ 阶连续可微的,或者说 f 是 C^∞ 类的.

§8 一般隐函数定理

本节采用迭代法证明一般隐函数定理(即 §5 中的定理 4). 为了帮助理解,预先做一些说明.

先从解方程的牛顿法谈起. 考察方程

$$f(y) = 0, \tag{8.1}$$

这里假设 f 具有我们以下讨论所需的一些性质(连续可微,导数

不等于 0,等等). 为了求解方程(8.1),我们适当选取一个初始近似 y_1,然后做迭代序列

$$y_{n+1} = y_n - \frac{f(y_n)}{f'(y_n)}, \quad n = 1, 2, \cdots. \tag{8.2}$$

如果这样产生的序列 $\{y_n\}$ 收敛于 y_*,那么 y_* 就应是方程(8.1)的解(这只要在(8.2)中让 $n \to +\infty$ 取极限就可以看出).

再来考察单个方程的隐函数定理,即 §5 中的定理 1. 在

$$F(x_0, y_0) = 0, \quad \frac{\partial F}{\partial y}(x_0, y_0) \neq 0$$

的条件下,要证明方程

$$F(x, y) = 0 \tag{8.3}$$

确定了一个从 D 到 E 的隐函数,就是要证明对每一个 $x \in D$,关于 y 的方程(8.3)恰有唯一的一个解 $y \in E$. 为此,我们尝试用牛顿法的迭代公式来求解 y:适当选取 y_1,然后构造

$$y_{n+1} = y_n - \frac{F(x, y_n)}{F_y(x, y_n)}, \quad n = 1, 2, \cdots. \tag{8.4}$$

如果能证明由(8.4)产生的迭代序列收敛,那么也就能够证明所求的解存在.

为了计算方便,我们对迭代公式(8.4)做如下简化:因为 (x, y_n) 与 (x_0, y_0) 很接近,所以 $F_y(x, y_n)$ 与 $F_y(x_0, y_0)$ 也很接近,我们就用 $F_y(x_0, y_0)$ 代替 $F_y(x, y_n)$,这样得到一个比(8.4)式更便于计算的迭代公式

$$y_{n+1} = y_n - \frac{F(x, y_n)}{F_y(x_0, y_0)}, \quad n = 1, 2, \cdots. \tag{8.5}$$

如果由(8.5)产生的迭代序列 $\{y_n\}$ 收敛,那么极限 y 也一定满足方程

$$F(x, y) = 0.$$

类似于(8.5)这样的,从牛顿法公式变形而得到的迭代公式,被称为变形的牛顿法公式.

现在考虑更一般的情形. 设 Ω 是 $\mathbb{R}^{m+p} = \mathbb{R}^m \times \mathbb{R}^p$ 中的一个开集,$F: \Omega \to \mathbb{R}^p$ 是一个连续可微的向量值函数,$(x_0, y_0) \in \Omega$,

$$F(x_0, y_0) = 0,$$

$$\det(D_y F(x_0, y_0)) \neq 0.$$

这里符号 $\det(\cdot)$ 表示方阵的行列式. 从上面的讨论得到启发, 我们尝试用类似的迭代手续去求解更一般的方程组

$$F(x, y) = 0. \tag{8.6}$$

为此, 对于充分接近于 x_0 的任意一个 x, 我们从适当选取的 y_1 出发, 构建如下的迭代序列 (式中的 $(\cdots)^{-1}$ 表示 $(\cdots)$ 的逆矩阵):

$$y_{n+1} = y_n - (D_y F(x_0, y_0))^{-1} F(x, y_n), \tag{8.7}$$
$$n = 1, 2, \cdots.$$

尚需验证由这迭代公式产生的序列 $\{y_n\}$ 确实收敛于某个 y. 我们指出: 压缩映射原理是处理这类问题的一种有效的手段.

至此, 我们已对一般隐函数定理的主要证明思路做了一番分析. 下面就来进行具体的讨论.

定理(一般隐函数定理) 设 Ω 是 $\mathbb{R}^{m+p} = \mathbb{R}^m \times \mathbb{R}^p$ 中的一个开集, $F: \Omega \to \mathbb{R}^p$ 是一个连续可微的向量值函数, $(x_0, y_0) \in \Omega$. 如果

$$F(x_0, y_0) = 0,$$
$$\det(D_y F(x_0, y_0)) \neq 0,$$

那么存在以 (x_0, y_0) 为中心的开方块

$$D \times E \subset \Omega$$
$$(D = \{x \in \mathbb{R}^m \mid |x - x_0| < \delta\},$$
$$E = \{y \in \mathbb{R}^p \mid |y - y_0| < \eta\}),$$

使得

(1) 对任何一个 $x \in D$, 恰存在唯一的一个 $y \in E$, 满足方程

$$F(x, y) = 0.$$

换句话说就是: 方程 $F(x, y) = 0$ 定义了一个从 D 到 E 的隐函数 $y = f(x)$.

(2) 这函数 $y = f(x)$ 在 D 上是连续可微的, 它的微分可以表示为

$$Df(x) = -(D_y F(x, f(x)))^{-1} D_x F(x, f(x)).$$

证明 我们定义一个映射 $\Phi: \Omega \to \mathbb{R}^p$ 如下:

$$\Phi(x, y) = y - (D_y F(x_0, y_0))^{-1} F(x, y).$$

计算得

$$D_y\Phi(x,y)=I_p-(D_yF(x_0,y_0))^{-1}D_yF(x,y),$$

这里 $I_p:\mathbb{R}^p\to\mathbb{R}^p$ 是单位映射(恒同映射),它的矩阵表示为

$$I_p=\begin{bmatrix}1&&&\\&1&&\\&&\ddots&\\&&&1\end{bmatrix}.$$

因为 (x_0,y_0) 是开集 Ω 中的点,并且在这点有

$$D_y\Phi(x_0,y_0)=0\ (零线性映射),$$

$$\det(D_yF(x_0,y_0))\neq 0\ (数\ 0),$$

所以,对于满足条件 $0<\alpha<1$ 的任意取定的 $\alpha\left(例如\ \alpha=\dfrac{1}{2}\right)$,存在 $\eta>0$,使得只要

$$|x-x_0|\leqslant\eta,\quad |y-y_0|\leqslant\eta,$$

就有

$$\begin{cases}(x,y)\in\Omega,\\|D_y\Phi(x,y)|<\alpha<1,\\\det(D_yF(x,y))\neq 0.\end{cases}$$

以下,我们记

$$E=\{y\in\mathbb{R}^p\mid|y-y_0|<\eta\},$$

$$\overline{E}=\{y\in\mathbb{R}^p\mid|y-y_0|\leqslant\eta\}.$$

又因为

$$\Phi(x_0,y_0)=y_0,$$

所以存在 $\delta,0<\delta<\eta$,使得只要

$$x\in D=\{x\in\mathbb{R}^m\mid|x-x_0|<\delta\},$$

就有

$$|\Phi(x,y_0)-y_0|<(1-\alpha)\eta.$$

对于任意(暂时取定)的 $x\in D$,我们来考察映射

$$\Phi(x,\cdot):\bar{E}\to\mathbb{R}^p.$$

下面指出：$\Phi(x,\cdot)$ 实际上是从 $\bar{E}$ 到 E 中的一个压缩映射. 首先注意到，只要 $z\in\bar{E}$，就有

$$|\Phi(x,z)-y_0|$$
$$\leqslant|\Phi(x,z)-\Phi(x,y_0)|+|\Phi(x,y_0)-y_0|$$
$$\leqslant|D_y\Phi(x,\zeta)||z-y_0|+|\Phi(x,y_0)-y_0|$$
$$<\alpha\eta+(1-\alpha)\eta=\eta.$$

因为对任何 $z\in\bar{E}$，都有

$$\Phi(x,z)\in E,$$

所以 $\Phi(x,\cdot)$ 实际上是从 $\bar{E}$ 到 E 中的一个映射：

$$\Phi(x,\cdot):\bar{E}\to E\subset\bar{E}. \tag{8.8}$$

集合 $\bar{E}$ 赋以由范数 $|\cdot|$ 决定的距离，成为一个完备的距离空间. 在这空间中，$\Phi(x,\cdot)$ 是一个压缩映射.

$$\Phi(x,\cdot):\bar{E}\to\bar{E},$$
$$|\Phi(x,z')-\Phi(x,z'')|$$
$$\leqslant|D_y\Phi(x,\zeta')||z'-z''|$$
$$\leqslant\alpha|z'-z''|,\quad\forall z',z''\in\bar{E}.$$

根据压缩映射原理，存在唯一的一个 $y\in\bar{E}$，使得

$$y=\Phi(x,y).$$

另由 (8.8) 式可知，实际上有

$$y=\Phi(x,y)\in E.$$

这样，我们证明了：对任何一个 $x\in D$，存在唯一的一个 $y\in E$，使得

$$y=\Phi(x,y),$$

也就是

$$F(x,y)=0.$$

至此，定理的结论 (1) 已经得到了证明.

把结论 (1) 中所确定的从 D 到 E 的函数记为 $y=f(x)$. 我们来考察 $f(x)$ 的分析性质. 因为

$$f(x)\equiv\Phi(x,f(x)),\quad\forall x\in D,$$

所以，只要 $x,x+h\in D$，就有

$$|f(x+h)-f(x)|$$
$$=|\Phi(x+h,f(x+h))-\Phi(x,f(x))|$$
$$\leqslant|\Phi(x+h,f(x+h))-\Phi(x+h,f(x))|$$
$$+|\Phi(x+h,f(x))-\Phi(x,f(x))|$$
$$\leqslant\alpha\,|f(x+h)-f(x)|$$
$$+|D_x\Phi(x+\theta h,f(x))|\,|h|$$
$$\leqslant\alpha\,|f(x+h)-f(x)|+\beta\,|h|.$$

在这里

$$0<\theta<1,\ \beta=\sup_{(x,y)\in\overline{D}\times\overline{E}}\{|D_x\Phi(x,y)|\}$$
$$(\overline{D}=\{x\in\mathbb{R}^m\,|\,|x-x_0|\leqslant\delta\}).$$

我们得到

$$|f(x+h)-f(x)|\leqslant\frac{\beta}{1-\alpha}\,|h|,\tag{8.9}$$
$$\forall\,x,x+h\in D.$$

这证明了函数 f 的连续性. 为了便于以下讨论,我们取

$$\gamma=\max\left\{\frac{\beta}{1-\alpha},1\right\}\geqslant1,$$

并由(8.9)式得出

$$|f(x+h)-f(x)|\leqslant\gamma\,|h|,\tag{8.10}$$
$$\forall\,x,x+h\in D.$$

下面证明函数 f 在 D 中可微,并且

$$Df(x)=-(D_yF(x,f(x)))^{-1}D_xF(x,f(x)).$$

因为 $F(x,y)$ 在 Ω 中可微,所以对于取定的 $(x,y)\in\Omega$ 和任意给定的 $\varepsilon>0$,只要增量 (h,k) 的范数 $|(h,k)|$ 充分小,就有

$$|F(x+h,y+k)-F(x,y)-D_xF(x,y)h-D_yF(x,y)k|$$
$$<\varepsilon|(h,k)|.$$

我们取 $x\in D$, $y=f(x)\in E$,并且

$$k=f(x+h)-f(x).$$

根据(8.10)式,对足够小的 h 有:

$$|k|=|f(x+h)-f(x)|\leqslant\gamma\,|h|,$$
$$|(h,k)|=\max\{|h|,\,|k|\}\leqslant\gamma\,|h|.$$

于是,只要 $|h|$ 足够小,就有

$$|F(x+h,f(x)+k)-F(x,f(x))$$
$$-\mathrm{D}_xF(x,f(x))h-\mathrm{D}_yF(x,f(x))k|$$
$$<\varepsilon|(h,k)|\leqslant\varepsilon\gamma|h|.$$

又因为

$$F(x+h,f(x)+k)=F(x+h,f(x+h))=0,$$
$$F(x,f(x))=0,$$

所以有

$$|\mathrm{D}_xF(x,f(x))h+\mathrm{D}_yF(x,f(x))k|$$
$$<\varepsilon|(h,k)|\leqslant\varepsilon\gamma|h|.$$

由此得到

$$|k+(\mathrm{D}_yF(x,f(x)))^{-1}\mathrm{D}_xF(x,f(x))h|$$
$$=|(\mathrm{D}_yF(x,f(x)))^{-1}$$
$$\cdot(\mathrm{D}_xF(x,f(x))h+\mathrm{D}_yF(x,f(x))k)|$$
$$\leqslant|(\mathrm{D}_yF(x,f(x)))^{-1}|$$
$$\cdot|\mathrm{D}_xF(x,f(x))h+\mathrm{D}_yF(x,f(x))k|$$
$$<\rho\varepsilon\gamma|h|,$$

这里

$$\rho=|(\mathrm{D}_yF(x,f(x)))^{-1}|.$$

我们看到,只要 $|h|$ 充分小,就有

$$|f(x+h)-f(x)+(\mathrm{D}_yF(x,f(x)))^{-1}\mathrm{D}_xF(x,f(x))h|$$
$$<\rho\varepsilon\gamma|h|.$$

这证明了函数 f 在任意一点 $x\in D$ 的可微性,并且得到

$$\mathrm{D}f(x)=-(\mathrm{D}_yF(x,f(x)))^{-1}\mathrm{D}_xF(x,f(x)).$$

从这表示式又可看出 $\mathrm{D}f(x)$ 的连续性(因为等式右端连续依赖于变元 x). □

推论 在上面定理中,如果 F 是 r 阶连续可微的($r\geqslant1$),那么由

$$F(x,y)=0$$

所确定的隐函数

$$f:D\rightarrow E\subset\mathbb{R}^p$$

也是 r 阶连续可微的

证明 用归纳法. 首先, $r=1$ 的情形已经包含在定理的结论之中. 在那里, 我们求得

$$\mathrm{D}f(x) = -(\mathrm{D}_y F(x, f(x)))^{-1} \mathrm{D}_x F(x, f(x)).$$

作为归纳假设, 我们认为本推论对于 $r=l-1$ 的情形已经成立. 现在来考察 $r=l$ 的情形. 如果 F 是 l 阶连续可微的, 那么它当然更是 $l-1$ 阶连续可微的. 根据归纳假设就可以判定 f 至少是 $l-1$ 阶连续可微的. 再来比较以下矩阵等式两边的分量:

$$\mathrm{D}f(x) = -(\mathrm{D}_y F(x, f(x)))^{-1} \mathrm{D}_x F(x, f(x)).$$

我们看到, 矩阵 $\mathrm{D}f(x)$ 的各分量都是 $l-1$ 阶连续可微的. 这说明 f 是 l 阶连续可微的.　□

§9　逆映射定理

9.a　微分同胚与局部微分同胚的概念

设 G 和 H 是两个集合,

$$\varphi : G \to H$$

是一个映射. 如果

　Ⅰ. φ 是单映射, 即

$$x_1, x_2 \in G, \ x_1 \neq x_2 \Rightarrow \varphi(x_1) \neq \varphi(x_2);$$

　Ⅱ. φ 是满映射, 即

$$\varphi(G) = H,$$

那么就存在 φ 的逆映射

$$\psi : H \to G,$$

它由以下条件唯一确定

$$\psi(y) = x \Longleftrightarrow \varphi(x) = y.$$

这条件又可写成

$$\psi(\varphi(x)) = x, \quad \forall x \in G,$$
$$\varphi(\psi(y)) = y, \quad \forall y \in H.$$

　　如果 G 和 H 都是 $\mathbb{R}^m$ 中的开集, 并且互逆的两个映射

$$\varphi: G \to H \subset \mathbb{R}^m$$

和

$$\psi: H \to G \subset \mathbb{R}^m$$

都是 C^r 映射，那么我们就说 φ 是从 G 到 H 的一个 C^r 同胚（并且说 ψ 是从 H 到 G 的一个 C^r 同胚）.

我们约定把 C^0 同胚简单地叫作同胚，把 C^1 同胚叫作微分同胚（有时也把 $r>1$ 情形的 C^r 同胚叫作 C^r 微分同胚）.

现在设 Ω 是 $\mathbb{R}^m$ 中的一个开集，

$$f: \Omega \to \mathbb{R}^m$$

是一个 C^r 映射，$a \in \Omega$. 如果存在包含点 a 的开集 U 和包含点 $b=f(a)$ 的开集 V，使得 f 限制在 U 上是从 U 到 V 的一个 C^r 同胚，那么我们就说 f 在 a 点是局部 C^r 同胚.

我们把局部 C^0 同胚简单地叫作局部同胚，把局部 C^1 同胚叫作局部微分同胚（有时也把 $r>1$ 情形的局部 C^r 同胚叫作局部 C^r 微分同胚）.

一个有重要意义的问题是：在怎样的条件下，映射 f 在 a 点是局部微分同胚？下面将要介绍的逆映射定理，回答了这个问题.

9. b 逆映射定理

为了以下叙述方便，我们先对映射的限制做一说明. 设

$$\varphi: X \to Y$$

是一个映射，$S \subset X$. 则 φ 限制在 S 上给出一个映射

$$\varphi|S: S \to Y,$$

这映射的定义如下：

$$(\varphi|S)(x)=\varphi(x), \quad \forall x \in S.$$

换句话说，$\varphi|S$ 与 φ 的对应法则是同样的，它们之间的区别仅仅在于前者的定义范围限制在子集 S 上.

定理 1（逆映射定理） 设 Ω 是 $\mathbb{R}^m$ 中的一个开集，

$$f: \Omega \to \mathbb{R}^m$$

是一个连续可微映射，$a \in \Omega$. 如果

$$\det Df(a) \neq 0,$$

那么 f 在 a 点是局部微分同胚.

换句话说,就是:在所给的条件下,存在包含点 a 的开集 U 和包含点 $b=f(a)$ 的开集 V,使得 $f(U)=V$, $f:U\to V$ 是一一对应,并且 $f|U$ 的逆映射

$$g:V\to U\subset\mathbb{R}^m$$

也是连续可微映射.

证明 考察这样一个向量值函数

$$F:\Omega\times\mathbb{R}^m\to\mathbb{R}^m,$$

其定义为

$$F(x,y)=f(x)-y,\quad \forall(x,y)\in\Omega\times\mathbb{R}^m.$$

映射 F 显然是连续可微的,它还满足

$$F(a,b)=f(a)-b=0,$$
$$\det D_xF(a,b)=\det Df(a)\neq 0.$$

因而可以对 $F(x,y)=0$ 应用一般隐函数定理(但要注意,与 §8 定理中所用的符号相对照,这里的变元 x 与变元 y 所扮演的角色正好相反). 我们断定:存在以点 a 为中心的开方块 $W\subset\Omega$ 和以点 $b=f(a)$ 为中心的开方块 $V\subset\mathbb{R}^m$,使得

(1) 对任何 $y\in V$,恰存在唯一的 $x\in W$,满足

$$F(x,y)=f(x)-y=0,$$

因而方程

$$f(x)-y=0$$

定义了一个从 V 到 W 的映射 $x=g(y)$;

(2) 映射 $g:V\to W\subset\mathbb{R}^m$ 是连续可微的,并且对于 $y\in V$, $x=g(y)$,应有

$$Dg(y)=-(D_xF(x,y))^{-1}D_yF(x,y)$$
$$=(Df(x))^{-1}.$$

我们来考察集合

$$U=\{x\in W|f(x)\in V\}.$$

因为 W 和 V 都是开集, f 是连续映射,所以对任何 $x_0\in U$,存在 $\delta>0$,使得

$$U(x_0,\delta)\subset W$$

并且
$$f(U(x_0,\delta)) \subset U(f(x_0),\varepsilon) \subset V,$$
即
$$U(x_0,\delta) \subset U.$$

这说明 U 是 $\mathbb{R}^m$ 中的一个开集(图 12-2). 显然 f 限制在 U 上是从 U 到 V 的一一对应, $f|U$ 的逆映射就是连续可微映射
$$g: V \to U \subset \mathbb{R}^m. \qquad \square$$

注记　在定理 1 的证明过程中, 我们已经顺便得到了求逆映射微分的公式: 对于 $y \in V$, $x = g(y)$, 应有
$$Dg(y) = (Df(x))^{-1},$$
也就是
$$Dg(y) = (Df(g(y)))^{-1}.$$

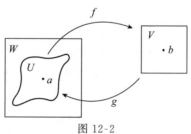

图 12-2

推论　在定理 1 中, 如果 f 是 r 阶连续可微的$(r \geqslant 1)$, 那么局部逆映射 $g = (f|U)^{-1}$ 也是 r 阶连续可微的. 换句话说, 在这条件下, f 在 a 点是一个局部 C^r 同胚.

定理 2　设 Ω 是 $\mathbb{R}^m$ 中的开集,
$$f: \Omega \to \mathbb{R}^m$$
是一个连续可微映射. 如果
$$\det Df(x) \neq 0, \quad \forall x \in \Omega,$$
那么 f 把 Ω 的任何开子集 G 仍映成 $\mathbb{R}^m$ 中的开集.

证明　设 G 是 $\mathbb{R}^m$ 中的一个开集, $G \subset \Omega$. 我们来证明 $H = f(G)$ 仍是一个开集. 对于 $H = f(G)$ 中的任意一点 b, 存在 $a \in G$, 使得 $f(a) = b$. 因为
$$\det Df(a) \neq 0,$$

根据逆映射定理可以判定：存在开集 U 和 V，满足条件
$$a\in U\subset G,\quad b\in V,\quad f(U)=V.$$
于是
$$b\in V=f(U)\subset f(G)=H.$$
由此得知 b 是 $H=f(G)$ 的内点. 我们看到，$H=f(G)$ 中的任何一点 b，都是这集合的内点. 这说明 $H=f(G)$ 是一个开集.　□

注记　如果映射 f 把开集仍映成开集，那么我们就说 f 是一个开映射. 定理 2 中给出了保证 f 是开映射的一个充分条件.

定理 3　设 G 是 $\mathbb{R}^m$ 中的开集，而
$$f:G\to\mathbb{R}^m$$
是一个 r 阶连续可微的映射 $(r\geq 1)$. 如果

(1) f 是单映射（这就是说，对任何 $x_1,x_2\in G$，$x_1\neq x_2$，都应有 $f(x_1)\neq f(x_2)$）；

(2) $\det\mathrm{D}f(x)\neq 0$，$\forall x\in G$，

那么 f 是从开集 G 到开集 $H=f(G)$ 的一个 C^r 微分同胚.

证明　由条件 (1) 可知，f 是从 G 到 $H=f(G)$ 的一一对应，因而存在逆映射
$$f^{-1}:H\to G.$$
又由于条件 (2)，根据逆映射定理及其推论可以断定，在每一点 $b\in H=f(G)$ 的邻近，逆映射 $f^{-1}=g$ 都是 r 阶连续可微的. 这就是说，f^{-1} 在 H 上是 C^r 的.　□

请读者注意：定理 3 中的条件 (1) 并不能从条件 (2) 推得. 我们举出以下反例.

例　考察映射
$$\varphi:\mathbb{C}\backslash\{0\}\to\mathbb{C}\backslash\{0\},$$
$$z\mapsto z^2.$$
如果把 $\mathbb{C}$ 中的点 $z=x+\mathrm{i}y$ 和 $w=u+\mathrm{i}v$ 分别等同于 $\mathbb{R}^2$ 中的点 (x,y) 和 (u,v)，那么映射 $w=\varphi(z)$ 决定了一个从 $\mathbb{R}^2\backslash\{(0,0)\}$ 到 $\mathbb{R}^2\backslash\{(0,0)\}$ 的映射
$$f:\mathbb{R}^2\backslash\{(0,0)\}\to\mathbb{R}^2\backslash\{(0,0)\},$$
$$(x,y)\mapsto(x^2-y^2,2xy).$$

映射 f 的坐标表示为

$$\begin{cases} u = x^2 - y^2, \\ v = 2xy. \end{cases}$$

该映射的雅可比行列式为

$$\det \mathrm{D}f(x,y) = \frac{\partial(u,v)}{\partial(x,y)}$$

$$= \begin{vmatrix} 2x & -2y \\ 2y & 2x \end{vmatrix}$$

$$= 4(x^2 + y^2) > 0,$$

$$\forall (x,y) \in \mathbb{R}^2 \setminus \{(0,0)\}.$$

我们看到,映射 f 满足定理 3 中的条件(2),但它不满足该定理中的条件(1),因为对于 $(x,y) \neq (0,0)$,我们有

$$(-x, -y) \neq (x,y),$$

$$f(-x, -y) = f(x,y).$$

§10 多元函数的极值

10.a 普通极值

定义 设 m 元数值函数 $f(x) = f(x_1, \cdots, x_m)$ 在点 $a = (a_1, \cdots, a_m)$ 邻近有定义. 如果存在 $\eta > 0$,使得

$$f(x) \geqslant f(a), \quad \forall x \in \check{U}(a, \eta),$$
$$(\leqslant)$$

那么我们就说函数 f 在点 a 取得极小值(极大值). 如果存在 $\eta > 0$,使得

$$f(x) > f(a), \quad \forall x \in \check{U}(a, \eta),$$
$$(<)$$

那么我们就说函数 f 在点 a 取得严格极小值(严格极大值).

极小值和极大值统称为极值. 严格极小值和严格极大值统称为严格极值. 在下一段中,我们还将讨论受到一定条件约束的极

值——条件极值. 为了与那情形区别,这里定义的极值又称为普通极值.

设函数 $f(x) = f(x_1, \cdots, x_m)$ 在点 $a = (a_1, \cdots, a_m)$ 可微,于是

$$f(a+h) - f(a) = \sum_{i=1}^{m} A_i h_i + o(\|h\|).$$

我们指出,如果函数 f 在点 a 取得极值,那么必定有

$$A_1 = \cdots = A_m = 0.$$

以下用反证法证明这一事实. 设 ε 是充分小的正数,记

$$h_i = A_i \varepsilon, \quad i = 1, \cdots, m, \quad h = (h_1, \cdots, h_m),$$

则有

$$f(a \pm h) - f(a) = \pm \left(\sum_{j=1}^{m} A_i^2 \right) \varepsilon + o(\varepsilon).$$

假设

$$\sum_{i=1}^{m} A_i^2 \neq 0,$$

那么当 ε 充分小时, $f(a \pm h) - f(a)$ 的符号由其主部

$$\pm \left(\sum_{i=1}^{m} A_i^2 \right) \varepsilon$$

决定,于是

$$f(a+h) > f(a), \quad f(a-h) < f(a).$$

这说明函数 f 不可能在点 a 取得极值.

通过以上的讨论,我们得到了函数 f 在点 a 取得极值的必要条件:

定理 1 设函数 $f(x) = f(x_1, \cdots, x_m)$ 在点 $a = (a_1, \cdots, a_m)$ 邻近有定义并在这点可微. 如果 f 在点 a 取得极值,那么它在这点的各偏导数均为 0:

$$\frac{\partial f}{\partial x_i}(a) = 0, \quad i = 1, 2, \cdots, m.$$

注记 设函数 f 在点 a 可微. 如果 f 在这点的各偏导数都等于 0,那么我们就说点 a 是函数 f 的 **临界点**. 于是,函数 f 在点 a 取得极值的必要条件可以陈述为:点 a 是函数 f 的临界点.

现在，设函数 $f(x) = f(x_1, \cdots, x_m)$ 在点 $a = (a_1, \cdots, a_m)$ 邻近至少是二阶连续可微的，并设 a 是函数 f 的临界点：

$$\frac{\partial f}{\partial x_i}(a) = 0, \quad i = 1, \cdots, m.$$

在这前提下，我们来探讨能保证函数 f 在点 a 取得极值的充分条件。为此，利用带小 o 余项的泰勒公式，在点 a 把函数 f 展开到二阶项：

$$f(a+h) - f(a)$$
$$= \frac{1}{2}\left(h_1 \frac{\partial}{\partial x_1} + \cdots + h_m \frac{\partial}{\partial x_m}\right)^2 f(a) + o(\|h\|^2)$$
$$= \frac{1}{2}\sum_{i,j=1}^{m} \frac{\partial^2 f}{\partial x_i \partial x_j}(a) h_i h_j + o(\|h\|^2)$$
$$= \frac{1}{2}\sum_{i,j=1}^{m} A_{ij} h_i h_j + o(\|h\|^2).$$

在这里，我们记

$$A_{ij} = \frac{\partial^2 f}{\partial x_i \partial x_j}(a), \quad i,j = 1, \cdots, m.$$

为了判别 $f(a+h) - f(a)$ 的符号，我们要用到代数中关于二次型的一些结果（对二次型的一般理论不够熟悉的读者，可以限于考虑 $m = 2$ 的情形。这情形所涉及的二次型就是两个变元的二次三项式。有关的结果都可以用配平方的办法简单地加以证明）。

定义　设实数 c_{ij} 满足条件

$$c_{ij} = c_{ji}, \quad i,j = 1, \cdots, m.$$

我们把 m 个变元 $\xi_1, \cdots, \xi_m$ 的二次齐次多项式

$$Q(\xi) = \sum_{i,j=1}^{m} c_{ij} \xi_i \xi_j$$

叫作**二次型**。如果对任何

$$\xi = (\xi_1, \cdots, \xi_m) \in \mathbb{R}^m \setminus \{0\}$$

都有

$$Q(\xi) > 0,$$
$$(<)$$

那么我们就说二次型 $Q(\xi)$ 是**正定的**（**负定的**）。

一个二次型

$$Q(\xi) = \sum_{i,j=1}^{m} c_{ij}\xi_i\xi_j$$

完全决定于它的系数方阵

$$C = \begin{bmatrix} c_{11} & c_{12} & \cdots & c_{1m} \\ c_{21} & c_{22} & \cdots & c_{2m} \\ \vdots & \vdots & & \vdots \\ c_{m1} & c_{m2} & \cdots & c_{mm} \end{bmatrix}$$

$$(c_{ij} = c_{ji}, i, j = 1, \cdots, m),$$

如果二次型 $Q(\xi)$ 是正定的(负定的),那么我们就说它的系数方阵 C 是正定的(负定的).

关于二次型 $Q(\xi)$ (或它的系数方阵 C)的正定性,有以下判别准则

西尔维斯特(Sylvester)定理 二次型

$$Q(\xi) = \sum_{i,j=1}^{m} c_{ij}\xi_i\xi_j \quad (c_{ij} = c_{ji}, i, j = 1, \cdots, m)$$

为正定的充要条件是:它的系数方阵 C 的所有的顺序主子式都大于 0,即

$$c_{11} > 0, \quad \begin{vmatrix} c_{11} & c_{12} \\ c_{21} & c_{22} \end{vmatrix} > 0, \quad \cdots,$$

$$\begin{vmatrix} c_{11} & c_{12} & \cdots & c_{1m} \\ c_{21} & c_{22} & \cdots & c_{2m} \\ \vdots & \vdots & & \vdots \\ c_{m1} & c_{m2} & \cdots & c_{mm} \end{vmatrix} > 0.$$

注记 对于 $m=2$ 的情形,这定理可以简单地证明如下:考察二次型

$$Q(\xi) = c_{11}\xi_1^2 + 2c_{12}\xi_1\xi_2 + c_{22}\xi_2^2.$$

取 $\xi' = (1,0)$,就得到

$$Q(\xi') = c_{11}.$$

因此 $Q(\xi)$ 为正定的一个必要条件是 $c_{11} > 0$. 在这条件下,

$$Q(\xi) = c_{11}\left[\xi_1^2 + 2\frac{c_{12}}{c_{11}}\xi_1\xi_2 + \left(\frac{c_{12}}{c_{11}}\xi_2\right)^2\right]$$

$$+ \left(c_{22} - \frac{c_{12}^2}{c_{11}}\right)\xi_2^2$$

$$= c_{11}\left(\xi_1 + \frac{c_{12}}{c_{11}}\xi_2\right)^2 + \frac{c_{11}c_{22} - c_{12}^2}{c_{11}}\xi_2^2.$$

由此可以看出,要使 $Q(\xi)$ 对一切 $\xi \neq 0$ 都取正值,必须

$$c_{11} > 0, \quad \begin{vmatrix} c_{11} & c_{12} \\ c_{12} & c_{22} \end{vmatrix} = c_{11}c_{22} - c_{12}^2 > 0.$$

至于条件的充分性,也同样可从 $Q(\xi)$ 配平方后的表示式看出.

推论 二次型

$$Q(\xi) = \sum_{i,j=1}^{m} c_{ij}\xi_i\xi_j$$
$$(c_{ij} = c_{ji}, i,j = 1,\cdots,m)$$

为负定的充要条件是

$$(-1)c_{11} > 0, \quad (-1)^2\begin{vmatrix} c_{11} & c_{12} \\ c_{12} & c_{22} \end{vmatrix} > 0, \quad \cdots,$$

$$(-1)^m \begin{vmatrix} c_{11} & c_{12} & \cdots & c_{1m} \\ c_{21} & c_{22} & \cdots & c_{2m} \\ \vdots & \vdots & & \vdots \\ c_{m1} & c_{m2} & \cdots & c_{mm} \end{vmatrix} > 0.$$

引理 设二次型 $Q(\xi)$ 是正定的,那么存在常数 $\sigma > 0$,使得

$$Q(\xi) \geqslant \sigma\|\xi\|^2, \quad \forall \xi \in \mathbb{R}^m.$$

证明 我们把 $\mathbb{R}^m$ 中的全体单位向量的集合称为单位球面,并把它记为

$$S = \{\xi \in \mathbb{R}^m \mid \|\xi\| = 1\}.$$

容易看出:S 是 $\mathbb{R}^m$ 中的有界闭集. 连续函数 $Q(\xi)$ 在 S 上取得最小值 σ. 这就是说,存在 $\zeta \in S$,使得

$$Q(\zeta) = \inf_{\xi \in S} Q(\xi) = \sigma.$$

因为 $Q(\xi)$ 是正定的,$\zeta \neq 0$,所以

$$\sigma = Q(\zeta) > 0.$$

对于任何不等于 0 的 $\xi \in \mathbb{R}^m$，我们有

$$\frac{\xi}{\|\xi\|} \in S.$$

因而

$$Q\left(\frac{\xi}{\|\xi\|}\right) \geqslant \sigma.$$

即

$$\frac{1}{\|\xi\|^2} Q(\xi) \geqslant \sigma, \quad Q(\xi) \geqslant \sigma \|\xi\|^2.$$

上式对于 $\xi = 0$ 显然也成立. 这样，我们证明了：

$$Q(\xi) \geqslant \sigma \|\xi\|^2, \quad \forall \xi \in \mathbb{R}^m. \quad \square$$

设函数 $f(x) = f(x_1, \cdots, x_m)$ 在点 $a = (a_1, \cdots, a_m)$ 邻近至少是二阶连续可微的. 考察由 f 在点 a 的二阶偏导数组成的方阵

$$H_f(a) = \left[\frac{\partial^2 f}{\partial x_i \partial x_j}(a)\right]_{m \times m}$$

$$= \begin{bmatrix} \dfrac{\partial^2 f}{\partial x_1^2}(a) & \dfrac{\partial^2 f}{\partial x_1 \partial x_2}(a) & \cdots & \dfrac{\partial^2 f}{\partial x_1 \partial x_m}(a) \\ \dfrac{\partial^2 f}{\partial x_2 \partial x_1}(a) & \dfrac{\partial^2 f}{\partial x_2^2}(a) & \cdots & \dfrac{\partial^2 f}{\partial x_2 \partial x_m}(a) \\ \vdots & \vdots & & \vdots \\ \dfrac{\partial^2 f}{\partial x_m \partial x_1}(a) & \dfrac{\partial^2 f}{\partial x_m \partial x_2}(a) & \cdots & \dfrac{\partial^2 f}{\partial x_m^2}(a) \end{bmatrix}.$$

我们把 $H_f(a)$ 叫作函数 f 在点 a 的**黑赛(Hasse)方阵**.

定理 2   设函数 $f(x) = f(x_1, \cdots, x_m)$ 在点 $a = (a_1, \cdots, a_m)$ 邻近至少是二阶连续可微的, a 是 f 的一个临界点. 如果函数 f 在点 a 的黑赛方阵 $H_f(a)$ 是正定的(负定的)，那么函数 f 在点 a 取得严格极小值(严格极大值).

证明   设 a 是 f 的临界点, $H_f(a)$ 是正定的. 为书写简便，我们记

$$A_{ij} = \frac{\partial^2 f}{\partial x_i \partial x_j}(a), \quad i, j = 1, \cdots, m.$$

因为二次型

$$\sum_{i,j=1}^{m} A_{ij} h_i h_j$$

是正定的,所以存在 $\sigma > 0$, 使得

$$\sum_{i,j=1}^{m} A_{ij} h_i h_j \geqslant \sigma \|h\|^2, \quad \forall\, h \in \mathbb{R}^m.$$

利用带小 o 余项的泰勒公式,我们得到

$$f(a+h) - f(a) = \frac{1}{2} \sum_{i,j=1}^{m} A_{ij} h_i h_j + o(\|h\|^2)$$

$$\geqslant \frac{1}{2} \sigma \|h\|^2 + o(\|h\|^2)$$

$$= \left(\frac{1}{2} \sigma + o(1) \right) \|h\|^2.$$

于是,存在 $\delta > 0$, 使得只要

$$0 < \|h\| < \delta,$$

就有

$$f(a+h) - f(a) \geqslant \left(\frac{1}{2} \sigma + o(1) \right) \|h\|^2$$

$$\geqslant \frac{1}{4} \sigma \|h\|^2 > 0.$$

这证明了函数 f 在点 a 取得严格极小值.

类似地可以证明:如果 a 是 f 的临界点, $H_f(a)$ 是负定的,那么函数 f 在点 a 取得严格极大值. □

注记 设 a 是函数 f 的临界点,

$$A_{ij} = \frac{\partial^2 f}{\partial x_i \partial x_j}(a), \quad i,j = 1, \cdots, m,$$

$$Q(\xi) = \sum_{i,j=1}^{m} A_{ij} \xi_i \xi_j.$$

如果 $Q(\xi)$ 是不定的(变号的),即存在 $\xi', \xi'' \in \mathbb{R}^m$, 使得

$$Q(\xi') < 0 < Q(\xi''),$$

那么对充分小的 $\varepsilon > 0$ 就有

$$f(a + \varepsilon \xi') - f(a) = \frac{1}{2} Q(\xi') \varepsilon^2 + o(\varepsilon^2) < 0,$$

$$f(a + \varepsilon \xi'') - f(a) = \frac{1}{2} Q(\xi'') \varepsilon^2 + o(\varepsilon^2) > 0.$$

因而,对这种情形,函数 f 在点 a 不取得极值.

10. b 条件极值与拉格朗日乘数法

在求极值的实际问题中,对于所考察的某个函数,我们希望它所取的值尽可能大(或者尽可能小),以期达到最好的效益. 这种能反映我们所企求的效益的函数,被称为**目标函数**.

在某些实际问题中,考察这样的目标函数

$$f(x) = f(x_1, \cdots, x_{m+p}), \tag{10.1}$$

它的变元必须满足一定的结束条件

$$\begin{cases} g_1(x) = g_1(x_1, \cdots, x_{m+p}) = 0, \\ \cdots\cdots\cdots\cdots\cdots\cdots\cdots\cdots\cdots \\ g_p(x) = g_p(x_1, \cdots, x_{m+p}) = 0. \end{cases} \tag{10.2}$$

我们需要寻求目标函数(10.1)在条件(10.2)的约束下的极值. 这样的极值被称为条件极值(或约束极值,限制极值). 为了强调与这情形的区别,上段中讨论的不附加约束条件的普通极值,有时也被称为无条件极值.

在下面的讨论中,假定(10.1)和(10.2)中的各函数都连续可微足够多次,并且还假定(10.2)中的各函数(在所涉及的范围内)满足以下的**正则条件**:

$$\text{rank} \begin{bmatrix} \dfrac{\partial g_1}{\partial x_1} & \cdots & \dfrac{\partial g_1}{\partial x_{m+p}} \\ \vdots & & \vdots \\ \dfrac{\partial g_p}{\partial x_1} & \cdots & \dfrac{\partial g_p}{\partial x_{m+p}} \end{bmatrix} = p. \tag{10.3}$$

在这里,记号 rank 表示矩阵的秩. 做了这些基本假设之后,我们来探索目标函数(10.1)在方程组(10.2)约束下的极值.

鉴于条件(10.3),必要时适当改变编号,可以假定在所涉及的点邻近有

$$\frac{\partial(g_1, \cdots, g_p)}{\partial(x_{m+1}, \cdots, x_{m+p})} \neq 0. \tag{10.4}$$

于是,在这点邻近,可以从(10.2)中解出

$$\begin{cases} x_{m+1} = \psi_1(x_1, \cdots, x_m), \\ \cdots\cdots\cdots\cdots\cdots\cdots\cdots\cdots \\ x_{m+p} = \psi_p(x_1, \cdots, x_m). \end{cases} \tag{10.5}$$

把(10.5)代入(10.1),得到这样一个函数

$$\varphi(x_1, \cdots, x_m)$$
$$= f(x_1, \cdots, x_m, \psi_1(x_1, \cdots, x_m), \cdots, \psi_p(x_1, \cdots, x_m)). \tag{10.6}$$

于是,所讨论的条件极值问题就化成了求目标函数(10.6)的无条件极值的问题.

以上做法虽然从原则上看来行得通,却很少用来解实际问题. 因为一般说来,要从方程组(10.2)中解出(10.5)那样的显式表示,绝不是一件容易的事.

处理条件极值问题的一个巧妙的办法,是拉格朗日提出的待定乘数法. 其基本手续如下:首先,定义一个含有 p 个待定乘数 λ_1, $\cdots, \lambda_p$ 的辅助函数

$$F(x_1, \cdots, x_{m+p}, \lambda_1, \cdots, \lambda_p)$$
$$= f(x_1, \cdots, x_{m+p}) + \sum_{r=1}^{p} \lambda_r g_r(x_1, \cdots, x_{m+p});$$

然后,证明目标函数(10.1)在条件(10.2)约束下的极值点,都是这辅助函数的临界点.

定理 3   如果目标函数(10.1),在条件(10.2)约束下,在点 $a = (a_1, \cdots, a_{m+p})$ 达到极值,那么存在 $\lambda = (\lambda_1, \cdots, \lambda_p) \in \mathbb{R}^p$,使得 (a, λ) 是辅助函数

$$F(x, \lambda) = f(x) + \sum_{r=1}^{p} \lambda_r g_r(x) \tag{10.7}$$

的临界点。这就是说,a 和 λ 应满足方程组

$$\begin{cases} \dfrac{\partial f}{\partial x_k}(a) + \sum_{r=1}^{p} \lambda_r \dfrac{\partial g_r}{\partial x_k}(a) = 0, & k = 1, \cdots, m+p; \\ g_r(a) = 0, & r = 1, \cdots, p. \end{cases} \tag{10.8}$$

证明   如前所述,所讨论的条件极值问题,等价于函数(10.6)的无条件极值问题. 因而,在点 $(a_1, \cdots, a_m)$ 处应有

$$\frac{\partial \varphi}{\partial x_i} = 0, \quad i = 1, \cdots, m,$$

即

$$\frac{\partial f}{\partial x_i} + \sum_{j=1}^p \frac{\partial f}{\partial x_{m+j}} \frac{\partial \psi_j}{\partial x_i} = 0, \quad i = 1, \cdots, m. \tag{10.9}$$

这里出现的 $\frac{\partial f}{\partial x_i}$ 和 $\frac{\partial f}{\partial x_{m+j}}$ 均在 $(a_1, \cdots, a_{m+p})$ 处计值，而 $\frac{\partial \psi_j}{\partial x_i}$ 在 $(a_1, \cdots, a_m)$ 处计值，$i = 1, \cdots, m, j = 1, \cdots, p$. 我们约定，以下遇到类似的情形，也照这样去理解. 想要避免计算隐函数偏导数的麻烦，我们设法消去(10.9)式中所含的 $\frac{\partial \psi_j}{\partial x_i}$. 为此，将利用以下一些恒等式关系：

$$g_r(x_1, \cdots, x_m, \psi_1(x_1, \cdots, x_m), \cdots, \psi_p(x_1, \cdots, x_m)) = 0,$$
$$r = 1, 2, \cdots, p.$$

这些恒等式两边对 $x_i(i = 1, \cdots, m)$ 求偏导数得到

$$\frac{\partial g_r}{\partial x_i} + \sum_{j=1}^p \frac{\partial g_r}{\partial x_{m+j}} \frac{\partial \psi_j}{\partial x_i} = 0, \quad r = 1, 2, \cdots, p. \tag{10.10}$$

将(10.10)式中的各式分别乘以待定乘数 $\lambda_1, \cdots, \lambda_p$，然后加到(10.9)式上去，我们得到

$$\frac{\partial f}{\partial x_i} + \sum_{r=1}^p \lambda_r \frac{\partial g_r}{\partial x_i} + \sum_{j=1}^p \left(\frac{\partial f}{\partial x_{m+j}} + \sum_{r=1}^p \lambda_r \frac{\partial g_r}{\partial x_{m+j}} \right) \frac{\partial \psi_j}{\partial x_i} = 0,$$
$$i = 1, 2, \cdots, m. \tag{10.11}$$

因为

$$\frac{\partial(g_1, \cdots, g_p)}{\partial(x_{m+1}, \cdots, x_{m+p})}(a) \neq 0 \quad (a = (a_1, \cdots, a_{m+p})),$$

我们可以选择 $\lambda_1, \cdots, \lambda_p$，使得

$$\frac{\partial f}{\partial x_{m+j}}(a) + \sum_{r=1}^p \lambda_r \frac{\partial g_r}{\partial x_{m+j}}(a) = 0, \tag{10.12}$$
$$j = 1, \cdots, p.$$

对于这样选择的 $\lambda_1, \cdots, \lambda_p$，从(10.11)式又可得到

$$\frac{\partial f}{\partial x_i}(a) + \sum_{r=1}^p \lambda_r \frac{\partial g_r}{\partial x_i}(a) = 0, \tag{10.13}$$

$$i = 1, 2, \cdots, m.$$

综合(10.12)和(10.13)式,我们得到约束极值的必要条件: 存在 $\lambda \in \mathbb{R}^p$,使得 (a, λ) 适合方程组

$$\begin{cases} \dfrac{\partial F}{\partial x_k}(a, \lambda) = \dfrac{\partial f}{\partial x_k}(a) + \sum_{r=1}^{p} \lambda_r \dfrac{\partial g_r}{\partial x_k}(a) = 0, \\ \qquad k = 1, 2, \cdots, m+p; \\ \dfrac{\partial F}{\partial \lambda_r}(a, \lambda) = g_r(a) = 0, \\ \qquad r = 1, 2, \cdots, p. \qquad \square \end{cases} \tag{10.14}$$

下面讨论约束极值的充分条件. 为了叙述方便,我们把满足条件(10.2)的点 x 的集合记为 M. 设点 a 满足定理 3 中所陈述的必要条件. 对于 M 上邻近于 a 的点 x,我们记

$$h = x - a.$$

于是有

$$f(a+h) - f(a) = \sum_{k=1}^{m+p} \frac{\partial f}{\partial x_k}(a) h_k$$
$$+ \frac{1}{2} \sum_{k,l=1}^{m+p} \frac{\partial^2 f}{\partial x_k \partial x_l}(a) h_k h_l + o(\|h\|^2). \tag{10.15}$$

但在这里,由于展式的一阶项不一定为 0,还不能利用二阶项来判别极值是否存在. 为了便于讨论,我们又设法从(10.15)式中消去一阶项. 对于 $a \in M$, $a + h \in M$,应有

$$0 = g_r(a+h) - g_r(a), \quad r = 1, \cdots, p.$$

用带小 o 余项的泰勒公式,把上式右边的表示式展开,我们得到

$$0 = \sum_{k=1}^{m+p} \frac{\partial g_r}{\partial x_k}(a) h_k + \frac{1}{2} \sum_{k,l=1}^{m+p} \frac{\partial^2 g_r}{\partial x_k \partial x_l}(a) h_k h_l + o(\|h\|^2), \tag{10.16}$$
$$r = 1, 2, \cdots, p.$$

将(10.16)式中的各式分别乘以 $\lambda_1, \cdots, \lambda_p$,然后加到(10.15)式上去——这里设 a 和 λ 满足条件(10.8). 于是,我们得到

$$f(a+h) - f(a) = \frac{1}{2} \sum_{k,l=1}^{m+p} \frac{\partial^2 F}{\partial x_k \partial x_l}(a, \lambda) h_k h_l + o(\|h\|^2).$$

利用这一表示式,通过考察二次型

$$\sum_{k,l=1}^{m+p} \frac{\partial^2 F}{\partial x_k \partial x_l}(a,\lambda) h_k h_l,$$

我们得到以下的关于约束极值的充分条件:

定理 4 设(10.1)和(10.2)式中的各函数至少是二阶连续可微的,设 a 和 λ 满足必要条件(10.8),并记

$$F(x,\lambda) = f(x) + \sum_{r=1}^{p} \lambda_r g_r(x).$$

如果方阵

$$\left[\frac{\partial^2 F}{\partial x_k \partial x_l}(a,\lambda)\right]_{k,l=1}^{m+p} \tag{10.17}$$

是正定的(负定的),那么目标函数(10.1)在条件(10.2)的约束下,于 a 点取得严格的极小值(严格的极大值).

注记 在上面的定理中,没有涉及这样的情形:(a,λ) 是辅助函数 $F(x,\lambda)$ 的临界点,但在这点方阵(10.17)是不定的. 请注意,对这情形,我们不能得出"f 不取得条件极值"的一般性结论. 这可从下面的例子看出.

例 1 考察目标函数

$$f(x,y,z) = x^2 + y^2 - z^2$$

和约束条件

$$g(x,y,z) = z = 0.$$

我们作出辅助函数

$$\begin{aligned} F(x,y,z,\lambda) &= f(x,y,z) + \lambda g(x,y,z) \\ &= x^2 + y^2 - z^2 + \lambda z. \end{aligned}$$

显然 $(x,y,z,\lambda) = (0,0,0,0)$ 是辅助函数 $F(x,y,z,\lambda)$ 的临界点. 在这点有

$$\begin{bmatrix} F_{xx} & F_{xy} & F_{xz} \\ F_{yx} & F_{yy} & F_{yz} \\ F_{zx} & F_{zy} & F_{zz} \end{bmatrix} = \begin{bmatrix} 2 & 0 & 0 \\ 0 & 2 & 0 \\ 0 & 0 & -2 \end{bmatrix}.$$

显然这方阵是不定的. 但容易看出:目标函数

$$f(x,y,z) = x^2 + y^2 - z^2$$

在条件 $g(x,y,z) = z = 0$ 的约束之下,在点 $(x,y,z) = (0,0,0)$ 取

得约束极小值.

10. c 求极值的例子

例 2 在周长等于给定常数 $2p$ 的三角形当中,什么样的三角形面积最大?

解 用 x,y,z 分别表示三角形三边的边长. 根据海伦公式,三角形的面积可以表示为

$$S = \sqrt{p(p-x)(p-y)(p-z)}.$$

考察目标函数

$$f(x,y,z) = (p-x)(p-y)(p-z)$$

和约束条件

$$g(x,y,z) = x+y+z-2p = 0.$$

我们来求 f 在条件 $g=0$ 约束下的最大值. 在这里,很容易从约束条件中解出

$$z = 2p-x-y.$$

于是,问题转化为求以下函数的普通最大值:

$$\varphi(x,y) = (p-x)(p-y)(x+y-p).$$

计算这函数的导数得到

$$\frac{\partial \varphi}{\partial x}(x,y) = (p-y)(2p-2x-y),$$

$$\frac{\partial \varphi}{\partial y}(x,y) = (p-x)(2p-x-2y).$$

考察以下集合(见图 12-3)

$$D = \{(x,y)\in \mathbb{R}^2 \mid 0<x,y<p, x+y>p\}.$$

函数 φ 在有界闭集 $\overline{D}$ 连续,因而它在 $\overline{D}$ 上一定取得最大值. 但在 $\overline{D}$ 的边界上,函数 φ 的值总是 0,所以这最大值一定在 D 内取得. 函数 φ 在 D 内仅有的临界点为

$$\left(\frac{2}{3}p, \frac{2}{3}p\right).$$

我们断定:当 $x=y=\dfrac{2}{3}p$ 时,函数 φ 取得它在 $\overline{D}$ 上的最大值. 这就

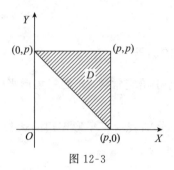

图 12-3

是说：在周长等于给定常数 $2p$ 的三角形当中，等边三角形具有最大的面积

$$S = \frac{\sqrt{3}}{9} p^2.$$

例 3   总和等于常数 $C(C>0)$ 的 n 个非负实数，它们的乘积 P 最大为多少？

解   这里的目标函数为

$$P(x) = x_1 x_2 \cdots x_n,$$

约束条件为

$$Q(x) = x_1 + x_2 + \cdots + x_n - C = 0.$$

从约束条件容易解出

$$x_n = C - x_1 - x_2 - \cdots - x_{n-1}.$$

于是问题转化为求以下函数的普通最大值：

$$\varphi(x_1, \cdots, x_{n-1})$$
$$= x_1 \cdots x_{n-1}(C - x_1 - \cdots - x_{n-1}).$$

与上一例题的情形类似，很容易求得，当

$$x_1 = \cdots = x_{n-1} = \frac{C}{n}$$

的时候，函数 $\varphi(x_1, \cdots, x_{n-1})$ 取得最大值. 这就是说，当

$$x_1 = \cdots = x_{n-1} = x_n = \frac{C}{n}$$

的时候，目标函数 $P(x_1, \cdots, x_{n-1}, x_n)$ 在约束条件下取得最大值

$$P_{\max} = \left(\frac{C}{n}\right)^n = \left(\frac{x_1 + \cdots + x_n}{n}\right)^n.$$

也可以用拉格朗日待定乘数法来解这道题. 我们写出辅助函数

$$F(x,\lambda)=P(x)+\lambda Q(x).$$

然后考察以下方程组(记号 $\hat{x}_i$ 表示把 x_i 这个因子换成数 1):

$$\begin{cases} \dfrac{\partial F}{\partial x_i}=x_1\cdots\hat{x}_i\cdots x_n+\lambda=0, \quad i=1,2,\cdots,n, \\[2mm] \dfrac{\partial F}{\partial \lambda}=x_1+\cdots+x_n-C=0. \end{cases} \tag{10.18}$$

如果某一个因数 $x_i=0$,那么乘积 $P(x)=0$. 这显然不是最大值. 因此,我们可以只限于考察 $x_1>0,\cdots,x_n>0$ 的情形. 对这情形,从方程组(10.18)可以解出

$$x_1=\cdots=x_n=\frac{C}{n}.$$

于是,在所述的条件约束之下,目标函数 P 的最大值是

$$P_{\max}=\left(\frac{C}{n}\right)^n=\left(\frac{x_1+\cdots+x_n}{n}\right)^n.$$

不论用哪一种方法,我们都得到了算术平均与几何平均不等式的新的证明.

例 4 设有对称方阵

$$A=\begin{bmatrix} a_{11} & a_{12} & \cdots & a_{1n} \\ a_{21} & a_{22} & \cdots & a_{2n} \\ \vdots & \vdots & & \vdots \\ a_{n1} & a_{n2} & \cdots & a_{nn} \end{bmatrix}, \tag{10.19}$$

$$a_{ij}=a_{ji}, \quad i,j=1,\cdots,n.$$

我们来求二次型

$$f(x)=\sum_{i,j=1}^{n}a_{ij}x_ix_j$$

在单位球面

$$S:g(x)=\sum_{i=1}^{n}x_i^2-1=0$$

之上的最大值和最小值. 为此,引入辅助函数

$$F(x,\lambda)=f(x)-\lambda g(x).$$

(这里,为了讨论方便,我们把待定乘数写成 $-\lambda$.)考察方程组

$$
\begin{cases}
\dfrac{\partial F}{\partial x_i} = \displaystyle\sum_{j=1}^{n} a_{ij}x_j - \lambda x_i = 0, \quad i = 1,2,\cdots,n, \\[3mm]
\dfrac{\partial F}{\partial \lambda} = -\left(\displaystyle\sum_{i=1}^{n} x_{i\cdot}^{2} - 1 \right) = 0.
\end{cases} \tag{10.20}
$$

我们看到,在单位球面上,使得 f 取得最大值和最小值的点,都应该是对称方阵 A 的特征向量,而相应的乘数则是 A 的特征值. 将方程组(10.20)的前 n 个方程依次乘以 $x_1,\cdots,x_n$,然后相加. 再利用(10.20)式中的最后一个方程,我们得到

$$
f(x) = \sum_{i,j=1}^{n} a_{ij}x_i x_j = \lambda.
$$

这就是说,二次型

$$
f(x) = \sum_{i,j=1}^{n} a_{ij}x_i x_j
$$

在单位球面上的最大值和最小值,分别等于对称方阵 $A = (a_{ij})$ 的最大和最小的特征值.

第十三章 重 积 分

在第六章和第九章中,我们已经熟悉了一元函数的定积分. 本章将进一步讨论多元函数的积分——重积分.

引出重积分概念的实际问题与引出定积分的情形十分相像.

例 1 设 $Q=[a,b]\times[c,d]$ 是 $\mathbb{R}^2$ 中的一个矩形, $z=f(x,y)$ 是在 Q 上有定义并且连续的一个函数. 我们来计算以 Q 为底,以曲面 $z=f(x,y)((x,y)\in Q)$ 为顶的曲顶柱体的体积 V. 为此,我们做矩形 Q 的分割

$$P:a=x_0 < x_1 < \cdots < x_r = b,$$
$$c=y_0 < y_1 < \cdots < y_s = d.$$

这分割 P 把 Q 分成 $r\times s$ 个小矩形

$$Q_{ij}=[x_{i-1},x_i]\times[y_{j-1},y_j],$$
$$i=1,\cdots,r,\quad j=1,\cdots,s.$$

在每一小矩形中取一点

$$(\xi_{ij},\eta_{ij})\in Q_{ij}$$
$$i=1,\cdots,r,\quad j=1,\cdots,s.$$

然后做和数

$$\sum_{i=1}^{r}\sum_{j=1}^{s}f(\xi_{ij},\eta_{ij})\Delta x_i \Delta y_j$$
$$(\Delta x_i = x_i - x_{i-1},\ \Delta y_j = y_j - y_{j-1}).$$

该和数可以看作是体积 V 的近似值(图 13-1). 分割越细,近似值的精确度也就越高. 当所分各小矩形的最大边长趋于 0 时(也就是各小矩形的直径趋于 0 时),上述和数的极限就应该是所求的体积

$$V=\lim\sum_i\sum_j f(\xi_{ij},\eta_{ij})\Delta x_i \Delta y_j.$$

这里出现的和数的极限就是二重积分,我们将用以下记号来表示:

$$\iint\limits_{Q} f(x,y) \mathrm{d}(x,y).$$

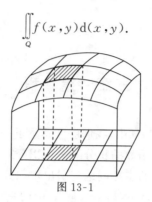

图 13-1

在第六章和第九章中,所讨论的定积分都是展布于闭区间之上的. 对于一元的实际问题来说,这基本上够用了. 多元的情形却不那么 简单. 实际问题所涉及的重积分,展布的范围可以是各种各样的.

例 2 设 D 是 $\mathbb{R}^2$ 中的一块可求面积的闭区域,$z=f(x,y)$ 是 在 D 上有定义并且连续的一个函数,我们希望计算以 D 为底,以曲 面 $z=f(x,y)((x,y)\in D)$ 为顶的曲顶柱体的体积(图 13-2). 仿照 例 1 中的手续,我们先把 D 分成若干个可求面积的小块

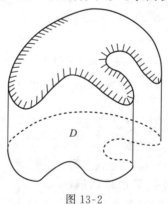

图 13-2

$$D_1,\cdots,D_q \quad (\text{小块 } D_k \text{ 的面积记为 } \Delta\sigma_k),$$

在每一小块中取一点

$$(\xi_k,\eta_k)\in D_k, \quad k=1,\cdots,q,$$

然后做和数

$$\sum_{k=1}^{q} f(\xi_k, \eta_k) \Delta \sigma_k.$$

这样的和数可以看作所求体积的近似值. 让分割各小块的直径趋于 0, 上述和数的极限就是所求的体积. 这样的极限就是展布于闭区域 D 上的二重积分

$$\iint\limits_{D} f(x, y) \mathrm{d}(x, y).$$

下面, 将对 m 元函数的一般情形, 展开有关重积分的讨论. 将会遇到的主要困难是: 纷繁的符号与形式的推演有可能妨碍我们对问题实质的理解. 为了顺利地克服这一困难, 需要随时将抽象的符号与较低维空间 (2 维或 3 维空间) 的几何形象联系起来. 我们这里再一次强调指出: 较低维空间中的几何直观与类比, 是帮助人们理解高维空间的向导.

§1 闭方块上的积分——定义与性质

空间 $\mathbb{R}^m$ 中的闭方块是指以下形状的点集:

$$Q = Q^1 \times \cdots \times Q^m,$$
$$Q^i = [a^i, b^i], \quad i = 1, \cdots, m.$$

我们把 $Q^1, \cdots, Q^m$ 叫作 Q 的棱, 把各棱长度的乘积

$$(b^1 - a^1) \times \cdots \times (b^m - a^m)$$

叫作 Q 的体积 (或容量) 并约定用记号

$$\mathrm{Vol}(Q)$$

来表示:

$$\mathrm{Vol}(Q) = (b^1 - a^1) \times \cdots \times (b^m - a^m).$$

与此类似, 我们把以下形状的点集叫作 $\mathbb{R}^m$ 中的开方块:

$$G = G^1 \times \cdots \times G^m,$$
$$G^i = (a^i, b^i), \quad i = 1, \cdots, m,$$

并把这开方块的体积 (容量) 定义为

$$\mathrm{Vol}(G) = (b^1 - a^1) \times \cdots \times (b^m - a^m).$$

考察闭方块

$$Q = Q^1 \times \cdots \times Q^m,$$
$$Q^i = [a^i, b^i], \quad i = 1, \cdots, m.$$

如果给 Q 的每一条棱 Q^i 一个分割

$$P^i : a^i = x_0^i < x_1^i < \cdots < x_{N_i}^i = b^i,$$
$$i = 1, \cdots, m,$$

那么我们就得到 Q 的一个**分割**

$$P = \{P^1, \cdots, P^m\}.$$

设 $x_{j_i}^i$ 是棱 Q^i 上的一个分点,我们把集合

$$L_{j_i}^i = \{x = (x^1, \cdots, x^m) \in Q \mid x^i = x_{j_i}^i\}$$

叫作分割 P 的一个**分界**. 通过对维数较低($m = 2$ 或 3)的例子的考察,读者容易了解分界的几何形象(图 13-3).

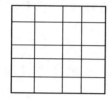 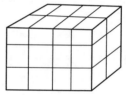

图 13-3

分割 P 的各分界

$$L_{j_i}^i, \quad j_i = 0, \cdots, N_i, \quad i = 1, \cdots, m.$$

将 Q 分成了 $N_1 \times N_2 \times \cdots \times N_m$ 个闭子方块

$$Q_J = Q_{j_1}^1 \times \cdots \times Q_{j_m}^m$$

这里

$$J = (j_1, \cdots, j_m),$$
$$Q_{j_i}^i = [x_{j_i-1}^i, x_{j_i}^i],$$
$$1 \leqslant j_i \leqslant N_i, \quad i = 1, \cdots, m.$$

我们约定记

$$\Delta x_J = \Delta x_{j_1}^1 \times \cdots \times \Delta x_{j_m}^m$$
$$= (x_{j_1}^1 - x_{j_1-1}^1) \times \cdots \times (x_{j_m}^m - x_{j_m-1}^m).$$

显然 Δx_J 正好是闭子方块 Q_J 的体积:

$$\Delta x_J = \mathrm{Vol}(Q_J).$$

对于所给的分割,我们还约定记

$$|P^i| = \max_{1 \leqslant j_i \leqslant N_i} \{\Delta x_{j_i}^i\},$$

$$|P| = \max\{|P^1|, \cdots, |P^m|\}$$

$$= \max_{\substack{1 \leqslant j_i \leqslant N_i \\ 1 \leqslant i \leqslant m}} \{\Delta x_{j_i}^i\}.$$

$|P|$ 被称为分割 P 的**模**,它是所分成各闭子方块的棱长的最大值.

在分割 P 将 Q 分成的每一闭子方块 Q_J 上任意选取一点

$$\xi_J \in Q_J,$$

我们把这样的 $N_1 \times \cdots \times N_m$ 个点

$$\{\xi_J\}$$

叫作相对于分割 P 的一组**标志点**(或**代表点**),并约定用单独一个字母 ξ 来表示:

$$\xi = \{\xi_J\}.$$

在做了上面的准备之后,我们来讨论 m 元函数的积分和.

设 Q 是 $\mathbb{R}^m$ 中的一个闭方块,f 是在 Q 上有定义的一个(m 元)数值函数,P 是 Q 的任意一个分割,$\xi = \{\xi_J\}$ 是对于分割 P 的一组标志点. 我们把和数

$$\sigma(f, P, \xi) = \sum_J f(\xi_J) \Delta x_J \tag{1.1}$$

叫作函数 f 相应于分割 P 和标志点组 ξ 的一个**积分和**(或**黎曼和**). 这里的求和号

$$\sum_J$$

表示对一切可能的 $J = (j_1, \cdots, j_m)$ 求和(总共有 $N_1 \times \cdots \times N_m$ 个加项).

例 我们来看 $m = 2$ 的情形. 设

$$Q = [a, b] \times [c, d]$$

是一个 2 维闭方块,$f(x, y)$ 是在 Q 上有定义的一个数值函数,P 是 Q 的一个分割:

$$a = x_0 < x_1 < \cdots < x_r = b,$$

$$c = y_0 < y_1 < \cdots < y_s = d,$$

而

$$\{\xi, \eta\} = \{(\xi_{ij}, \eta_{ij})\}$$

是相对于分割 P 的一组标志点,则有

$$\sigma(f, P, \{\xi, \eta\}) = \sum_{i=1}^{r} \sum_{j=1}^{s} f(\xi_{ij}, \eta_{ij}) \Delta x_i \Delta y_j.$$

我们用 ε-δ 方式叙述 m 重积分的定义如下：

定义 设 Q 是 $\mathbb{R}^m$ 中的一个闭方块，f 是在 Q 上有定义的一个 (m 元) 数值函数，I 是一个实数. 如果对任何 $\varepsilon > 0$，存在 $\delta > 0$，使得只要 Q 的分割 P 满足条件

$$|P| < \delta,$$

不论对这分割的标志点组 ξ 怎样选择，总有

$$|\sigma(f, P, \xi) - I| < \varepsilon,$$

那么我们就说函数 f 在闭方块 Q 上可积，并把 I 叫作 f 在 Q 上的积分，记为

$$\int \cdots \int_Q f(x^1, \cdots, x^m) \mathrm{d}(x^1, \cdots, x^m) = I.$$

请注意，对于展布于 m 维闭方块 Q 上的积分，我们约定写 m 层积分号，并把这样的积分叫作 m 重积分. 但为了书写省事，在不至于混淆的情形，也可以只写一层积分号. 例如，上面定义中的积分可以简单地写成

$$\int_Q f(x^1, \cdots, x^m) \mathrm{d}(x^1, \cdots, x^m)$$

或者

$$\int_Q f(x) \mathrm{d}x.$$

我们可以把上述定义简单地表述为：

$$\int_Q f(x) \mathrm{d}x = \lim_{|P| \to 0} \sum_J f(\xi_J) \Delta x_J.$$

多重积分有许多性质与定积分 (即单重积分) 完全类似. 我们只陈述有关结果，请读者仿照单重积分的情形写出证明.

首先，我们指出函数可积的一个必要条件：

引理 设 Q 是 $\mathbb{R}^m$ 中的一个闭方块. 如果 m 元数值函数 f 在 Q 上可积，那么 f 在 Q 上有界.

多重积分与单重积分一样，也具有线性和单调性等性质 (可加性将在后面讨论).

定理 1(线性) 设 Q 是 $\mathbb{R}^m$ 中的一个闭方块. 如果 m 元函数 f 和 g 都在 Q 上可积, $\lambda \in \mathbb{R}$, 那么函数 $f+g$ 和 λf 也都在 Q 上可积, 并且

$$\int_Q (f(x)+g(x))\mathrm{d}x = \int_Q f(x)\mathrm{d}x + \int_Q g(x)\mathrm{d}x,$$

$$\int_Q \lambda f(x)\mathrm{d}x = \lambda \int_Q f(x)\mathrm{d}x.$$

定理 2(单调性) 设 Q 是 $\mathbb{R}^m$ 中的一个闭方块. 如果 m 元函数 f 和 g 都在 Q 上可积. 并且满足条件

$$f(x) \leqslant g(x), \quad \forall\, x \in Q,$$

那么

$$\int_Q f(x)\mathrm{d}x \leqslant \int_Q g(x)\mathrm{d}x.$$

定理 3(积分中值定理) 设 Q 是 $\mathbb{R}^m$ 中的闭方块, f 是在 Q 上可积的 m 元函数(于是 f 在 Q 上有界). 如果

$$\mu \leqslant f(x) \leqslant M, \quad \forall\, x \in Q,$$

那么

$$\mu \mathrm{Vol}(Q) \leqslant \int_Q f(x)\mathrm{d}x \leqslant M \mathrm{Vol}(Q).$$

在下一节里, 我们将证明, 如果 f 在 Q 上连续, 那么 f 必在 Q 上可积. 对这种情形, 可以断定: 存在 $c \in Q$, 使得

$$\int_Q f(x)\mathrm{d}x = f(c) \cdot \mathrm{Vol}(Q).$$

§2 可 积 条 件

在本节中, 我们约定用字母 Q 表示 $\mathbb{R}^m$ 中这样一个闭方块:

$$Q = Q^1 \times \cdots \times Q^m,$$

$$Q^i = [a^i, b^i], \quad i = 1, \cdots, m.$$

假设函数 f 在闭方块 Q 上有定义并且有界, 我们来考察重积分 $\int_Q f(x)\mathrm{d}x$ 存在的条件. 这里的讨论, 与第九章中对定积分所做过的十分类似. 大部分细节的验证都将留给读者作为练习.

设 P 是 Q 的一个分割,它将 Q 分成这样一些闭子方块:

$$Q_J = Q_{j_1}^1 \times \cdots \times Q_{j_m}^m, \quad J = (j_1, \cdots, j_m),$$

$$\begin{cases} Q_{j_i}^i = [x_{j_i-1}^i, x_{j_i}^i], & 1 \leqslant j_i \leqslant N_i, \\ a^i = x_0^i < x_1^i < \cdots < x_{N_i}^i = b^i, \\ \qquad\qquad i = 1, \cdots, m. \end{cases}$$

我们引入记号

$$\mu_J = \inf_{x \in Q_J} f(x), \quad M_J = \sup_{x \in Q_J} f(x),$$

$$\omega_J = M_J - \mu_J,$$

并约定记

$$\mu = \inf_{x \in Q} f(x), \quad M = \sup_{x \in Q} f(x), \quad \omega = M - \mu.$$

我们来考察和数

$$L(f,P) = \sum_J \mu_J \Delta x_J, \quad U(f,P) = \sum_J M_J \Delta x_J.$$

这样的和数 $L(f,P)$ 与 $U(f,P)$ 分别被称为函数 f 关于分割 P 的**下和**与**上和**. 显然有

$$L(f,P) \leqslant \sigma(f,P,\xi) \leqslant U(f,P).$$

还容易看出,对于给定的分割 P,有以下关系:

$$\inf_{\xi} \sigma(f,P,\xi) = L(f,P),$$

$$\sup_{\xi} \sigma(f,P,\xi) = U(f,P).$$

引理 1   如果给 Q 的分割 P 添加一个分界而得到分割 P',那么

(1) $L(f,P) \leqslant L(f,P') \leqslant L(f,P) + \omega C |P|$;

(2) $U(f,P) \geqslant U(f,P') \geqslant U(f,P) - \omega C |P|$,

这里

$$C = \max \left\{ \frac{\mathrm{Vol}(Q)}{b^1 - a^1}, \cdots, \frac{\mathrm{Vol}(Q)}{b^m - a^m} \right\}.$$

证明   设分割 P' 是由分割 P 添加这样一个分界而得到的:

$$\{x = (x^1, \cdots, x^m) \in Q \mid x^h = \gamma\}.$$

为明确起见,不妨设

$$x_{k-1}^h < \gamma < x_k^h.$$

我们把下和 $L(f,P)$ 拆成两部分

$$L(f,P) = \sum_{J:j_h \neq k} \mu_J \Delta x_J + \sum_{J:j_h = k} \mu_J \Delta x_J.$$

前一部分中的各项与 $L(f,P')$ 中的相应项相同. 后一部分中的每一项

$$\mu_J \Delta x_J = \mu_J \left(\frac{x_k^h - \gamma + \gamma - x_{k-1}^h}{\Delta x_k^h} \right) \Delta x_J,$$

在 $L(f,P')$ 中被代之以

$$\mu_J' \left(\frac{\gamma - x_{k-1}^h}{\Delta x_k^h} \right) \Delta x_J + \mu_J'' \left(\frac{x_k^h - \gamma}{\Delta x_k^h} \right) \Delta x_J,$$

这里

$$\mu_J' = \inf_{x \in Q_J'} f(x), \quad \mu_J'' = \inf_{x \in Q_J''} f(x)$$

(Q_J' 和 Q_J'' 是 Q_J 被 $x^h = \gamma$ 分成的两个闭子方块). 于是

$$L(f,P') - L(f,P)$$
$$= \sum_{J:j_h=k} \left[(\mu_J' - \mu_J) \frac{\gamma - x_{k-1}^h}{\Delta x_k^h} \Delta x_J \right.$$
$$\left. + (\mu_J'' - \mu_J) \frac{x_k^h - \gamma}{\Delta x_k^h} \Delta x_J \right].$$

但显然有

$$\mu_J \leqslant \begin{matrix} \mu_J' \\ \mu_J'' \end{matrix} \leqslant M_J,$$

所以

$$0 \leqslant L(f,P') - L(f,P)$$
$$\leqslant \sum_{J:j_h=k} (M_J - \mu_J) \Delta x_J$$
$$\leqslant \omega \sum_{J:j_h=k} \Delta x_J$$
$$= \omega \frac{\Delta x_k^h}{b^h - a^h} \mathrm{Vol}(Q)$$
$$\leqslant \omega C |P|.$$

这就证明了结论(1):

$$L(f,P) \leqslant L(f,P') \leqslant L(f,P) + \omega C |P|.$$

至于结论(2),我们可以用类似的办法来证明. 更简单的做法

是：利用关系式
$$U(f,P) = -L(-f,P),$$
从结论(1)推出结论(2). □

推论 如果给 Q 的分割 P 添加 l 个分界而得到 P'，那么

(1) $L(f,P) \leqslant L(f,P') \leqslant L(f,P) + l\omega C|P|$；

(2) $U(f,P) \geqslant U(f,P') \geqslant U(f,P) - l\omega C|P|$.

仿照第九章 §1 中的做法，从引理 1 出发，很容易证明以下的引理 2 和引理 3.

引理 2 设 P_1 和 P_2 是 Q 的任意两个分割，则有
$$L(f,P_1) \leqslant U(f,P_2).$$

我们约定记

$$\underline{\int_Q} f(x)\mathrm{d}x = \underline{I} = \sup_P L(f,P),$$

$$\overline{\int_Q} f(x)\mathrm{d}x = \overline{I} = \inf_P U(f,P),$$

并分别把它们叫作 f 在 Q 的**下积分**与**上积分**.

引理 3 我们有

(1) $\lim\limits_{|P|\to 0} L(f,P) = \underline{I}$；

(2) $\lim\limits_{|P|\to 0} U(f,P) = \overline{I}$.

在做了以上准备之后，又可仿照第九章中的做法证明以下基本定理.

定理 1 设 Q 是 $\mathbb{R}^m$ 中的一个闭方块，m 元函数 f 在 Q 上有定义并且有界，则以下三条件互相等价：

(1) 对任何 $\varepsilon > 0$，存在 Q 的一个分割 P，使得
$$U(f,P) - L(f,P) < \varepsilon;$$

(2) 函数 f 在 Q 的下积分与上积分相等：
$$\underline{I} = \overline{I} = I;$$

(3) 函数 f 在 Q 可积，
$$\int_Q f(x)\mathrm{d}x = I.$$

下面,我们把定理 1 改写为更便于应用的形式. 为此,先介绍记号

$$\Omega(f,P)=U(f,P)-L(f,P)$$
$$=\sum_J(M_J-\mu_J)\Delta x_J$$
$$=\sum_J\omega_J\Delta x_J.$$

显然有

$$\lim_{|P|\to0}\Omega(f,P)=\overline{I}-\underline{I}.$$

采用这样的记号,我们可以把定理 1 改写为:

定理 1′ 设 Q 是 $\mathbb{R}^m$ 中的一个闭方块,m 元函数 f 在 Q 有定义并且有界,则以下三条件互相等价:

(1) 对任何 $\varepsilon>0$,存在 Q 的分割 P,使得

$$\Omega(f,P)<\varepsilon;$$

(2) $\lim\limits_{|P|\to0}\Omega(f,P)=0$;

(3) f 在 Q 可积.

仿照第九章 §2 中的做法,利用上面给出的可积性判别准则(定理 1 或定理 1′),可以证明以下的定理 2 和定理 3.

定理 2 设函数 $f(x)$ 和 $g(x)$ 在闭方块 Q 上可积,λ 是实常数,则

(1) $f(x)+g(x)$ 在 Q 可积;

(2) $\lambda f(x)$ 在 Q 可积;

(3) $|f(x)|$ 在 Q 可积;

(4) $f(x)g(x)$ 在 Q 可积;

(5) 如果存在常数 $\delta>0$,使得

$$|f(x)|\geqslant\delta,\quad\forall x\in Q,$$

那么函数 $\dfrac{1}{f(x)}$ 也在 Q 上可积.

定理 3 设 Q 是 $\mathbb{R}^m$ 中的闭方块. 如果 m 元函数 f 在 Q 连续,那么这函数在 Q 可积.

以下定理将在后面几节的讨论中用到.

定理 4　设 Q 和 $\widetilde{Q}$ 都是 $\mathbb{R}^m$ 中的闭方块，$Q \subset \widetilde{Q}$，而 $f : Q \to \mathbb{R}$ 是一个函数. 如果把 f 按以下方式扩充：

$$\widetilde{f}(x) = \begin{cases} f(x), & \text{对于 } x \in Q, \\ 0, & \text{对于 } x \in \mathbb{R}^m \backslash Q, \end{cases}$$

那么 $\widetilde{f}$ 在 $\widetilde{Q}$ 可积的充要条件是 f 在 Q 可积. 在这个条件满足时，我们有

$$\int_{\widetilde{Q}} \widetilde{f}(x)\,\mathrm{d}x = \int_Q f(x)\,\mathrm{d}x.$$

证明　**必要性**　设 $\widetilde{f}$ 在 $\widetilde{Q}$ 可积分,

$$\int_{\widetilde{Q}} \widetilde{f}(x)\,\mathrm{d}x = \widetilde{I}.$$

按照可积性的定义,对任何 $\varepsilon > 0$,存在 $\delta > 0$,只要 $\widetilde{Q}$ 的分割 $\widetilde{P}$ 满足条件

$$|\widetilde{P}| < \delta,$$

就有

$$|\sigma(\widetilde{f}, \widetilde{P}, \widetilde{\xi}) - \widetilde{I}| < \varepsilon.$$

现在设 Q 的分割 P 满足条件

$$|P| < \delta,$$

并设 ξ 是对这分割的任意一组标志点. 我们总可以把 P 扩充为闭方块 $\widetilde{Q}$ 的一个分割 $\widetilde{P}$,使得仍有

$$|\widetilde{P}| < \delta,$$

并可把 ξ 扩充为对于分割 $\widetilde{P}$ 的标志点组 $\widetilde{\xi}$. 于是,我们有

$$|\sigma(f, P, \xi) - \widetilde{I}| = |\sigma(\widetilde{f}, \widetilde{P}, \widetilde{\xi}) - \widetilde{I}| < \varepsilon.$$

这证明了

$$\lim_{|P| \to 0} \sigma(f, P, \xi) = \widetilde{I},$$

即 f 在 Q 可积,并且

$$\int_Q f(x)\,\mathrm{d}x = \widetilde{I} = \int_{\widetilde{Q}} \widetilde{f}(x)\,\mathrm{d}x.$$

充分性　设 f 在 Q 可积. 则对任何 $\varepsilon > 0$,存在 Q 的分割 P,使得

$$\Omega(f, P) < \varepsilon.$$

不论用怎样的方式将 Q 的分割 P 扩充为 $\tilde{Q}$ 的分割 $\tilde{P}$，扩充后的分割 $\tilde{P}$ 都使得

$$\Omega(\tilde{f}, \tilde{P}) = \Omega(f, P) < \varepsilon.$$

这证明了 $\tilde{f}$ 在 $\tilde{Q}$ 上可积. □

§3 重积分化为累次积分计算

在本节中，约定把 $\mathbb{R}^{n+p} = \mathbb{R}^n \times \mathbb{R}^p$ 中的点表示为

$$(x, y) = (x^1, \cdots, x^n, y^1, \cdots, y^p),$$

并把 $\mathbb{R}^{n+p} = \mathbb{R}^n \times \mathbb{R}^p$ 中的闭方块 Q 写成这样的形式：

$$Q = V \times W,$$

这里的 V 和 W 分别是 $\mathbb{R}^n$ 和 $\mathbb{R}^p$ 中的闭方块. 我们来考察以下三种不同形状的积分.

$$\int_Q f(x, y) \mathrm{d}(x, y),$$

$$\int_V \left(\int_W f(x, y) \mathrm{d}y \right) \mathrm{d}x$$

和

$$\int_W \left(\int_V f(x, y) \mathrm{d}x \right) \mathrm{d}y.$$

这里的后两种积分被称为迭积分或累次积分. 我们将证明，在一定的条件下，例如当 f 在 Q 上连续时，以上三种形状的积分都存在并且彼此相等：

$$\int_Q f(x, y) \mathrm{d}(x, y) = \int_V \left(\int_W f(x, y) \mathrm{d}y \right) \mathrm{d}x$$

$$= \int_W \left(\int_V f(x, y) \mathrm{d}x \right) \mathrm{d}y.$$

利用这结果，我们可以把 m 维闭方块上的积分，逐次化为单重积分来计算.

对于累次积分，人们还采用这样的记号：

$$\int_V \mathrm{d}x \int_W f(x, y) \mathrm{d}y = \int_V \left(\int_W f(x, y) \mathrm{d}y \right) \mathrm{d}x,$$

$$\int_W \mathrm{d}y \int_V f(x,y)\mathrm{d}x = \int_W \left(\int_V f(x,y)\mathrm{d}x \right) \mathrm{d}y.$$

在下面的定理中,我们设 $Q=V\times W$ 是 $\mathbb{R}^{n+p}=\mathbb{R}^n \times \mathbb{R}^p$ 中的闭方块,并设 $n+p$ 元数值函数 $f(x,y)$ 在 Q 可积(因而在 Q 有界). 于是可以定义

$$g(x) = \underline{\int}_W f(x,y)\mathrm{d}y, \quad h(x) = \overline{\int}_W f(x,y)\mathrm{d}y.$$

这里 $\underline{\int}_W f(x,y)\mathrm{d}y \left(\overline{\int}_W f(x,y)\mathrm{d}y \right)$ 表示:对于固定的 x, 把 $f(x,y)$ 当作 y 的函数在闭方块 W 的下积分(上积分). 这里要提醒读者注意: 下积分(上积分) 对任何有界函数都可以定义.

定理 1　如果 $n+p$ 元函数 $f(x,y)$ 在闭方块 Q 可积,那么 n 元函数 $g(x)$ 和 $h(x)$ 都在闭方块 V 可积,并且有

$$\int_Q f(x,y)\mathrm{d}(x,y) = \int_V g(x)\mathrm{d}x = \int_V h(x)\mathrm{d}x.$$

证明　设 P_V 和 P_W 分别是闭方块 V 和 W 的分割,则

$$P = \{P_V, P_W\}$$

给出闭方块 Q 的一个分割. 如果 P_V 将 V 分成闭子方块

$$V_J, \quad J = (j_1, \cdots, j_n),$$

而 P_W 将 W 分成闭子方块

$$W_K, \quad K = (k_1, \cdots, k_p),$$

那么 $P = \{P_V, P_W\}$ 将 Q 分成闭子方块

$$Q_{(J,K)} = V_J \times W_K.$$

如果 $\xi = \{\xi_J\}$ 和 $\eta = \{\eta_K\}$ 分别是相对于分割 P_V 和分割 P_W 的标志点组,那么

$$(\xi, \eta) = \{(\xi_J, \eta_K)\}$$

就是相对于分割 $P = \{P_V, P_W\}$ 的一个标志点组.

我们记

$$I = \int_Q f(x,y)\mathrm{d}(x,y).$$

则对任何 $\varepsilon > 0$, 存在 $\delta > 0$, 使得只要

$$|P| = \max\{|P_V|, |P_W|\} < \delta,$$

不论对分割 P_V 和 P_W 的标志点组 $\xi = \{\xi_J\}$ 和 $\eta = \{\eta_K\}$ 怎样选择,都有

$$I - \varepsilon < \sigma(f, P, (\xi, \eta)) < I + \varepsilon,$$

也就是

$$I - \varepsilon < \sum_J \sum_K f(\xi_J, \eta_K) \Delta x_J \Delta y_K < I + \varepsilon. \tag{3.1}$$

在(3.1)式中,让 η_K 在 W_K 中变动取下确界和上确界,就得到

$$I - \varepsilon \leqslant \sum_J \left(\sum_K \inf_{\eta_K \in W_K} f(\xi_J, \eta_K) \Delta y_K \right) \Delta x_J$$

$$\leqslant \sum_J \left(\sum_K \sup_{\eta_K \in W_K} f(\xi_J, \eta_K) \Delta y_K \right) \Delta x_J$$

$$\leqslant I + \varepsilon. \tag{3.2}$$

我们指出,

$$\sum_K \inf_{\eta_K \in W_K} f(\xi_J, \eta_K) \Delta y_K,$$

是 y 的函数 $f(\xi_J, y)$ 的下和,它不超过这函数的下积分:

$$\sum_K \inf_{\eta_K \in W_K} f(\xi_J, \eta_K) \Delta y_K$$

$$\leqslant \underline{\int_W} f(\xi_J, y) \mathrm{d}y = g(\xi_J).$$

同样道理,

$$\sum_K \sup_{\eta_K \in W_K} f(\xi_J, \eta_K) \Delta y_K$$

$$\geqslant \overline{\int_W} f(\xi_J, y) \mathrm{d}y = h(\xi_J).$$

于是,从(3.2)式可以得到

$$I - \varepsilon \leqslant \sum_J g(\xi_J) \Delta x_J$$

$$\leqslant \sum_J h(\xi_J) \Delta x_J \leqslant I + \varepsilon.$$

我们证明了:

$$\lim_{|P_V| \to 0} \sum_J g(\xi_J) \Delta x_J$$

$$= \lim_{|P_V| \to 0} \sum_J h(\xi_J) \Delta x_J = I.$$

即函数 $g(x)$ 和 $h(x)$ 在闭方块 V 可积, 并且

$$\int_V g(x)\mathrm{d}x = \int_V h(x)\mathrm{d}x = \int_Q f(x,y)\mathrm{d}(x,y). \quad \square$$

推论 1 设 $f(x,y)$ 在 $Q = V \times W$ 可积. 如果对每个 $x \in V$, $f(x,y)$ 作为 y 的函数在 W 可积, 那么

$$\int_Q f(x,y)\mathrm{d}(x,y) = \int_V \left(\int_W f(x,y)\mathrm{d}y \right) \mathrm{d}x.$$

如果对每个 $y \in W$, $f(x,y)$ 作为 x 的函数在 V 可积, 那么

$$\int_Q f(x,y)\mathrm{d}(x,y) = \int_W \left(\int_V f(x,y)\mathrm{d}x \right) \mathrm{d}y.$$

特别重要的情形是: 如果 $f(x,y)$ 在 Q 连续, 那么

$$\int_Q f(x,y)\mathrm{d}(x,y) = \int_V \left(\int_W f(x,y)\mathrm{d}y \right) \mathrm{d}x$$

$$= \int_W \left(\int_V f(x,y)\mathrm{d}x \right) \mathrm{d}y.$$

推论 2 设 $Q = [a^1,b^1] \times \cdots \times [a^m,b^m]$ 是 $\mathbb{R}^m$ 中的闭方块, 函数 $f(x) = f(x^1,\cdots,x^m)$ 在 Q 连续, 则有

$$\int_Q f(x^1,\cdots,x^m)\mathrm{d}(x^1,\cdots,x^m)$$

$$= \int_{a^1}^{b^1} \mathrm{d}x^1 \cdots \int_{a^{m-1}}^{b^{m-1}} \mathrm{d}x^{m-1} \int_{a^m}^{b^m} f(x^1,\cdots,x^m)\mathrm{d}x^m.$$

在下面的讨论中, 我们把 $\mathbb{R}^{n+1} = \mathbb{R}^n \times \mathbb{R}$ 中的点写成

$$(x,y) = (x^1,\cdots,x^n,y),$$

并把 $\mathbb{R}^{n+1} = \mathbb{R}^n \times \mathbb{R}$ 中的闭方块 Q 写成

$$Q = V \times W,$$

这里

$$V = [a^1,b^1] \times \cdots \times [a^n,b^n],$$

$$W = [A,B].$$

引理 设 V 和 W 如上面所述, 而

$$\varphi, \psi : V \to W \subset \mathbb{R}$$

是连续函数. 我们记
$$\Phi = \{(x,y) \in \mathbb{R}^{n+1} \mid x \in V, \ y = \varphi(x)\},$$
$$\Psi = \{(x,y) \in \mathbb{R}^{n+1} \mid x \in V, \ y = \psi(x)\}.$$
则对任何 $\eta > 0$，存在 $Q = V \times W$ 的分割 $P = \{P_V, P_W\}$，使得这分割把 Q 分成的各闭子方块 $Q_{(J,k)}$ 当中，能与 Φ 或者 Ψ 相交的那些闭子方块的体积之和小于 η.

证明 由于函数 φ 和 ψ 在闭方块 V 一致连续，对于
$$\varepsilon_N = \frac{B-A}{N} > 0, \quad N \in \mathbb{N},$$
存在 $\delta_N > 0$，使得只要 $x_1, x_2 \in V$，
$$|x_1 - x_2| = \max_{1 \leqslant i \leqslant n}\{|x_1^i - x_2^i|\} < \delta_N,$$
就有
$$|\varphi(x_1) - \varphi(x_2)| < \frac{B-A}{N},$$
$$|\psi(x_1) - \psi(x_2)| < \frac{B-A}{N}.$$
先做 $W = [A, B]$ 的分割
$$P_W : A = y_0 < y_1 < \cdots < y_N = B,$$
这里
$$y_k = A + \frac{k}{N}(B-A), \quad k = 0, \cdots, N.$$
然后做 $V = [a^1, b^1] \times \cdots \times [a^m, b^m]$ 的分割 P_V，要求它满足这样的条件：
$$|P_V| < \delta_N.$$
我们来考察 $Q = V \times W$ 的分割
$$P = \{P_V, P_W\}.$$
这分割把 $Q = V \times W$ 分成若干闭子方块
$$Q_{(J,k)} = V_J \times W_k.$$
对于任意指定的一个 J，至多只有两个 k，能使 $Q_{(J,k)} = V_J \times W_k$ 与 Ψ 相交(否则，在 V_J 上将有 x_1 和 x_2，使得
$$|\psi(x_1) - \psi(x_2)| \geqslant \frac{B-A}{N},$$

这与 $|x_1 - x_2| \leqslant |P_V| < \delta_N$ 相矛盾). 于是,能与 Ψ 相交的闭子方块的总体积不超过

$$\sum_J 2\left(\mathrm{Vol}(V_J) \times \frac{B-A}{N}\right)$$

$$= 2\frac{B-A}{N}\sum_J \mathrm{Vol}(V_J)$$

$$= 2\frac{B-A}{N}\mathrm{Vol}(V).$$

根据同样道理,能与 Φ 相交的闭子方块的总体积也不超过

$$2\frac{B-A}{N}\mathrm{Vol}(V).$$

只要我们事先取 N 足够大,使得

$$4\frac{B-A}{N}\mathrm{Vol}(V) < \eta.$$

那么所做的分割 $P = \{P_V, P_W\}$ 就满足我们的要求:这分割将 Q 分成的各闭子方块 $Q_{(J,k)}$ 当中,能与 Φ 或者 Ψ 相交的那些闭子方块的体积之和小于 η.   □

在下面的讨论中,仍约定

$$V = [a^1, b^1] \times \cdots \times [a^n, b^n],$$

$$W = [A, B], \quad Q = V \times W.$$

设有连续函数

$$\varphi : V \to W \subset \mathbb{R},$$

$$\psi : V \to W \subset \mathbb{R},$$

满足这样的条件:

$$\varphi(x) \leqslant \psi(x), \quad \forall\, x \in V.$$

我们来考察 Q 的子集(参看图 13-4)

$$E = \{(x, y) \in Q \mid \varphi(x) \leqslant y \leqslant \psi(x)\}.$$

设函数 $f(x, y)$ 在 E 上有定义. 将这函数扩充为

$$\tilde{f}(x, y) = \begin{cases} f(x, y), & \text{对于}\ (x, y) \in E, \\ 0, & \text{对于}\ (x, y) \in Q \backslash E. \end{cases}$$

如果 $\tilde{f}$ 在 Q 可积,那么我们就说 f 在 E 可积,并规定

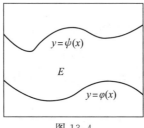

图 13-4

$$\int_E f(x,y)\mathrm{d}(x,y) = \int_Q \tilde{f}(x,y)\mathrm{d}(x,y).$$

定理 2 设 E 是如上所述的一个集合. 如果函数 $f(x,y)$ 在 E 连续,那么这函数在 E 可积,并且

$$\int_E f(x,y)\mathrm{d}(x,y) = \int_V \left(\int_{\varphi(x)}^{\psi(x)} f(x,y)\mathrm{d}y \right) \mathrm{d}x.$$

证明 容易看出: E 是一个有界闭集. 我们记

$$\mu = \inf_{(x,y)\in Q} \tilde{f}(x,y), \quad M = \sup_{(x,y)\in Q} \tilde{f}(x,y),$$
$$\omega = M - \mu.$$

先做 $Q = V \times W$ 的分割 P_0,使得 Q 被这分割所分成的各闭子方块当中,与 Φ 或者 Ψ 相交的闭子方块的体积之和小于

$$\eta = \frac{\varepsilon}{2\omega}$$

(集合 Φ 与 Ψ 的定义如上面引理中所述). 把这些与 Φ 或者 Ψ 相交的闭子方块的并集记为 H,又把那些不与 Φ 和 Ψ 相交的闭子方块的并集记为 Π. 因为函数 $\tilde{f}$ 在有界闭集 Π 之上是一致连续的,所以存在 $\delta > 0$,使得只要

$$(x_1,y_1),(x_2,y_2) \in \Pi,$$
$$|(x_1,y_1) - (x_2,y_2)| < \delta,$$

就有

$$|f(x_1,y_1) - f(x_2,y_2)| < \frac{\varepsilon}{2\mathrm{Vol}(Q)}.$$

在分割 P_0 的基础上,用增加分界的办法进一步将 Q 细分,使所得的分割 P 满足条件

$$|P| <. \delta.$$

设分割 P 将 Q 分成闭子方块

$$\{Q_{(J,k)}\}.$$

我们把函数 $\tilde{f}(x,y)$ 在 $Q_{(J,k)}$ 上的振幅（即上确界与下确界之差）记为

$$\omega_{(J,k)}.$$

显然有

$$\Omega(\tilde{f},P) = \sum_{(J,k)} \omega_{(J,k)} \Delta x_J \Delta y$$

$$= \sideset{}{'}\sum \omega_{(J,k)} \Delta x_J \Delta y_k + \sideset{}{''}\sum \omega_{(J,k)} \Delta x_J \Delta y_k,$$

这里 $\sum'$ 表示对满足条件 $Q_{(J,k)} \subset H$ 的那些 (J,k) 求和，$\sum''$ 表示对满足条件 $Q_{(J,k)} \subset \Pi$ 的那些 (J,k) 求和. 分别估计这两部分和数，我们得到

$$\Omega(\tilde{f},P) < \omega \sideset{}{'}\sum \Delta x_J \Delta y_k + \frac{\varepsilon}{2\mathrm{Vol}(Q)} \sideset{}{''}\sum \Delta x_J \Delta y_k$$

$$< \omega \frac{\varepsilon}{2\omega} + \frac{\varepsilon}{2\mathrm{Vol}(Q)} \mathrm{Vol}(Q)$$

$$= \varepsilon.$$

这证明了 $\tilde{f}$ 在 Q 可积，也就是 f 在 E 可积（按照我们所做的约定）.

再来考察函数 $\tilde{f}(x,y)$ 在 Q 上的重积分与累次积分. 对于任意取定的 $x, \tilde{f}(x,y)$ 作为 y 的函数，在闭区间 $W=[A,B]$ 上至多只可能有两个间断点. 因而存在积分

$$\int_W \tilde{f}(x,y)\mathrm{d}y = \int_A^B \tilde{f}(x,y)\mathrm{d}y.$$

根据定理 1 的推论 1，我们得到

$$\int_Q \tilde{f}(x,y)\mathrm{d}(x,y) = \int_V \mathrm{d}x \int_A^B \tilde{f}(x,y)\mathrm{d}y.$$

这就是

$$\int_E f(x,y)\mathrm{d}(x,y) = \int_V \mathrm{d}x \int_{\varphi(x)}^{\psi(x)} f(x,y)\mathrm{d}y. \quad \square$$

例 1　设一元函数 f 在 $[a,b]$ 连续，一元函数 g 在 $[c,d]$ 连续，

试证

(1) $\displaystyle\iint\limits_{[a,b]\times[c,d]} f(x)g(y)\mathrm{d}(x,y)=\int_a^b f(x)\mathrm{d}x\int_c^d g(y)\mathrm{d}y\,;$

(2) $\displaystyle\iint\limits_{[a,b]\times[a,b]} f(x)f(y)\mathrm{d}(x,y)=\left(\int_a^b f(x)\mathrm{d}x\right)^2.$

证明 把重积分化为累次积分,我们得到

(1) $\displaystyle\iint\limits_{[a,b]\times[c,d]} f(x)g(y)\mathrm{d}(x,y)$

$$=\int_a^b\left(\int_c^d f(x)g(y)\mathrm{d}y\right)\mathrm{d}x$$

$$=\int_a^b\left(f(x)\int_c^d g(y)\mathrm{d}y\right)\mathrm{d}x$$

$$=\int_a^b f(x)\mathrm{d}x\int_c^d g(y)\mathrm{d}y\,;$$

(2) $\displaystyle\iint\limits_{[a,b]\times[a,b]} f(x)f(y)\mathrm{d}(x,y)$

$$=\int_a^b f(x)\mathrm{d}x\int_a^b f(y)\mathrm{d}y=\left(\int_a^b f(x)\mathrm{d}x\right)^2.$$

例 2 设 $f(x,y)$ 是二阶连续可微函数. 试计算

$$I=\iint\limits_{[\alpha,\beta]\times[\gamma,\delta]}\frac{\partial^2 f}{\partial x\partial y}(x,y)\mathrm{d}(x,y).$$

解 化为累次积分计算,我们得到

$$I=\int_\alpha^\beta\mathrm{d}x\int_\gamma^\delta\frac{\partial^2 f}{\partial x\partial y}(x,y)\mathrm{d}y$$

$$=\int_\alpha^\beta\left(\frac{\partial f}{\partial x}(x,\delta)-\frac{\partial f}{\partial x}(x,\gamma)\right)\mathrm{d}x$$

$$=f(\beta,\delta)-f(\alpha,\delta)-f(\beta,\gamma)+f(\alpha,\gamma).$$

例 3 设 Δ 是 OXY 平面上由直线

$$y=a,\quad y=x \text{ 和 } x=b,$$

所围成的闭区域 $(a<b)$. 又设 $f(x,y)$ 是在 Δ 上有定义并且连续的一个函数. 试证

$$\int_a^b\mathrm{d}x\int_a^x f(x,y)\mathrm{d}y=\int_a^b\mathrm{d}y\int_y^b f(x,y)\mathrm{d}x.$$

证明   用两种办法把重积分

$$\iint\limits_{\Delta} f(x,y)\mathrm{d}(x,y)$$

化为累次积分(参看定理 2),就得到要证的结果.

例 4   设 $f(t)$ 在 $[a,b]$ 连续, $x \in [a,b]$. 试证明

$$\int_a^x \mathrm{d}t_{n-1} \int_a^{t_{n-1}} \mathrm{d}t_{n-2} \cdots \int_a^{t_1} f(t)\mathrm{d}t$$

$$= \frac{1}{(n-1)!} \int_a^x (x-t)^{n-1} f(t)\mathrm{d}t.$$

证明   我们对积分的层数做归纳. 先看二层积分的情形. 对这情形,利用例 3 就可得到

$$\int_a^x \mathrm{d}t_1 \int_a^{t_1} f(t)\mathrm{d}t = \int_a^x \mathrm{d}t \int_t^x f(t)\mathrm{d}t_1$$

$$= \int_a^x (x-t) f(t)\mathrm{d}t.$$

假设对于 $n-1$ 层积分的情形结论成立,于是就有

$$\int_a^{t_{n-1}} \mathrm{d}t_{n-2} \cdots \int_a^{t_2} \mathrm{d}t_1 \int_a^{t_1} f(t)\mathrm{d}t$$

$$= \frac{1}{(n-2)!} \int_a^{t_{n-1}} (t_{n-1} - t)^{n-2} f(t)\mathrm{d}t.$$

再一次利用例 3 就得到

$$\int_a^x \mathrm{d}t_{n-1} \int_a^{t_{n-1}} \mathrm{d}t_{n-2} \cdots \int_a^{t_1} f(t)\mathrm{d}t$$

$$= \frac{1}{(n-2)!} \int_a^x \mathrm{d}t_{n-1} \int_a^{t_{n-1}} (t_{n-1} - t)^{n-2} f(t)\mathrm{d}t$$

$$= \frac{1}{(n-2)!} \int_a^x \mathrm{d}t \int_t^x (t_{n-1} - t)^{n-2} f(t)\mathrm{d}t_{n-1}$$

$$= \frac{1}{(n-1)!} \int_a^x (x-t)^{n-1} f(t)\mathrm{d}t.$$

§4   若当可测集上的积分

我们先做一些准备,然后讨论展布于若当(Jordan)可测集上的

积分.

4. a 零集

分析上节定理 2 中关于函数 $\tilde{f}$ 可积性的证明,我们发现:关键在于 $\tilde{f}$ 的不连续点的集合具有较特殊的性质. 这启发我们做进一步的讨论.

定义 设 Q 是 $\mathbb{R}^m$ 中的一个闭方块, $\Lambda \subset Q$. 如果对任何 $\varepsilon > 0$, 都存在 Q 的分割 P, 使得在 Q 被 P 所分成的各闭子方块 $\{Q_J\}$ 当中, 与 Λ 相交的那些闭子方块的体积之和小于 ε, 即

$$\sum_{Q_J \cap \Lambda \neq \varnothing} \text{Vol}(Q_J) < \varepsilon, \tag{4.1}$$

那么我们就说 Λ 是一个**零集**.

作为约定,我们把空集 $\varnothing$ 也看成一个零集.

仿照上节定理 2 的证明,容易得到:

定理 1 设 Q 是 $\mathbb{R}^m$ 中的一个闭方块, F 是在 Q 上有定义的一个函数. 如果 F 在 Q 中的不连续点的集合 Λ 是一个零集,那么 F 在 Q 上可积.

定理 2 设 Q 是 $\mathbb{R}^m$ 中的一个闭方块, F 是在 Q 上有定义的一个函数, Λ 是 Q 中的一个零集. 如果

$$F(x) = 0, \quad \forall x \in Q \backslash \Lambda,$$

那么 F 在 Q 可积,并且

$$\int_Q F(x)\,\mathrm{d}x = 0.$$

下面,对零集做进一步的考察.

我们把 $\mathbb{R}^m$ 中的开方块定义为如下形状的点集

$$G = (\sigma^1, \tau^1) \times \cdots \times (\sigma^m, \tau^m),$$

并约定记

$$l(G) = \max_{1 \leqslant i \leqslant m} \{\tau^i - \sigma^i\},$$

$$\text{Vol}(G) = (\tau^1 - \sigma^1) \times \cdots \times (\tau^m - \sigma^m).$$

如果开方块 G 的各棱等长,即

$$\tau^1 - \sigma^1 = \cdots = \tau^m - \sigma^m,$$

292 第十三章 重 积 分

那么我们就把它叫做开正方块.

引理 对于 $\mathbb{R}^m$ 中的任何闭方块

$$\Pi = [\alpha^1, \beta^1] \times \cdots \times [\alpha^m, \beta^m],$$

存在有限个开正方块

$$G_1, \cdots, G_q,$$

满足以下条件:

$$\Pi \subset \bigcup_{h=1}^{q} G_h,$$

$$\sum_{h=1}^{q} \mathrm{Vol}(G_h) \leqslant 2^m \mathrm{Vol}(\Pi).$$

证明 先考察较简单的情形. 设 Π 满足这样的条件:

$$\frac{\Pi \text{ 的最长棱的长度}}{\Pi \text{ 的最短棱的长度}} < 2.$$

对这情形, 我们做一个开正方块 G, 使它的中心与 Π 的中心重合, 而边长等于 Π 的最短棱的长度的 2 倍. 于是有

$$\Pi \subset G, \quad \mathrm{Vol}(G) \leqslant 2^m \mathrm{Vol}(\Pi).$$

对更一般的情形, 我们设法把 Π 切割成有限个较小的闭方块 $\Pi_1, \cdots, \Pi_q$, 使得每一个这样的闭子方块 Π_h 满足条件

$$\frac{\Pi_h \text{ 的最长棱的长度}}{\Pi_h \text{ 的最短棱的长度}} < 2.$$

具体做法如下: 以 Π 的最短棱的长度

$$\gamma = \min_{1 \leqslant i \leqslant m} \{\beta^i - \alpha^i\}$$

与其他各棱的长度做比较, 如果

$$2^l \gamma \leqslant \beta^k - \alpha^k < 2^{l+1} \gamma,$$

那么我们就把棱 $[\alpha^k, \beta^k]$ 分成 2^l 等分, 并且过 2^l 个分点做 Π 的分界面. 所有这些分界面把 Π 分割成有限个闭子方块

$$\Pi_1, \cdots, \Pi_q,$$

其中每一个闭子方块 Π_h 都满足我们的要求:

$$\frac{\Pi_h \text{ 的最长棱的长度}}{\Pi_h \text{ 的最短棱的长度}} < 2.$$

对每个 $h \in \{1, \cdots, q\}$, 我们做一个开正方块 G_h, 使它的中心与 Π_h

的中心相重合,而边长等于

$$2\gamma = 2 \min_{1\leqslant i\leqslant m} \{\beta^i - \alpha^i\}.$$

这样的 G_h 满足条件

$$\Pi_h \subset G_h,$$
$$\mathrm{Vol}(G_h) \leqslant 2^m \mathrm{Vol}(\Pi_h).$$

因而有

$$\Pi \subset \bigcup_{h=1}^{q} G_h,$$

$$\sum_{h=1}^{q} \mathrm{Vol}(G_h) \leqslant 2^m \sum_{h=1}^{q} \mathrm{Vol}(\Pi_h)$$

$$= 2^m \mathrm{Vol}(\Pi). \quad \square$$

定理 3 对于 $\mathbb{R}^m$ 的子集 Λ,以下各条陈述互相等价:

(1) Λ 是一个零集;

(2) 对任何 $\varepsilon > 0$,存在有限个闭方块

$$\Pi_1, \cdots, \Pi_r,$$

使得

$$\Lambda \subset \bigcup_{j=1}^{r} \Pi_j, \quad \sum_{j=1}^{r} \mathrm{Vol}(\Pi_j) < \varepsilon;$$

(3) 对任何 $\varepsilon > 0$,存在有限个开正方块

$$G_1, \cdots, G_s,$$

使得

$$\Lambda \subset \bigcup_{k=1}^{s} G_k, \quad \sum_{k=1}^{s} \mathrm{Vol}(G_k) < \varepsilon.$$

证明 我们将循以下途径证明所列各条互相等价:

$$``(1) \Rightarrow (2) \Rightarrow (3) \Rightarrow (1)".$$

首先证明"$(1) \Rightarrow (2)$". 按照零集的定义,Λ 包含在某个闭方块 Q 之中,并且对任何 $\varepsilon > 0$,存在 Q 的分割 P,使得

$$\sum_{Q_J \cap \Lambda \neq \varphi} \mathrm{Vol}(Q_J) < \varepsilon,$$

这里 Q_J 表示 Q 被 P 分成的闭子方块. 于是,我们可以把满足条件

$$Q_J \cap \Lambda \neq \varnothing$$

的那些 Q_J 记为

$$\Pi_1, \cdots, \Pi_r.$$

显然这些闭方块使得

$$\Lambda \subset \bigcup_{j=1}^{r} \Pi_j, \quad \sum_{j=1}^{r} \text{Vol}(\Pi_j) < \varepsilon.$$

再来证明"(2)⇒(3)". 对于 $\dfrac{\varepsilon}{2^m} > 0$, 存在闭方块

$$\Pi_1, \cdots, \Pi_r,$$

满足条件

$$\Lambda \subset \bigcup_{j=1}^{r} \Pi_j, \quad \sum_{j=1}^{r} \text{Vol}(\Pi_j) < \frac{\varepsilon}{2^m}.$$

对 $\Pi_1, \cdots, \Pi_r$ 的每一个应用上面的引理, 我们得到有限个开正方块

$$G_1, \cdots, G_s,$$

这些开正方块使得

$$\Lambda \subset \bigcup_{k=1}^{s} G_k,$$

$$\sum_{k=1}^{s} \text{Vol}(G_k) \leqslant 2^m \sum_{j=1}^{r} \text{Vol}(\Pi_j) < \varepsilon.$$

最后, 我们来证明"(3)⇒(1)". 设 Q 是包含 Λ 的任意一个闭方块, 并设开正方块

$$G_1, \cdots, G_s$$

满足条件

$$\Lambda \subset \bigcup_{k=1}^{s} G_k, \quad \sum_{k=1}^{s} \text{Vol}(G_k) < \varepsilon.$$

我们可以做 Q 的分割 P, 使得 $G_1, \cdots, G_s$ 的边界在 Q 中的部分全都被 P 的分界所覆盖. 设 Q 被分割 P 分成了闭子方块 $\{Q_J\}$. 考察满足条件

$$Q_J \bigcap \Lambda \neq \varnothing$$

的那些闭子方块 Q_J. 我们发现: 每一个这样的 Q_J 都包含在某个 $\overline{G}_k$ 之中. 因而

$$\sum_{Q_J \bigcap \Lambda \neq \varnothing} \text{Vol}(Q_J) \leqslant \sum_{k=1}^{s} \text{Vol}(\overline{G}_k)$$

$$= \sum_{k=1}^{s} \text{Vol}(G_k) < \varepsilon.$$

至此,我们完成了定理的证明. □

虽然前面给出的零集定义涉及包含这集合的一个闭方块 Q,但从定理 3 可以看出:

推论 1 一个集合 Λ 是否零集,是这集合本身的性质,不取决于它放在怎样的闭方块之中.

从定理 3,还容易得到:

推论 2 (1) 零集的子集仍然是零集;

(2) 有限个零集的并集仍然是零集.

证明 (1) 的证明留给读者作为练习. 我们来证明(2). 设 Γ 和 Λ 都是零集,则存在开正方块 $D_1, \cdots, D_r$ 和 $G_1, \cdots, G_s$,分别使得

$$\Gamma \subset \bigcup_{j=1}^{r} D_j, \quad \sum_{j=1}^{r} \text{Vol}(D_j) < \frac{\varepsilon}{2}$$

和

$$\Lambda \subset \bigcup_{k=1}^{s} G_k, \quad \sum_{k=1}^{s} \text{Vol}(G_k) < \frac{\varepsilon}{2}.$$

于是,$D_1, \cdots, D_r, G_1, \cdots, G_s$ 这有限个开正方块就使得

$$\Gamma \cup \Lambda \subset \left(\bigcup_{j=1}^{r} D_j \right) \cup \left(\bigcup_{k=1}^{s} G_k \right),$$

$$\sum_{j=1}^{r} \text{Vol}(D_j) + \sum_{k=1}^{s} \text{Vol}(G_k) < \varepsilon. \quad \square$$

推论 3 设 Λ 是零集,则 Λ 的闭包 $\text{Cl}\Lambda$ 与边界 $\text{Bd}\Lambda$ 也都是零集.

证明 对任何 $\varepsilon > 0$,存在有限个闭方块

$$\Pi_1, \cdots, \Pi_r,$$

使得

$$\Lambda \subset \bigcup_{j=1}^{r} \Pi_j, \quad \sum_{j=1}^{r} \text{Vol}(\Pi_j) < \varepsilon.$$

因为 $\bigcup_{j=1}^{r} \Pi_j$ 是包含 Λ 的一个闭集,所以它也必定包含了 Λ 的闭包 $\text{Cl}\Lambda$. 我们有

$$\mathrm{Cl}\Lambda \subset \bigcup_{j=1}^{r} \Pi_j , \quad \sum_{j=1}^{r} \mathrm{Vol}(\Pi_j) < \varepsilon.$$

这证明了 $\mathrm{Cl}\Lambda$ 是零集.

$\mathrm{Bd}\Lambda$ 是 $\mathrm{Cl}\Lambda$ 的子集,因而也是零集.   □

4. b 若当可测集

对于 $\mathbb{R}^m$ 的子集 E,可以定义这样一个函数

$$C_E(x) = \begin{cases} 1, & \text{如果 } x \in E, \\ 0, & \text{如果 } x \notin E. \end{cases}$$

我们把 C_E 叫作集合 E 的特征函数.

以下结果可以直接根据特征函数的定义加以验证.

引理   设 A, B 是 $\mathbb{R}^m$ 的子集,$\varnothing$ 表示空集,则有

(1) $C_{A \cup B}(x) = C_A(x) + C_B(x) - C_{A \cap B}(x)$;

(2) $C_{A \cap B}(x) = C_A(x) \cdot C_B(x)$;

(3) $C_{\varnothing}(x) = 0$.

如果 $A \cap B = \varnothing$,那么从上面的(1),(2)和(3)就可得到

$$C_{A \cup B}(x) = C_A(x) + C_B(x).$$

定义   设 Q 是 $\mathbb{R}^m$ 中的一个闭方块,$S \subset Q$. 如果 S 的边界 $\mathrm{Bd}S$ 是零集,那么我们就说 S 是一个**若当可测集**(Jordan Measurable Set)或者**可量集**(Contented Set). 若当可测集也简称为 J **可测集**. 对于若当可测集 S,特征函数 $C_S(x)$ 在 Q 上可积分(因为 $C_S(x)$ 的间断点集合是零集 $\mathrm{Bd}S$). 我们把

$$v(S) = \int_Q C_S(x)\mathrm{d}x$$

叫作集合 S 的**若当测度**(Jordan Measure)或者**容量**(Content). 若当测度又可简称为 J 测度.

注记 1   根据本节定理 3 的推论 1 和 §2 的定理 4,我们确信:在上面的定义中,包含集合 S 的闭方块 Q 实际上可以任意选择.

注记 2   根据本节定理 2,我们得知:零集必定是若当可测的,并且它的若当测度等于 0.

定理 4   如果 S 和 T 都是若当可测集,那么

$$S \bigcup T, \quad S \bigcap T \quad \text{和} \quad S \backslash T$$

也都是若当可测集,并且

$$v(S \bigcup T) = v(S) + v(T) - v(S \bigcap T),$$
$$v(S \backslash T) = v(S) - v(S \bigcap T).$$

证明 关于集合的边界,有以下关系成立(请读者自己验证):

$$\mathrm{Bd}(S \bigcup T) \subset \mathrm{Bd}S \bigcup \mathrm{Bd}T,$$
$$\mathrm{Bd}(S \bigcap T) \subset \mathrm{Bd}S \bigcup \mathrm{Bd}T,$$
$$\mathrm{Bd}(S \backslash T) \subset \mathrm{Bd}S \bigcup \mathrm{Bd}T.$$

如果 $\mathrm{Bd}S$ 和 $\mathrm{Bd}T$ 都是零集,那么 $\mathrm{Bd}S \bigcup \mathrm{Bd}T$ 也是零集,于是 $\mathrm{Bd}(S \bigcup T)$, $\mathrm{Bd}(S \bigcap T)$ 和 $\mathrm{Bd}(S \backslash T)$ 也都是零集. 这证明了定理的第一个论断.

又,从特征函数的等式

$$C_{S \bigcup T}(x) = C_S(x) + C_T(x) - C_{S \bigcap T}(x),$$
$$C_{S \backslash T}(x) = C_S(x) - C_{S \bigcap T}(x),$$

可得

$$v(S \bigcup T) = v(S) + v(T) - v(S \bigcap T),$$
$$v(S \backslash T) = v(S) - v(S \bigcap T). \quad \square$$

推论 如果 S 和 T 都是若当可测集,并且 $v(S \bigcap T) = 0$,那么

$$v(S \bigcup T) = v(S) + v(T).$$

下面,我们来说明若当测度(容量)的几何意义. 设 Q 是 $\mathbb{R}^m$ 中的闭方块,E 是 Q 的任意子集,C_E 是集合 E 的特征函数. 如果 Q 的分割 P 把 Q 分成闭子方块 $\{Q_J\}$,那么

$$U(C_E, P) = \sum_{Q_J \bigcap E \neq \varnothing} \mathrm{Vol}(Q_J),$$
$$L(C_E, P) = \sum_{Q_J \subset E} \mathrm{Vol}(Q_J).$$

这就是说,$U(C_E, P)$ 正好是与 E 相交的那些闭子方块 Q_J 的体积之和,$L(C_E, P)$ 正好是完全包含在 E 中的那些闭子方块 Q_J 的体积之和(图 13-5).

我们把

$$\bar{v}(E) = \int_Q^{-} C_E(x) \mathrm{d}x$$

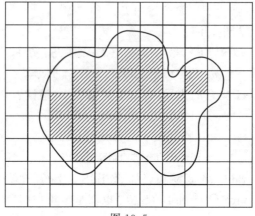

图 13-5

$$= \lim_{|P| \to 0} U(C_E, P)$$

称为集合 E 的若当外测度或外容量,并把

$$\underline{v}(E) = \underline{\int_Q} C_E(x)\mathrm{d}x$$

$$= \lim_{|P| \to 0} L(C_E, P)$$

称为集合 E 的若当内测度或内容量. 显然有

$$0 \leqslant \underline{v}(E) \leqslant \overline{v}(E).$$

如果 E 是若当可测集,那么 C_E 是可积的,对这情形就有

$$v(E) = \underline{v}(E) = \overline{v}(E).$$

我们约定把有限个闭方块的并集叫作简单图形. 通过以上的讨论可以看到:若当测度是外逼近简单图形体积与内逼近简单图形体积的共同的极限值. 这正是通常的面积与体积等概念的一般化.

再回过头来看零集这一概念,我们发现以下三件事是互相等价的:

(1) Λ 是零集;

(2) Λ 是若当可测集并且 $v(\Lambda) = 0$;

(3) Λ 的若当外测度等于 0,即

$$\overline{v}(\Lambda) = 0.$$

4. c　若当可测集上的积分

设 $E \subset \mathbb{R}^m$, 函数 $f(x)$ 在集合 E 上有定义. 于是, 函数 $C_E(x)f(x)$ 也在集合 E 上有定义. 我们约定按以下方式把函数 $C_E(x)f(x)$ 扩充定义于 $\mathbb{R}^m$ 之上:

$$C_E(x)f(x) = \begin{cases} f(x), & \text{如果 } x \in E, \\ 0, & \text{如果 } x \notin E. \end{cases}$$

无论函数 $f(x)$ 在 E 以外的定义如何, 所做的约定都不会引起混淆. 在以下的讨论中, 我们始终采取这样的约定.

定义　设 Q 是 $\mathbb{R}^m$ 中的一个闭方块, $E \subset Q$ 是一个若当可测集. 如果函数

$$C_E(x)f(x)$$

在 Q 可积, 那么我们就说函数 $f(x)$ 在 E 可积, 并把 $f(x)$ 在 E 上的积分定义为

$$\int_E f(x)\mathrm{d}x = \int_Q C_E(x)f(x)\mathrm{d}x.$$

注记　在上面的定义中, 涉及包含集合 E 的一个闭方块 Q. 这闭方块实际上可以任意选取. 请参看 §2 的定理 4.

展布于若当可测集上的积分, 也具有线性和单调性等性质. 对于这样的积分, 还有以下形式的积分中值定理成立:

定理 5　设 E 是 $\mathbb{R}^m$ 中的若当可测集, 函数 $f(x)$ 和 $g(x)$ 在 E 上可积, 则函数 $f(x)g(x)$ 也在 E 上可积. 如果对于任何 $x \in E$ 都有

$$\mu \leqslant f(x) \leqslant M, \quad g(x) \geqslant 0,$$

那么就有

$$\mu \int_E g(x)\mathrm{d}x \leqslant \int_E f(x)g(x)\mathrm{d}x \leqslant M \int_E g(x)\mathrm{d}x.$$

证明　设 Q 是 $\mathbb{R}^m$ 中的闭方块, $E \subset Q$. 因为

$$C_E(x)f(x) \quad \text{和} \quad C_E(x)g(x)$$

都在 Q 上可积, 所以

$$C_E(x)f(x)g(x) = (C_E(x)f(x)) \cdot (C_E(x)g(x)),$$

也在 Q 上可积. 又因为 $\forall x \in Q$ 都有

$$\mu C_E(x)g(x) \leqslant C_E(x)f(x)g(x) \leqslant MC_E(x)g(x),$$

根据积分的单调性就得到

$$\mu\int_Q C_E(x)g(x)\mathrm{d}x \leqslant \int_Q C_E(x)f(x)g(x)\mathrm{d}x$$
$$\leqslant M\int_Q C_E(x)g(x)\mathrm{d}x,$$

也就是

$$\mu\int_E g(x)\mathrm{d}x \leqslant \int_E f(x)g(x)\mathrm{d}x \leqslant M\int_E g(x)\mathrm{d}x. \quad \square$$

推论 设 E 是 $\mathbb{R}^m$ 中的若当可测集,函数 $f(x)$ 在 E 上可积,并且

$$\mu \leqslant f(x) \leqslant M, \quad \forall x \in E,$$

则有

$$\mu v(E) \leqslant \int_E f(x)\mathrm{d}x \leqslant Mv(E).$$

我们来考察有关重积分可加性的问题. 先证明一个引理.

引理 (1)设 E_0 和 E 都是 $\mathbb{R}^m$ 中的若当可测集,$E_0 \subset E$. 如果函数 f 在 E 可积,那么 f 在 E_0 上也可积.

(2)设 E_1 和 E_2 都是 $\mathbb{R}$ 中的若当可测集,$E = E_1 \bigcup E_2$. 如果函数 f 在 E_1 和 E_2 上可积,那么 f 在 E 上也可积,并且

$$\int_E f(x)\mathrm{d}x = \int_{E_1} f(x)\mathrm{d}x + \int_{E_2} f(x)\mathrm{d}x - \int_{E_1 \cap E_2} f(x)\mathrm{d}x.$$

证明 (1)取 $\mathbb{R}^m$ 中的闭方块 $Q \supset E \supset E_0$. 因为函数

$$C_{E_0}(x) \quad \text{和} \quad C_E(x)f(x)$$

都在 Q 上可积,所以

$$C_{E_0}(x)f(x) = C_{E_0}(x) \cdot C_E(x)f(x)$$

也在 Q 上可积.

(2)记 $E_3 = E_1 \bigcap E_2$,则显然有

$$E_3 \subset E_1, \quad E_3 \subset E_2.$$

因为函数 f 在 E_1 和 E_2 上可积,所以 f 在 E_3 上当然也可积. 又因为

$$C_E(x) = C_{E_1}(x) + C_{E_2}(x) - C_{E_3}(x),$$

所以

$$C_E(x)f(x) = C_{E_1}(x)f(x) + C_{E_2}(x)f(x) - C_{E_3}(x)f(x).$$

由此可知：函数 f 在 E 上可积分，并且

$$\int_E f(x)\,\mathrm{d}x$$

$$= \int_{E_1} f(x)\,\mathrm{d}x + \int_{E_2} f(x)\,\mathrm{d}x - \int_{E_1 \cap E_2} f(x)\,\mathrm{d}x. \quad \square$$

定理 6 设 $E_1, \cdots, E_k$ 是 $\mathbb{R}^m$ 中的若当可测集，满足条件

$$i \neq j \text{ 时}, \ E_i \cap E_j \text{ 是零集}.$$

我们记

$$E = E_1 \cup \cdots \cup E_k.$$

如果函数 f 在 $E_1, \cdots, E_k$ 上可积，那么 f 在 E 上也可积，并且

$$\int_E f(x)\,\mathrm{d}x = \int_{E_1} f(x)\,\mathrm{d}x + \cdots + \int_{E_k} f(x)\,\mathrm{d}x.$$

证明 我们对加项的数目做归纳法. 首先考察两个加项的情形.
对这情形，从上面的引理可知，函数 f 在 $E_1 \cup E_2$ 上可积分，并且

$$\int_{E_1 \cup E_2} f(x)\,\mathrm{d}x$$

$$= \int_{E_1} f(x)\,\mathrm{d}x + \int_{E_2} f(x)\,\mathrm{d}x - \int_{E_1 \cap E_2} f(x)\,\mathrm{d}x.$$

但 $E_1 \cap E_2$ 是零集，根据本节定理 2 可知

$$\int_{E_1 \cap E_2} f(x)\,\mathrm{d}x = \int_Q C_{E_1 \cap E_2}(x) \cdot f(x)\,\mathrm{d}x = 0.$$

我们得到

$$\int_{E_1 \cup E_2} f(x)\,\mathrm{d}x = \int_{E_1} f(x)\,\mathrm{d}x + \int_{E_2} f(x)\,\mathrm{d}x.$$

假设对 $k-1$ 个加项的情形定理的结论成立. 我们来考察 k 个加项
的情形. 对这情形，我们记

$$E_0 = E_1 \cup \cdots \cup E_{k-1}.$$

根据归纳法假设，函数 f 在 E_0 上可积分，并且有

$$\int_{E_0} f(x)\,\mathrm{d}x = \int_{E_1} f(x)\,\mathrm{d}x + \cdots + \int_{E_{k-1}} f(x)\,\mathrm{d}x.$$

容易看出：$E_0 \cap E_k$ 是零集. 根据上面对两个加项情形的讨论，我们
断定：函数 f 在若当可测集 $E = E_0 \cup E_k$ 上可积分，并且

$$\int_E f(x)\mathrm{d}x = \int_{E_0} f(x)\mathrm{d}x + \int_{E_k} f(x)\mathrm{d}x$$

$$= \int_{E_1} f(x)\mathrm{d}x + \cdots + \int_{E_{k-1}} f(x)\mathrm{d}x$$

$$+ \int_{E_k} f(x)\mathrm{d}x. \quad \square$$

设 E 是一个非空的若当可测集. 如果有限个非空的若当可测集

$$E_1, \cdots, E_N$$

满足这样的条件:

(1) $j \neq k$ 时, $E_j \bigcap E_k$ 是零集;

(2) $E_1 \bigcup \cdots \bigcup E_N = E$,

那么我们就说 $P = \{E_1, \cdots, E_N\}$ 是若当可测集 E 的一个分割,并把 P 的模定义为

$$|P| = \max_{1 \leqslant j \leqslant N} \sup_{x,y \in E_j} \{|x-y|\}.$$

对于这样的分割,任意选取

$$\xi_j \in E_j, \quad j = 1, \cdots, N,$$

并记

$$\xi = \{\xi_1, \cdots, \xi_N\}.$$

我们把和数

$$\sigma(f, P, \xi) = \sum_{j=1}^{N} f(\xi_j) v(E_j)$$

叫作一般积分和(或一般黎曼和). 仿照 §2 中的做法,还可以定义一般达布和(上和与下和),并能推导一系列相应的结果. 我们不再做细致的讨论了. 这里只证明以下很有用的结果.

定理 7 设 E 是一个闭若当可测集. 如果函数 f 在 E 连续,那么 f 在 E 可积,并且 f 在 E 上的积分正好是一般黎曼和的极限

$$\int_E f(x)\mathrm{d}x = \lim_{|P| \to 0} \sigma(f, P, \xi).$$

证明 设 Q 是包含 E 的任意一个闭方块. 因为函数 $C_E(x)f(x)$ 在 Q 中的间断点的集合是一个零集,所以这函数在 Q 上可积. 我们证明了函数 f 在 E 上可积.

因为 E 是一个有界闭集,函数 f 在 E 上是一致连续的,所以对

任何 $\varepsilon > 0$，存在 $\delta > 0$，使得只要

$$x, y \in E, \quad |x - y| < \delta,$$

就有

$$|f(x) - f(y)| < \frac{\varepsilon}{v(E)}.$$

设分割 $P = \{E_1, \cdots, E_N\}$ 满足条件

$$|P| < \delta,$$

则有

$$\left| \int_E f(x)\mathrm{d}x - \sigma(f, P, \xi) \right|$$

$$= \left| \sum_{j=1}^{N} \int_{E_j} f(x)\mathrm{d}x - \sum_{j=1}^{N} f(\xi_j)v(E_j) \right|$$

$$= \left| \sum_{j=1}^{N} \int_{E_j} (f(x) - f(\xi_j))\mathrm{d}x \right|$$

$$\leqslant \sum_{j=1}^{N} \int_{E_j} |f(x) - f(\xi_j)|\,\mathrm{d}x$$

$$\leqslant \sum_{j=1}^{N} \frac{\varepsilon}{v(E)} v(E_j)$$

$$= \frac{\varepsilon}{v(E)} \sum_{j=1}^{N} v(E_j) = \varepsilon.$$

这证明了

$$\lim_{|P| \to 0} \sigma(f, P, \xi) = \int_E f(x)\mathrm{d}x. \qquad \square$$

4. d 若当可测集上的积分化为累次积分计算

对某些情形，若当可测集上的积分能够化为累次积分.

同前面一样，我们把 $\mathbb{R}^{n+p} = \mathbb{R}^n \times \mathbb{R}^p$ 中的点记为

$$(x, y) = (x^1, \cdots, x^n, y^1, \cdots, y^p).$$

设 $Q = V \times W$ 是 $\mathbb{R}^{n+p} = \mathbb{R}^n \times \mathbb{R}^p$ 中的一个闭方块，E 是 Q 的一个子集，f 是在 E 上有定义的一个函数. 对于 $x \in V$，我们记

$$E_x = \{y \in \mathbb{R}^p \mid (x, y) \in E\}.$$

请注意，对某些 $x' \in V$，可能有 $E_{x'} = \varnothing$. 如果对某个确定的 $x \in V$ 有

$E_x \neq \varnothing$,那么就可以定义一个函数

$$f(x, \cdot): E_x \to \mathbb{R},$$

$$y \mapsto f(x, y).$$

定理 8 设 $Q = V \times W$ 是 $\mathbb{R}^{n+p} = \mathbb{R}^n \times \mathbb{R}^p$ 中的一个闭方块,$E \subset Q$ 是一个若当可测集,f 是在 E 上可积的一个函数. 如果对任何 $x \in V$,集合 E_x 都是 $\mathbb{R}^p$ 中的若当可测集;并且对于使得 $E_x \neq \varnothing$ 的 x,函数 $f(x, \cdot)$ 在 E_x 上可积,那么

$$\int_E f(x, y) \mathrm{d}(x, y) = \int_V \mathrm{d}x \int_{E_x} f(x, y) \mathrm{d}y.$$

在这里和以下的讨论中,为了叙述方便,我们采取这样的约定:对于使得 $E_x = \varnothing$ 的 x,认为

$$\int_{E_x} f(x, y) \mathrm{d}y = 0.$$

证明 我们有

$$\begin{aligned}
\int_E f(x, y) \mathrm{d}(x, y) &= \int_Q C_E(x, y) f(x, y) \mathrm{d}(x, y) \\
&= \int_V \mathrm{d}x \int_W C_E(x, y) f(x, y) \mathrm{d}y \\
&= \int_V \mathrm{d}x \int_W C_{E_x}(y) f(x, y) \mathrm{d}y \\
&= \int_V \mathrm{d}x \int_{E_x} f(x, y) \mathrm{d}y. \quad \square
\end{aligned}$$

上面定理的意义在于:把计算 m 重积分的问题转化为累次计算较低重数的积分. 对于 $m \geqslant 3$ 的情形,可以有不止一种方式把 m 表示为 $m = n + p$. 我们应当考察各种可能的情形,选择最便于计算的方案. 例如,对于 $m = 3$ 的情形,就有 $3 = 1 + 2$ 和 $3 = 2 + 1$ 两种典型的方案可供选择. 具体说明如下:

设 E 是 $\mathbb{R}^3$ 中的若当可测集,函数 f 在 E 上可积. 我们希望运用定理 8 来计算 f 在 E 上的积分.

第一种方案($3 = 1 + 2$). 我们把 $\mathbb{R}^3 = \mathbb{R} \times \mathbb{R}^2$ 中的点记为

$$(x, y) = (x, y^1, y^2).$$

设 $V = [a, b]$ 和 W 分别是 $\mathbb{R}$ 中的闭区间和 $\mathbb{R}^2$ 中的闭方块,

$$Q = V \times W \supset E.$$

如果对每一个 $x \in V$，截口集合 E_x 都是 $\mathbb{R}^2$ 中的若当可测集，并且对于使得 $E_x \neq \varnothing$ 的 x，函数 $f(x, \cdot)$ 在 E_x 上可积，那么

$$\int_E f(x,y)\mathrm{d}(x,y) = \int_a^b \mathrm{d}x \int_{E_x} f(x,y)\mathrm{d}y$$

$$= \int_a^b \mathrm{d}x \int_{E_x} f(x, y^1, y^2)\mathrm{d}(y^1, y^2).$$

如果遵照通常的习惯，把 $\mathbb{R}^3$ 中的点表示为 (x, y, z)，那么上面的公式可以写成

$$\iiint_E f(x,y,z)\mathrm{d}(x,y,z) = \int_a^b \mathrm{d}x \iint_{E_x} f(x,y,z)\mathrm{d}(y,z).$$

第二种方案 $(3 = 2 + 1)$. 我们把 $\mathbb{R}^3 = \mathbb{R}^2 \times \mathbb{R}$ 中的点表示为

$$(x, y) = (x^1, x^2, y).$$

设 V 和 W 分别是 $\mathbb{R}^2$ 中的闭方块和 $\mathbb{R}$ 中的闭区间，$Q = V \times W \supset E$. 如果对每一个 $x \in V$，截口集合 E_x 都是 $\mathbb{R}$ 中的若当可测集，并且对于使得 $E_x \neq \varnothing$ 的 x，函数 $f(x, \cdot)$ 在 E_x 上可积，那么

$$\int_E f(x,y)\mathrm{d}(x,y) = \int_V \mathrm{d}x \int_{E_x} f(x,y)\mathrm{d}y$$

$$= \int_V \mathrm{d}(x^1, x^2) \int_{E_{(x^1,x^2)}} f(x^1, x^2, y)\mathrm{d}y.$$

如果照通常的习惯用 (x, y, z) 表示 $\mathbb{R}^3$ 中的点，那么上面的公式就可以写成

$$\iiint_E f(x,y,z)\mathrm{d}(x,y,z)$$

$$= \iint_V \mathrm{d}(x,y) \int_{E_{(x,y)}} f(x,y,z)\mathrm{d}z.$$

第二种方案特别适合于计算曲顶曲底柱形上的积分. 所谓曲顶曲底柱形，是指如下形状的集合

$$E = \left\{ (x,y,z) \,\middle|\, \begin{array}{l} (x,y) \in D, \\ \varphi(x,y) \leqslant z \leqslant \psi(x,y) \end{array} \right\},$$

这里设 D 是 $\mathbb{R}^2$ 中的闭若当可测集，函数 $\varphi(x,y)$ 和 $\psi(x,y)$ 在 D 上连续，并且

$$\varphi(x,y) \leqslant \psi(x,y), \quad \forall (x,y) \in D.$$

设闭方块 $Q = V \times W \supset E$，我们指出：

$$\mathrm{Bd}E \subset \mathrm{Bd}(D \times W) \bigcup \Phi \bigcup \Psi,$$

这里

$$\Phi = \{(x,y,z) \mid (x,y) \in D, \; z = \varphi(x,y)\},$$
$$\Psi = \{(x,y,z) \mid (x,y) \in D, \; z = \psi(x,y)\}.$$

仿照 §3 中的做法（参看 §3 定理 2 前的引理），可以证明 $\mathrm{Bd}E$ 是 $\mathbb{R}^3$ 中的零集，因而 E 是 $\mathbb{R}^3$ 中的若当可测集. 如果函数 $f(x,y,z)$ 在 E 上连续，那么就有

$$\iiint\limits_{E} f(x,y,z)\mathrm{d}(x,y,z)$$

$$= \iint\limits_{V}\mathrm{d}(x,y)\int\limits_{E_{(x,y)}} f(x,y,z)\mathrm{d}z$$

$$= \iint\limits_{D}\mathrm{d}(x,y)\int\limits_{\varphi(x,y)}^{\psi(x,y)} f(x,y,z)\mathrm{d}z.$$

下面介绍把重积分化为累次积分计算的一些例子.

例 1　设 E 是 $\mathbb{R}^2$ 中由直线 $x=0$，$y=x$ 和 $y=1$ 围成的图形（图 13-6），试计算二重积分

$$I = \iint\limits_{E} x^2 \mathrm{e}^{-y^2}\mathrm{d}(x,y).$$

解　如果采取先对 y 积分再对 x 积分的方案，那么就会遇到不好计算的内层积分：

$$I = \int_0^1 \left(x^2 \int_x^1 \mathrm{e}^{-y^2}\mathrm{d}y\right)\mathrm{d}x,$$

这里的 $\int_x^1 \mathrm{e}^{-y^2}\mathrm{d}y$ 不好计算. 如果先对 x 积分，再对 y 积分，就能够顺利地计算到底：

$$I = \int_0^1 \mathrm{d}y \int_0^y x^2 \mathrm{e}^{-y^2}\mathrm{d}x$$

$$= \frac{1}{3}\int_0^1 y^3 \mathrm{e}^{-y^2}\mathrm{d}y = \frac{1}{6} - \frac{1}{3\mathrm{e}}.$$

例 2　考察 $\mathbb{R}^3$ 中的圆柱 $x^2 + y^2 \leqslant a^2$ 和 $x^2 + z^2 \leqslant a^2$，试求这两

个圆柱相交部分的体积 V（参看图 13-7）.

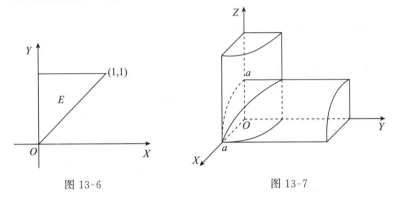

图 13-6   图 13-7

解 由于对称性，只需求出第一卦限内的部分体积再乘以 8：

$$V = 8 \iiint\limits_{E} \mathrm{d}(x, y, z),$$

这里

$$E = \left\{ (x, y, z) \,\middle|\, \begin{array}{c} x, y, z \geqslant 0, \\ x^2 + y^2 \leqslant a^2, \ x^2 + z^2 \leqslant a^2 \end{array} \right\}$$

$$= \{ (x, y, z) \mid (x, y) \in D, 0 \leqslant z \leqslant \sqrt{a^2 - x^2} \},$$

$$D = \{ (x, y) \mid x, y \geqslant 0, \ x^2 + y^2 \leqslant a^2 \}.$$

于是

$$V = 8 \iint\limits_{D} \mathrm{d}(x, y) \int_0^{\sqrt{a^2 - x^2}} \mathrm{d}z$$

$$= 8 \iint\limits_{D} \sqrt{a^2 - x^2} \, \mathrm{d}(x, y)$$

$$= 8 \int_0^a \mathrm{d}x \int_0^{\sqrt{a^2 - x^2}} \sqrt{a^2 - x^2} \, \mathrm{d}y$$

$$= 8 \int_0^a (a^2 - x^2) \mathrm{d}x = \frac{16}{3} a^3.$$

另一种计算方案为

$$V = 8 \iiint\limits_{E} \mathrm{d}(x, y, z) = 8 \int_0^a \mathrm{d}x \iint\limits_{E_x} \mathrm{d}(y, z),$$

这里 E_x 是一个正方形:

$$E_x = \left\{ (y,z) \,\middle|\, \begin{array}{l} 0 \leqslant y \leqslant \sqrt{a^2 - x^2} \\ 0 \leqslant z \leqslant \sqrt{a^2 - x^2} \end{array} \right\}.$$

用这方案计算同样得到

$$V = 8 \int_0^a (a^2 - x^2) \, \mathrm{d}x = \frac{16}{3} a^3.$$

例 3 试计算积分

$$I = \iiint\limits_E \frac{\mathrm{d}(x,y,z)}{(1+x+y+z)^3},$$

这里 E 是四面体

$$\{(x,y,z) \mid x,y,z \geqslant 0,\ x+y+z \leqslant 1\}.$$

解 化为累次积分计算得

$$\begin{aligned}
I &= \int_0^1 \mathrm{d}x \iint\limits_{E_x} \frac{\mathrm{d}(y,z)}{(1+x+y+z)^3} \\
&= \int_0^1 \mathrm{d}x \int_0^{1-x} \mathrm{d}y \int_0^{1-x-y} \frac{\mathrm{d}z}{(1+x+y+z)^3} \\
&= \int_0^1 \mathrm{d}x \int_0^{1-x} \frac{1}{2} \left[\frac{1}{(1+x+y)^2} - \frac{1}{4} \right] \mathrm{d}y \\
&= \frac{1}{2} \int_0^1 \left(\frac{1}{1+x} + \frac{x}{4} - \frac{3}{4} \right) \mathrm{d}x \\
&= \frac{1}{2} \left(\ln 2 - \frac{5}{8} \right).
\end{aligned}$$

例 4 试计算积分

$$I = \iiint\limits_E \left(\frac{x^2}{a^2} + \frac{y^2}{b^2} + \frac{z^2}{c^2} \right) \mathrm{d}(x,y,z),$$

这里 E 是椭球体

$$\frac{x^2}{a^2} + \frac{y^2}{b^2} + \frac{z^2}{c^2} \leqslant 1.$$

解 把积分拆成三项,分别化为累次积分:

$$I = \int_{-a}^a \mathrm{d}x \left(\frac{x^2}{a^2} \iint\limits_{E_x} \mathrm{d}(y,z) \right) + \int_{-b}^b \mathrm{d}y \left(\frac{y^2}{b^2} \iint\limits_{E_y} \mathrm{d}(x,z) \right)$$

$$+ \int_{-c}^{c} dz \left(\frac{z^2}{c^2} \iint_{E_z} d(x,y) \right).$$

截口 E_x 是一个椭圆面,它的两轴长分别为

$$b \sqrt{1 - \frac{x^2}{a^2}} \quad \text{和} \quad c \sqrt{1 - \frac{x^2}{a^2}}.$$

于是,E_x 的面积等于

$$\pi bc \left(1 - \frac{x^2}{a^2} \right).$$

对截口 E_y 和 E_z 也可作类似的讨论. 于是,我们求得

$$I = \frac{\pi bc}{a^2} \int_{-a}^{a} x^2 \left(1 - \frac{x^2}{a^2} \right) dx + \frac{\pi ac}{b^2} \int_{-b}^{b} y^2 \left(1 - \frac{y^2}{b^2} \right) dy$$

$$+ \frac{\pi ab}{c^2} \int_{-c}^{c} z^2 \left(1 - \frac{z^2}{c^2} \right) dz$$

$$= \frac{4}{5} \pi abc.$$

例 5   如下形状的集合被称为 n **维单纯形**:

$$C_n(r) = \left\{ (x_1, \cdots, x_n) \in \mathbb{R}^n \, \middle| \, \begin{matrix} x_1 \geq 0, \cdots, x_n \geq 0, \\ x_1 + \cdots + x_n \leq r \end{matrix} \right\}.$$

试计算 $C_n(r)$ 的体积 $W_n(r)$.

解   我们来归纳 $W_n(r)$ 的一般公式. 首先,$W_1(r)$ 与 $W_2(r)$ 很容易求得:

$$W_1(r) = \int_0^r dx_1 = r,$$

$$W_2(r) = \int_0^r dx_2 \int_{C_1(r-x_2)} dx_1$$

$$= \int_0^r (r - x_2) dx_2 = \frac{1}{2} r^2.$$

假设对任何 $r \geq 0$ 已经求得

$$W_{n-1}(r) = \frac{1}{(n-1)!} r^{n-1},$$

那么就有

$$W_n(r) = \int_0^r dx_n \int_{C_{n-1}(r-x_n)} d(x_1, \cdots, x_{n-1})$$

$$= \int_0^r W_{n-1}(r - x_n)\,\mathrm{d}x_n$$

$$= \int_0^r \frac{1}{(n-1)!}(r - x_n)^{n-1}\,\mathrm{d}x_n$$

$$= \frac{1}{n!}r^n.$$

例6 设 $B_n(r)$ 表示半径为 r 的 n 维闭球体，试计算 $B_n(r)$ 的体积 $V_n(r)$.

解 考察 $n=1,2,3$ 的情形，可以猜测 $V_n(r)$ 具有如下形式的表示：

$$V_n(r) = \alpha_n r^n.$$

我们来证明这公式并推导系数 α_n 的递推关系. 显然有

$$V_1(r) = 2r, \quad \alpha_1 = 2.$$

对一般情形有

$$V_n(r) = \int_{-r}^r \mathrm{d}x_n \int_{B_{n-1}(\sqrt{r^2 - x_n^2})} \mathrm{d}(x_1, \cdots, x_{n-1})$$

$$= \int_{-r}^r \alpha_{n-1}(r^2 - x_n^2)^{\frac{n-1}{2}}\,\mathrm{d}x_n$$

$$= 2\alpha_{n-1}\int_0^r (r^2 - x_n^2)^{\frac{n-1}{2}}\,\mathrm{d}x_n$$

$$= \left(2\alpha_{n-1}\int_0^{\frac{\pi}{2}} \sin^n t\,\mathrm{d}t\right)r^n$$

$$= \alpha_n r^n.$$

我们看到：系数 α_n 满足递推关系

$$\alpha_n = 2\alpha_{n-1}\int_0^{\frac{\pi}{2}} \sin^n t\,\mathrm{d}t, \quad \alpha_1 = 2.$$

从这递推关系可以求得

$$\alpha_n = 2^n \beta_n \beta_{n-1} \cdots \beta_1,$$

其中 β_m 表示积分

$$\int_0^{\frac{\pi}{2}} \sin^m t\,\mathrm{d}t.$$

根据第九章 §6 中的计算，

$$\beta_m = \begin{cases} \dfrac{(m-1)!!}{m!!}, & \text{对奇数 } m, \\[4mm] \dfrac{(m-1)!!}{m!!} \cdot \dfrac{\pi}{2}, & \text{对偶数 } m. \end{cases}$$

我们求得：

$$\alpha_1 = 2, \quad \alpha_2 = \pi, \quad \alpha_3 = \frac{4}{3}\pi,$$

$$\alpha_4 = \frac{1}{2}\pi^2, \quad \alpha_5 = \frac{8}{15}\pi^2, \quad \cdots;$$

$$V_1(r) = 2r, \quad V_2(r) = \pi r^2, \quad V_3(r) = \frac{4}{3}\pi r^3,$$

$$V_4(r) = \frac{1}{2}\pi^2 r^4, \quad V_5(r) = \frac{8}{15}\pi^2 r^5, \quad \cdots.$$

α_n 与 $V_n(r)$ 的一般表示式为：

$$\alpha_{2k} = 2^{2k}\,\frac{1}{(2k)!!}\left(\frac{\pi}{2}\right)^k = \frac{\pi^k}{k!},$$

$$\alpha_{2k+1} = 2^{2k+1}\,\frac{1}{(2k+1)!!}\left(\frac{\pi}{2}\right)^k$$

$$= \frac{2^{k+1}\pi^k}{(2k+1)!!};$$

$$V_{2k}(r) = \frac{\pi^k}{k!}r^{2k},$$

$$V_{2k+1}(r) = \frac{2^{k+1}\pi^k}{(2k+1)!!}r^{2k+1}.$$

§5　利用变元替换计算重积分的例子

在学习一元函数积分学的时候, 我们已经熟悉了定积分的变元替换法则. 设 $J = [\alpha, \beta]$ 是一个闭区间, $\varphi: J \to \mathbb{R}$ 是一个连续可微函数, 满足条件

$$\varphi'(t) \neq 0, \quad \forall t \in \text{int} J.$$

如果函数 f 在闭区间 $\varphi(J)$ 连续, 那么

$$\int_{\varphi(\alpha)}^{\varphi(\beta)} f(x)\,\mathrm{d}x = \int_{\alpha}^{\beta} f(\varphi(t))\varphi'(t)\,\mathrm{d}t. \tag{5.1}$$

注意到

$$\varphi(J) = \begin{cases} [\varphi(\alpha),\varphi(\beta)], & \text{如果 } \varphi(\alpha) < \varphi(\beta), \\ [\varphi(\beta),\varphi(\alpha)], & \text{如果 } \varphi(\alpha) > \varphi(\beta), \end{cases}$$

我们可以按以下方式改写(5.1)式：

$$\begin{aligned}
\int_{\varphi(J)} f(x)\,\mathrm{d}x &= \pm\int_{\varphi(\alpha)}^{\varphi(\beta)} f(x)\,\mathrm{d}x \\
&= \pm\int_{\alpha}^{\beta} f(\varphi(t))\varphi'(t)\,\mathrm{d}t \\
&= \int_{\alpha}^{\beta} f(\varphi(t))(\pm\varphi'(t))\,\mathrm{d}t \\
&= \int_{J} f(\varphi(t))|\varphi'(t)|\,\mathrm{d}t.
\end{aligned}$$

这样得到

$$\int_{\varphi(J)} f(x)\,\mathrm{d}x = \int_{J} f(\varphi(t))|\varphi'(t)|\,\mathrm{d}t. \tag{5.2}$$

对于多重积分,也有类似形式的变元替换法则：

定理 设 Ω 是 $\mathbb{R}^m$ 中的一个开集,

$$\varphi: \Omega \to \mathbb{R}^m$$

是一个连续可微映射, $E \subset \Omega$ 是一个闭若当可测集. 如果

(1) $\det \mathrm{D}\varphi(t) \neq 0, \forall t \in \mathrm{int}E$；

(2) φ 在 $\mathrm{int}E$ 中是单一的,

那么 $\varphi(E)$ 也是一个闭若当可测集,并且对于任何在 $\varphi(E)$ 上连续的函数 $f(x)$ 都有

$$\int_{\varphi(E)} f(x)\,\mathrm{d}x = \int_{E} f(\varphi(t))|\det \mathrm{D}\varphi(t)|\,\mathrm{d}t. \tag{5.3}$$

这定理的证明过程比较长,我们将在下一节中予以介绍. 本节先来看看运用变元替换公式计算重积分的例子. 在计算一元函数定积分的时候,做变元替换是为了简化被积函数. 对于重积分的计算来说,运用变元替换公式除了仍有简化被积函数的作用而外(这一点比较起来并不那么重要),更重要的目的在于简化积分区域. 在实际计算的时候,需要根据积分区域的几何形状,选用合适的变元替换.

5. a 二重积分变元替换的例子

对于二重积分,公式(5.3)可以写成

$$\iint\limits_{\varphi(E)} f(x,y)\mathrm{d}(x,y)$$

$$= \iint\limits_{E} f(x(u,v),y(u,v)) \left| \frac{\partial(x,y)}{\partial(u,v)} \right| \mathrm{d}(u,v).$$

这里的集合 E 与映射 φ:

$$\begin{cases} x = x(u,v), \\ y = y(u,v) \end{cases}$$

应满足变元替换定理所要求的条件,函数 f 在 $D = \varphi(E)$ 上连续.

例 1 设(一元)函数 f 在闭区间 $[-1,1]$ 连续,则有

$$\iint\limits_{|x|+|y|\leqslant 1} f(x+y)\mathrm{d}(x,y) = \int_{-1}^{1} f(u)\mathrm{d}u.$$

解 上式左边的二重积分,其积分区域 D 由四条直线 $x \pm y = \pm 1$ 围成(图 13-8). 这提示我们做变元替换

$$\begin{cases} x + y = u, \\ x - y = v \end{cases} \quad 即 \quad \begin{cases} x = \dfrac{u+v}{2}, \\ y = \dfrac{u-v}{2}. \end{cases}$$

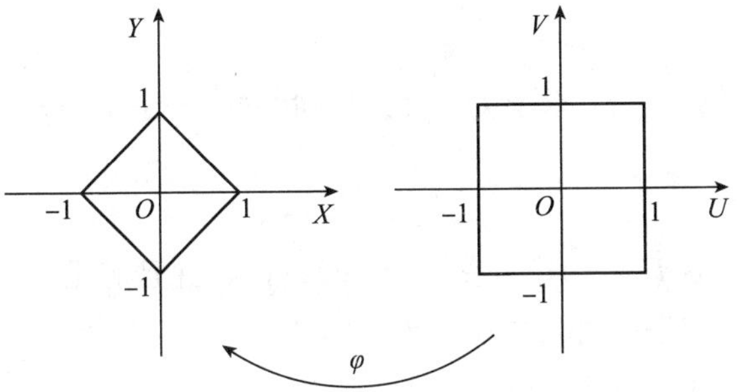

图 13-8

变换的雅可比行列式很容易计算:

$$\frac{\partial(x,y)}{\partial(u,v)} = \frac{1}{\dfrac{\partial(u,v)}{\partial(x,y)}} = -\frac{1}{2}.$$

通过变元替换,我们得到

$$\iint\limits_{|x|+|y|\leqslant 1} f(x+y)\mathrm{d}(x,y) = \frac{1}{2}\iint\limits_{|u|\leqslant 1,|v|\leqslant 1} f(u)\mathrm{d}(u,v)$$

$$= \frac{1}{2}\int_{-1}^{1}\left(\int_{-1}^{1}f(u)\mathrm{d}v\right)\mathrm{d}u$$

$$= \int_{-1}^{1}f(u)\mathrm{d}u.$$

注记 在例 1 中,最初的二重积分展布在这样一个闭若当可测集上:

$$D = \{(x,y)\in\mathbb{R}^{2}\,|\,|x|+|y|\leqslant 1\}.$$

我们希望确定一个闭若当可测集 E,一个包含 E 的开集 W 和一个连续可微映射

$$\varphi:W\to\mathbb{R}^{2},$$

要求这映射满足条件:

(1) $\det \mathrm{D}\varphi(u,v)\neq 0,\ \forall(u,v)\in\mathrm{int}E$,

(2) φ 在 $\mathrm{int}E$ 是单一的,

并要求

$$\varphi(E) = D.$$

我们的实际做法是:根据 D 的几何形状确定一个变换

$$\psi:\begin{cases}u = x+y,\\v = x-y,\end{cases}$$

这里 ψ 在包含 D 的一个开集 V 上连续可微,并且满足以下条件

(1′) $\det \mathrm{D}\psi(x,y)\neq 0,\ \forall(x,y)\in V$;

(2′) ψ 在 V 中是单一的.

于是 $W=\psi(V)$ 是一个开集,$E=\psi(D)\subset W$ 是一个闭若当可测集,$\varphi=\psi^{-1}$ 满足变元替换定理的要求.

上面所说的做法可以加以推广. 一般说来,如果积分区域 D 表示为

$$\alpha \leqslant u(x,y) \leqslant \beta, \quad \gamma \leqslant v(x,y) \leqslant \delta,$$

那么我们可以试做变换

$$\psi : \begin{cases} u = u(x,y), \\ v = v(x,y), \end{cases}$$

这里要求 ψ 在包含 D 的一个开集 V 上连续可微,并要求它满足上面的条件 $(1')$ 和 $(2')$. ψ 在 V 中的单一性意味着:对任意确定的 (u_0, v_0),至多只有唯一的 $(x_0, y_0) \in V$ 能够使得 $\psi(x_0, y_0) = (u_0, v_0)$. 我们可以用几何式的语言来表述一条件. 考察两族曲线

$$u(x,y) = \text{const.} \quad \text{和} \quad v(x,y) = \text{const.}.$$

条件 $(2')$ 等价于说:第一族曲线中的任意一条与第二族曲线中的任意一条,在 V 中至多只有一个交点. 在实际解题时,对某些情形,只须根据条件 $(1')$ 和 $(2')$ 确认 $\varphi = \psi^{-1}$ 的存在,并不一定需要求出 φ 的具体表示.

例 2 试计算

(1) $I = \iint\limits_{|x|+|y| \leqslant 1} \dfrac{(x+y)^2}{1+(x-y)^2} \mathrm{d}(x,y)$;

(2) $J = \iint\limits_{|x|+|y| \leqslant 1} (x^2 - y^2)^p \mathrm{d}(x,y), p \in \mathbb{N}$.

解 用例 1 中的变换,我们求得

$$
\begin{aligned}
I &= \frac{1}{2} \iint\limits_{|u| \leqslant 1, |v| \leqslant 1} \frac{u^2}{1+v^2} \mathrm{d}(u,v) \\
&= \frac{1}{2} \int_{-1}^{1} u^2 \mathrm{d}u \int_{-1}^{1} \frac{\mathrm{d}v}{1+v^2} \\
&= \frac{\pi}{6},
\end{aligned}
$$

$$
\begin{aligned}
J &= \frac{1}{2} \iint\limits_{|u| \leqslant 1, |v| \leqslant 1} u^p v^p \mathrm{d}(u,v) \\
&= \frac{1}{2} \int_{-1}^{1} u^p \mathrm{d}u \int_{-1}^{1} v^p \mathrm{d}v \\
&= \begin{cases} \dfrac{2}{(p+1)^2}, & \text{如果 } p \text{ 是偶数}, \\ 0, & \text{如果 } p \text{ 是奇数}. \end{cases}
\end{aligned}
$$

例 3   考察抛物线 $y^2 = \alpha x$，$y^2 = \beta x$，$x^2 = \gamma y$ 和 $x^2 = \delta y$ $(0 < \alpha < \beta, 0 < \gamma < \delta)$. 设 D 是由这四条抛物线围成的闭区域,试计算：

(1) D 的面积 $\sigma(D)$；

(2) $I = \iint\limits_{D} x y \mathrm{d}(x, y)$；

(3) $J = \iint\limits_{D} \dfrac{1}{x y} \mathrm{d}(x, y)$.

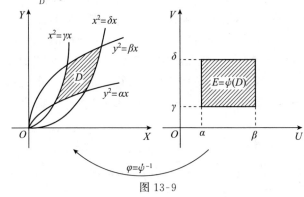

图 13-9

解   闭区域 D 的形状（参看图 13-9）提示我们做变换

$$\psi:\begin{cases} u = \dfrac{y^2}{x}, \\[2mm] v = \dfrac{x^2}{y}. \end{cases}$$

计算变换的雅可比行列式得

$$\frac{\partial(u, v)}{\partial(x, y)} = \begin{vmatrix} -\dfrac{y^2}{x^2} & \dfrac{2y}{x} \\[3mm] \dfrac{2x}{y} & -\dfrac{x^2}{y^2} \end{vmatrix} = -3,$$

$$\frac{\partial(x, y)}{\partial(u, v)} = -\frac{1}{3}.$$

通过变元替换，我们得到

$$\sigma(D) = \iint\limits_{D} \mathrm{d}(x, y) = \frac{1}{3} \int_{\alpha}^{\beta} \mathrm{d}u \int_{\gamma}^{\delta} \mathrm{d}v$$

$$= \frac{1}{3}(\beta - \alpha)(\delta - \gamma).$$

$$I = \iint\limits_{D} xy\,\mathrm{d}(x,y) = \frac{1}{3}\int_{\alpha}^{\beta}\mathrm{d}u\int_{\gamma}^{\delta}uv\,\mathrm{d}v$$

$$= \frac{1}{12}(\beta^2 - \alpha^2)(\delta^2 - \gamma^2).$$

$$J = \iint\limits_{D} \frac{1}{xy}\,\mathrm{d}(x,y)$$

$$= \frac{1}{3}\int_{\alpha}^{\beta}\mathrm{d}u\int_{\gamma}^{\delta}\frac{1}{uv}\,\mathrm{d}v$$

$$= \frac{1}{3}\ln\frac{\beta}{\alpha} \cdot \ln\frac{\delta}{\gamma}.$$

例 4 设 D 是第一象限内由双曲线 $xy = a$，$xy = b$ 与直线 $y = px$，$y = qx$ 围成的闭区域($0 < a < b$，$0 < p < q$)，试计算

(1) D 的面积 $\sigma(D)$；

(2) $I = \iint\limits_{D} \dfrac{y}{x}\,\mathrm{d}(x,y)$；

(3) $J = \iint\limits_{D} xy^3\,\mathrm{d}(x,y)$.

解 闭区域 D 的形状(参看图 13-10)提示我们采用变换

$$\psi: \begin{cases} u = xy, \\ v = \dfrac{y}{x}. \end{cases}$$

计算雅可比行列式得

$$\frac{\partial(u,v)}{\partial(x,y)} = \begin{vmatrix} y & x \\ -\dfrac{y}{x^2} & \dfrac{1}{x} \end{vmatrix} = \frac{2y}{x} = 2v,$$

$$\frac{\partial(x,y)}{\partial(u,v)} = \frac{1}{2v}.$$

利用变元替换公式，我们得到

$$\sigma(D) = \iint\limits_{D}\mathrm{d}(x,y) = \int_{a}^{b}\mathrm{d}u\int_{p}^{q}\frac{1}{2v}\,\mathrm{d}v$$

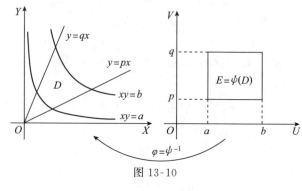

图 13-10

$$= \frac{1}{2}(b-a)\ln\frac{q}{p},$$

$$I = \iint\limits_{D} \frac{y}{x}\mathrm{d}(x,y) = \int_a^b \mathrm{d}u \int_p^q v \cdot \frac{1}{2v}\mathrm{d}v$$

$$= \frac{1}{2}(b-a)(q-p),$$

$$J = \iint\limits_{D} xy^3 \mathrm{d}(x,y)$$

$$= \int_a^b \mathrm{d}u \int_p^q u^2 v \cdot \frac{1}{2v}\mathrm{d}v$$

$$= \frac{1}{6}(b^3-a^3)(q-p).$$

注记 利用变元替换计算面积的公式为

$$\sigma(D) = \iint\limits_{E} \left| \frac{\partial(x,y)}{\partial(u,v)} \right| \mathrm{d}u\,\mathrm{d}v.$$

我们把

$$\left| \frac{\partial(x,y)}{\partial(u,v)} \right| \mathrm{d}u\,\mathrm{d}v$$

叫作曲线坐标下的面积元. 下面, 我们来说明它的几何意义.

首先指出这样一个简单事实: 以两向量

$$\boldsymbol{\alpha}_1 = (\xi_1,\eta_1) \ \text{和} \ \boldsymbol{\alpha}_2 = (\xi_2,\eta_2)$$

为相邻两边的平行四边形, 其面积为

$$| \boldsymbol{\alpha}_1 \times \boldsymbol{\alpha}_2 | = \begin{vmatrix} \xi_1 & \eta_1 \\ \xi_2 & \eta_2 \end{vmatrix}$$

的绝对值. 其次, 如果用平行于 OX 轴和 OY 轴的两族直线分割闭区域 D, 那么边长为 Δx 和 Δy 的微小矩形的面积应为 $\Delta x \Delta y$. 我们把

$$\mathrm{d}x \, \mathrm{d}y = \Delta x \Delta y$$

叫作直角坐标系中的面积元.

现在, 假设我们用两族曲线

$$u(x,y) = \text{const} \quad \text{和} \quad v(x,y) = \text{const}$$

来分割闭区域 D. 这里要求映射

$$\psi: \begin{cases} u = u(x,y), \\ v = v(x,y) \end{cases}$$

在包含 D 的一个开集 V 上是连续可微的, 并且满足以下条件

$(1')$ $\det \mathrm{D}\psi(x,y) \neq 0$, $\forall (x,y) \in V$;

$(2')$ ψ 在 V 中是单一的.

这样的两族曲线形成 V 中的曲线坐标网. 我们来考察这曲线坐标网中一个微小的曲线四边形的面积 (参看图 13-11).

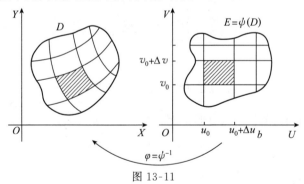

图 13-11

设这曲线四边形为以下四条曲线所围成

$$u(x,y) = u_0, \quad u(x,y) = u_0 + \Delta u,$$
$$v(x,y) = v_0, \quad v(x,y) = v_0 + \Delta v.$$

于是, 这曲线四边形的四个顶点分别为

$$(x_0, y_0) = (x(u_0, v_0), y(u_0, v_0)),$$
$$(x_1, y_1) = (x(u_0 + \Delta u, v_0), y(u_0 + \Delta u, v_0)),$$

$$(x_2, y_2) = (x(u_0, v_0 + \Delta v), \ y(u_0, v_0 + \Delta v)),$$

$$(x_3, y_3) = (x(u_0 + \Delta u, v_0 + \Delta v), \ y(u_0 + \Delta u, v_0 + \Delta v)).$$

对于充分小的 $\Delta u > 0$ 和 $\Delta v > 0$，可以认为

$$x_1 - x_0 \approx \frac{\partial x}{\partial u} \Delta u, \quad y_1 - y_0 \approx \frac{\partial y}{\partial u} \Delta u,$$

$$x_2 - x_0 \approx \frac{\partial x}{\partial v} \Delta v, \quad y_2 - y_0 \approx \frac{\partial y}{\partial v} \Delta v.$$

我们可以把这微小的曲线四边形近似地看作一个平行四边形（参看

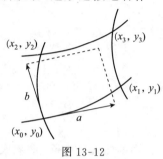

图 13-12

图 13-12），它以向量

$$\boldsymbol{a} = \left(\frac{\partial x}{\partial u} \Delta u, \ \frac{\partial y}{\partial u} \Delta u \right)$$

和

$$\boldsymbol{b} = \left(\frac{\partial x}{\partial v} \Delta v, \ \frac{\partial y}{\partial v} \Delta v \right)$$

为相邻两边. 这平行四边形的面积为

$$|\boldsymbol{a} \times \boldsymbol{b}| = \left| \frac{\partial(x, y)}{\partial(u, v)} \right| \Delta u \Delta v.$$

我们看到：

$$\left| \frac{\partial(x, y)}{\partial(u, v)} \right| \mathrm{d}u \, \mathrm{d}v = \left| \frac{\partial(x, y)}{\partial(u, v)} \right| \Delta u \Delta v$$

近似地表示了曲线坐标网中一个微小的曲线四边形的面积, 正是因为这个缘故, 人们把它叫作曲线坐标下的面积元.

例 5 设(一元)函数 f 在闭区间 $[0, 1]$ 连续, 试证

$$\iint\limits_{x^2+y^2\leqslant 1} f(x^2+y^2)\mathrm{d}(x,y) = \pi\int_0^1 f(u)\mathrm{d}u.$$

解 采用极坐标变换

$$\varphi:\begin{cases} x=r\cos\theta,\\ y=r\sin\theta \end{cases}$$

就可以把

$$E=\{(r,\theta)\,|\,0\leqslant r\leqslant 1,\,0\leqslant\theta\leqslant 2\pi\}$$

变成

$$D=\{(x,y)\,|\,x^2+y^2\leqslant 1\}.$$

计算变换 φ 的雅可比行列式得

$$\frac{\partial(x,y)}{\partial(r,\theta)}=\begin{vmatrix} \cos\theta & -r\sin\theta\\ \sin\theta & r\cos\theta \end{vmatrix}=r.$$

在整个 (r,θ) 平面上,映射 φ 是连续可微的. 在 E 的内部有:

(1) $\det\mathrm{D}\varphi(r,\theta)=r>0$;

(2) φ 是单一的.

验证了这些条件之后,我们确信可以用 φ 来做变元替换. 于是得到

$$\iint\limits_{D} f(x^2+y^2)\mathrm{d}(x,y)=\int_0^{2\pi}\mathrm{d}\theta\int_0^1 f(r^2)r\,\mathrm{d}r$$

$$=\pi\int_0^1 f(u)\mathrm{d}u.$$

注记 极坐标表示的面积微元为

$$\left|\frac{\partial(x,y)}{\partial(r,\theta)}\right|\mathrm{d}r\,\mathrm{d}\theta=r\,\mathrm{d}r\,\mathrm{d}\theta.$$

请参看图 13-13.

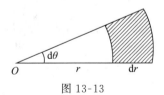

图 13-13

例 6 设二元函数 f 在闭区域 D 连续. 对以下情形(1)和(2),
试用极坐标变换把

$$I = \iint\limits_{D} f(x,y)\mathrm{d}(x,y)$$

化为累次积分,其中

(1) $D = \{(x,y) \mid a^2 \leqslant x^2 + y^2 \leqslant b^2\}$;

(2) $D = \{(x,y) \mid x^2 + y^2 \leqslant 2ax\}$.

解 (1) 做通常的极坐标变换就可得到

$$\iint\limits_{D} f(x,y)\mathrm{d}(x,y) = \int_0^{2\pi} \mathrm{d}\theta \int_a^b f(r\cos\theta, r\sin\theta) r\,\mathrm{d}r$$

(2) 以 $(a,0)$ 为极点,做极坐标变换

$$\begin{cases} x = a + r\cos\theta, \\ y = r\sin\theta, \end{cases}$$

我们得到

$$\iint\limits_{D} f(x,y)\mathrm{d}(x,y) = \int_0^{2\pi} \mathrm{d}\theta \int_0^a f(a + r\cos\theta, r\sin\theta) r\,\mathrm{d}r.$$

例 7 球体 $x^2 + y^2 + z^2 \leqslant a^2$ 被圆柱面 $x^2 + y^2 = ax$ 所割,试计算割下那部分立体的体积 V. [17 世纪意大利数学家维维安尼(Viviani)曾提出过类似的问题. 所以该立体又被称为维维安尼立体.]

解 利用对称性(参看图 13-14),所求的体积可以表示为

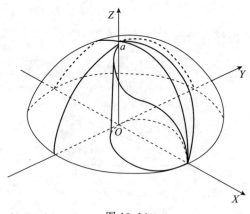

图 13-14

$$V = 4 \iint\limits_{D} \sqrt{a^2 - x^2 - y^2} \, \mathrm{d}(x, y),$$

其中的 D 是 OXY 平面上第一象限内的半圆

$$x^2 + y^2 \leqslant ax, \quad y \geqslant 0.$$

做极坐标变换，我们得到

$$V = 4 \int_0^{\frac{\pi}{2}} \mathrm{d}\theta \int_0^{a\cos\theta} \sqrt{a^2 - r^2} \, r \, \mathrm{d}r$$

$$= \frac{4}{3} a^3 \int_0^{\frac{\pi}{2}} (1 - \sin^3\theta) \, \mathrm{d}\theta$$

$$= \frac{4}{3} a^3 \left(\frac{\pi}{2} - \frac{2}{3} \right)$$

$$= \frac{2}{3} \pi a^3 - \frac{8}{9} a^3.$$

例 8 试证明

$$\int_{-\infty}^{+\infty} \mathrm{e}^{-x^2} \, \mathrm{d}x = \sqrt{\pi}, \quad \int_0^{+\infty} \mathrm{e}^{-x^2} \, \mathrm{d}x = \frac{\sqrt{\pi}}{2}.$$

解 因为 $\mathrm{e}^{x^2} \geqslant 1 + x^2$，

$$\mathrm{e}^{-x^2} \leqslant \frac{1}{1 + x^2},$$

所以两积分都收敛. 又，显然有

$$\int_{-\infty}^{+\infty} \mathrm{e}^{-x^2} \, \mathrm{d}x = 2 \int_0^{+\infty} \mathrm{e}^{-x^2} \, \mathrm{d}x.$$

所以只需计算其中任何一个就可以了. 下面，我们来计算第一个积分. 考察

$$I(a) = \int_{-a}^{a} \mathrm{e}^{-x^2} \, \mathrm{d}x.$$

我们有

$$(I(a))^2 = \int_{-a}^{a} \mathrm{e}^{-x^2} \, \mathrm{d}x \int_{-a}^{a} \mathrm{e}^{-y^2} \, \mathrm{d}y$$

$$= \iint\limits_{[-a,a] \times [-a,a]} \mathrm{e}^{-(x^2+y^2)} \, \mathrm{d}(x, y).$$

显然有（参看图 13-15）：

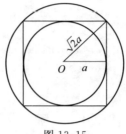

图 13-15

$$\iint\limits_{x^2+y^2\leqslant a^2} e^{-(x^2+y^2)}\,d(x,y)$$

$$\leqslant (I(a))^2 \leqslant \iint\limits_{x^2+y^2\leqslant 2a^2} e^{-(x^2+y^2)}\,d(x,y).$$

换极坐标计算可得

$$\iint\limits_{x^2+y^2\leqslant a^2} e^{-(x^2+y^2)}\,d(x,y) = \int_0^{2\pi} d\theta \int_0^a e^{-r^2} r\,dr$$

$$= \pi(1 - e^{-a^2}).$$

同样可得

$$\iint\limits_{x^2+y^2\leqslant 2a^2} e^{-(x^2+y^2)}\,d(x,y) = \pi(1 - e^{-2a^2}).$$

于是有

$$\pi(1 - e^{-a^2}) \leqslant (I(a))^2 \leqslant \pi(1 - e^{-2a^2}).$$

由此可得

$$\lim_{a\to+\infty} (I(a))^2 = \pi,$$

$$\int_{-\infty}^{+\infty} e^{-x^2}\,dx = \lim_{a\to+\infty} I(a)$$

$$= \sqrt{\pi}.$$

例9 试计算积分

$$I = \iint\limits_{\frac{x^2}{a^2}+\frac{y^2}{b^2}\leqslant 1} \sqrt{\frac{x^2}{a^2}+\frac{y^2}{b^2}}\,d(x,y).$$

解 先做变换

$$x = au, \quad y = bv,$$

我们得到

$$I = ab \iint\limits_{u^2+v^2 \leqslant 1} \sqrt{u^2+v^2}\, \mathrm{d}(u,v).$$

再做极坐标变换就得到

$$I = ab \int_0^{2\pi} \mathrm{d}\theta \int_0^1 r^2\, \mathrm{d}r = \frac{2\pi}{3}ab.$$

其实,我们可以把两个变换合起来,从一开始就令

$$x = ar\cos\theta, \quad y = br\sin\theta.$$

这样的变换被称为广义极坐标变换(或者:椭圆坐标变换),其雅可比行列式为

$$\frac{\partial(x,y)}{\partial(r,\theta)} = \begin{vmatrix} a\cos\theta & -ar\sin\theta \\ b\sin\theta & br\cos\theta \end{vmatrix} = abr.$$

5. b　三重积分与一般 n 重积分变元替换的例子

对于三重积分的计算,常用的变换有柱坐标变换与球坐标变换.
柱坐标变换为:

$$\begin{cases} x = r\cos\theta, \\ y = r\sin\theta, \\ z = z. \end{cases}$$

通常让 θ 在 $[0,2\pi]$ 中变动. 柱坐标变换的雅可比行列式为

$$\frac{\partial(x,y,z)}{\partial(r,\theta,z)} = r.$$

柱坐标表示的体积微元为

$$\left| \frac{\partial(x,y,z)}{\partial(r,\theta,z)} \right| \mathrm{d}r\,\mathrm{d}\theta\,\mathrm{d}z = r\,\mathrm{d}r\,\mathrm{d}\theta\,\mathrm{d}z,$$

请参看图 13-16.

球坐标变换为

$$\begin{cases} x = r\cos\theta\cos\varphi, \\ y = r\sin\theta\cos\varphi, \\ z = r\sin\varphi. \end{cases}$$

通常让 θ 在 $[0,2\pi]$ 中变动,φ 在 $\left[-\dfrac{\pi}{2},\dfrac{\pi}{2}\right]$ 中变动. 球坐标变换的雅

可比行列式为

$$\frac{\partial(x,y,z)}{\partial(r,\theta,\varphi)} = r^2 \cos\varphi.$$

球坐标表示的体积微元为

$$\left| \frac{\partial(x,y,z)}{\partial(r,\theta,\varphi)} \right| dr d\theta d\varphi = r^2 \cos\varphi \ dr d\theta d\varphi,$$

请参看图 13-17.

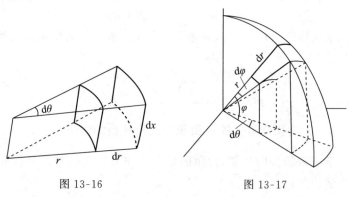

图 13-16 　　　　　　　　　图 13-17

例 10 计算三重积分

$$I = \iiint_D \sqrt{x^2 + y^2} \, d(x,y,z),$$

其中的 D 是由锥面 $x^2 + y^2 = z^2$ 与平面 $z = 1$ 围成的锥体(图 13-18).

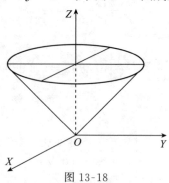

图 13-18

解 采用柱坐标变换,我们得到

$$I = \int_0^{2\pi} d\theta \int_0^1 dr \int_r^1 r^2 \, dz$$

$$= 2\pi \int_0^1 (r^2 - r^3) \, dr$$

$$= \frac{\pi}{6}.$$

例 11 试计算

$$I = \iiint_D e^{\lambda\left(\frac{x^2}{a^2} + \frac{y^2}{b^2}\right) + \mu z} \, d(x, y, z),$$

这里 D 是椭圆柱体

$$\left\{ (x, y, z) \,\middle|\, \frac{x^2}{a^2} + \frac{y^2}{b^2} \leqslant 1,\ 0 \leqslant z \leqslant c \right\}.$$

解 做广义柱坐标变换（椭圆柱坐标变换）

$$\begin{cases} x = ar\cos\theta, \\ y = br\sin\theta, \\ z = z, \end{cases}$$

我们得到

$$I = ab \int_0^{2\pi} d\theta \int_0^1 dr \int_0^c e^{\lambda r^2 + \mu z} r \, dz$$

$$= \frac{\pi}{\lambda\mu} ab (e^\lambda - 1)(e^{\mu c} - 1).$$

例 12 试计算

$$I = \iiint_D (x^2 + y^2 + z^2) d(x, y, z),$$

这里 D 是由锥面 $z = \sqrt{x^2 + y^2}$ 与球面 $x^2 + y^2 + z^2 = a^2$ 所围成的闭区域（图 13-19）。

解 做球坐标变换可得

$$I = \int_{\frac{\pi}{4}}^{\frac{\pi}{2}} d\varphi \int_0^{2\pi} d\theta \int_0^a r^4 \cos\varphi \, dr$$

$$= \frac{(2 - \sqrt{2})\pi}{5} a^5.$$

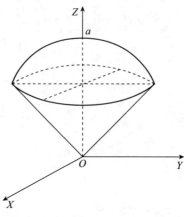

图 13-19

例 13　试计算

$$I = \iiint_{x^2+y^2+z^2=2az} (x^2 + y^2 + z^2) \mathrm{d}(x,y,z).$$

解　**方法一**　做通常的球坐标变换

$$\begin{cases} x = r\cos\theta\cos\varphi, \\ y = r\sin\theta\cos\varphi, \\ z = r\sin\varphi, \end{cases}$$

这里 $0 \leqslant \theta \leqslant 2\pi$, $0 \leqslant \varphi \leqslant \dfrac{\pi}{2}$, $0 \leqslant r \leqslant 2a\sin\varphi$. 我们得到

$$I = \int_0^{\frac{\pi}{2}} \mathrm{d}\varphi \int_0^{2\pi} \mathrm{d}\theta \int_0^{2a\sin\varphi} r^4 \cos\varphi\,\mathrm{d}r$$

$$= \frac{64}{5}\pi a^5 \int_0^{\frac{\pi}{2}} \sin^5\varphi\cos\varphi\,\mathrm{d}\varphi = \frac{32}{15}\pi a^5.$$

方法二　（参看图 13-20）

从积分区域的形状得到启发, 我们选用以 $(0,0,a)$ 为极点的球坐标变换

$$\begin{cases} x = r\cos\theta\cos\varphi, \\ y = r\sin\theta\cos\varphi, \\ z = r\sin\varphi + a. \end{cases}$$

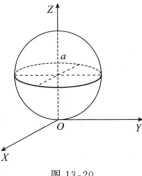

图 13-20

这样求得

$$I = \int_0^a \mathrm{d}r \int_0^{2\pi} \mathrm{d}\theta \int_{-\frac{\pi}{2}}^{\frac{\pi}{2}} (r^2 + 2ar\sin\varphi + a^2)r^2\cos\varphi\,\mathrm{d}\varphi$$

$$= 4\pi \int_0^a (r^2 + a^2)r^2\,\mathrm{d}r = \frac{32\pi}{15}a^5.$$

例 14　试计算

$$I = \iiint_D (x+y-z)(-x+y+z)(x-y+z)\,\mathrm{d}(x,y,z),$$

这里的 D 是闭区域

$$0 \leqslant x+y-z \leqslant 1,$$
$$0 \leqslant -x+y+z \leqslant 1,$$
$$0 \leqslant x-y+z \leqslant 1.$$

　解　我们做变换

$$\begin{cases} u = x+y-z, \\ v = -x+y+z, \\ w = x-y+z. \end{cases}$$

计算雅可比行列式得

$$\frac{\partial(u,v,w)}{\partial(x,y,z)} = \begin{vmatrix} 1 & 1 & -1 \\ -1 & 1 & 1 \\ 1 & -1 & 1 \end{vmatrix} = 4,$$

$$\frac{\partial(x,y,z)}{\partial(u,v,w)} = \frac{1}{4}.$$

通过变元替换计算积分得

$$I = \frac{1}{4} \int_0^1 \int_0^1 \int_0^1 uvw \, \mathrm{d}u \, \mathrm{d}v \, \mathrm{d}w = \frac{1}{32}.$$

例 15　采用另一种较简便的办法,我们再来计算 n 维球体 $B_n(a)$ 的体积

$$V_n(a) = \int_{B_n(a)} \mathrm{d}(x_1, \cdots, x_n).$$

首先,通过对低维情形的考察,可以猜测

$$V_n(a) = \alpha_n a^n,$$

这里的系数 α_n 不随球的半径 a 的改变而改变. 下面,我们归纳证明这一猜测,并求 α_n 的具体表示.

假设对于维数 $\leqslant n-1$ 的情形,上述推测已得到验证. 对于维数 $= n$ 的情形,我们可以把 $V_n(a)$ 表示为以下的累次积分

$$\int_{x^2+y^2\leqslant a^2} \mathrm{d}(x,y) \int_{B_{n-2}(\sqrt{a^2-x^2-y^2})} \mathrm{d}(x_1, \cdots, x_{n-2}).$$

利用归纳假设,我们求得

$$\begin{aligned}
V_n(a) &= \int_{x^2+y^2\leqslant a^2} V_{n-2}(\sqrt{a^2-x^2-y^2}) \mathrm{d}(x,y) \\
&= \alpha_{n-2} \int_{x^2+y^2\leqslant a^2} (a^2-x^2-y^2)^{\frac{n-2}{2}} \mathrm{d}(x,y) \\
&= \alpha_{n-2} \int_0^{2\pi} \mathrm{d}\theta \int_0^a (a^2-r^2)^{\frac{n}{2}-1} r \, \mathrm{d}r \\
&= 2\pi \alpha_{n-2} a^n \int_0^1 (1-s^2)^{\frac{n}{2}-1} s \, \mathrm{d}s \\
&= \frac{2\pi}{n} \alpha_{n-2} a^n \\
&= \alpha_n a^n,
\end{aligned}$$

这里

$$\alpha_n = \frac{2\pi}{n} \alpha_{n-2}.$$

容易求得

$$\alpha_1 = V_1(1) = 2,$$

$$\alpha_2 = V_2(1) = \pi.$$

于是得到

$$\alpha_{2k-1} = \frac{2^k \pi^{k-1}}{(2k-1)!!},$$

$$\alpha_{2k} = \frac{\pi^k}{k!},$$

$$V_{2k-1}(a) = \frac{2^k \pi^{k-1}}{(2k-1)!!} a^{2k-1},$$

$$V_{2k}(a) = \frac{\pi^k}{k!} a^{2k}.$$

最后,我们介绍 n 维球坐标变换

$$\begin{cases} x_1 = r\cos\theta_1 \cdot \cos\theta_2 \cdots \cos\theta_{n-2} \cdot \cos\theta_{n-1}, \\ x_2 = r\sin\theta_1 \cdot \cos\theta_2 \cdots \cos\theta_{n-2} \cdot \cos\theta_{n-1}, \\ x_3 = \qquad\quad r\sin\theta_2 \cdots \cos\theta_{n-2} \cdot \cos\theta_{n-1}, \\ \cdots\cdots\cdots\cdots\cdots\cdots\cdots\cdots\cdots\cdots \\ x_{n-1} = \qquad\qquad\qquad r\sin\theta_{n-2} \cdot \cos\theta_{n-1}, \\ x_n = \qquad\qquad\qquad\qquad r\sin\theta_{n-1}. \end{cases}$$

这变换把闭长方体

$$\begin{cases} 0 \leqslant r \leqslant a, \ 0 \leqslant \theta_1 \leqslant 2\pi, \\ -\frac{\pi}{2} \leqslant \theta_2, \cdots, \theta_{n-1} \leqslant \frac{\pi}{2} \end{cases} \tag{5.4}$$

变成闭球体

$$x_1^2 + \cdots + x_n^2 \leqslant a^2.$$

在闭长方体(5.4)的内部,球坐标变换是单一的.对这范围内的点,我们来计算变换的雅可比行列式

$$J_n = \frac{\partial(x_1, x_2, \cdots, x_n)}{\partial(r, \theta_1, \cdots, \theta_{n-1})}.$$

首先,请注意这样的事实:

$$\frac{\partial x_i}{\partial \theta_{n-1}} = -\frac{r\sin\theta_{n-1}}{\cos\theta_{n-1}} \frac{\partial x_i}{\partial r},$$

$$i = 1, 2, \cdots, n-1.$$

我们把 J_n 写成如下的形式:

$$\begin{vmatrix} \dfrac{\partial x_1}{\partial r} & \cdots & \dfrac{\partial x_{n-1}}{\partial r} & \sin\theta_{n-1} \\[2mm] \dfrac{\partial x_1}{\partial\theta_1} & \cdots & \dfrac{\partial x_{n-1}}{\partial\theta_1} & 0 \\[2mm] \vdots & & \vdots & \vdots \\[2mm] \dfrac{\partial x_1}{\partial\theta_{n-2}} & \cdots & \dfrac{\partial x_{n-1}}{\partial\theta_{n-2}} & 0 \\[2mm] \dfrac{\partial x_1}{\partial\theta_{n-1}} & \cdots & \dfrac{\partial x_{n-1}}{\partial\theta_{n-1}} & r\cos\theta_{n-1} \end{vmatrix}.$$

给这行列式的最后一行加上第一行的 λ 倍,这里

$$\lambda = \frac{r\sin\theta_{n-1}}{\cos\theta_{n-1}},$$

我们得到:

$$\begin{vmatrix} \dfrac{\partial x_1}{\partial r} & \cdots & \dfrac{\partial x_{n-1}}{\partial r} & \sin\theta_{n-1} \\[2mm] \dfrac{\partial x_1}{\partial\theta_1} & \cdots & \dfrac{\partial x_{n-1}}{\partial\theta_1} & 0 \\[2mm] \vdots & & \vdots & \vdots \\[2mm] \dfrac{\partial x_1}{\partial\theta_{n-2}} & \cdots & \dfrac{\partial x_{n-1}}{\partial\theta_{n-2}} & 0 \\[2mm] 0 & \cdots & 0 & \dfrac{r}{\cos\theta_{n-1}} \end{vmatrix}.$$

由此得到

$$J_n = \frac{r}{\cos\theta_{n-1}} \cdot \frac{\partial(x_1,x_2,\cdots,x_{n-1})}{\partial(r,\theta_1,\cdots,\theta_{n-2})}. \tag{5.5}$$

但我们有

$$x_1 = \tilde{x}_1\cos\theta_{n-1},\cdots,x_{n-1} = \tilde{x}_{n-1}\cos\theta_{n-1},$$

这里 $\tilde{x}_1,\cdots,\tilde{x}_{n-1}$ 是 $n-1$ 维球坐标变换的表示式

$$\begin{cases} \tilde{x}_1 = r\cos\theta_1 \cdot \cos\theta_2 \cdot \cdots \cdot \cos\theta_{n-3} \cdot \cos\theta_{n-2}, \\ \tilde{x}_2 = r\sin\theta_1 \cdot \cos\theta_2 \cdot \cdots \cdot \cos\theta_{n-3} \cdot \cos\theta_{n-2}, \\ \tilde{x}_3 = \qquad\quad r\sin\theta_2 \cdot \cdots \cdot \cos\theta_{n-3} \cdot \cos\theta_{n-2}, \\ \cdots\cdots\cdots\cdots\cdots\cdots\cdots\cdots\cdots\cdots\cdots\cdots\cdots\cdots\cdots\cdots\cdots \\ \tilde{x}_{n-2} = \qquad\qquad\qquad\qquad\quad r\sin\theta_{n-3} \cdot \cos\theta_{n-2}, \\ \tilde{x}_{n-1} = \qquad\qquad\qquad\qquad\qquad\qquad\quad r\sin\theta_{n-2}. \end{cases}$$

所以有

$$\frac{\partial(x_1, x_2, \cdots, x_{n-1})}{\partial(r, \theta_1, \cdots, \theta_{n-2})} = J_{n-1}\cos^{n-1}\theta_{n-1}. \tag{5.6}$$

由(5.5)和(5.6)就得到

$$J_n = r\cos^{n-2}\theta_{n-1} \cdot J_{n-1}. \tag{5.7}$$

我们已经知道

$$J_0 = r \tag{5.8}$$

从(5.7)和(5.8)式就可得到

$$J_n = r^{n-1}\cos^{n-2}\theta_{n-1}\cos^{n-3}\theta_{n-2}\cdots\cos\theta_2.$$

注记 还有其他表示形式的球坐标变换,例如:

$$\begin{cases} x_1 = \rho\cos\varphi_1, \\ x_2 = \rho\sin\varphi_1\cos\varphi_2, \\ x_3 = \rho\sin\varphi_1\sin\varphi_2\cos\varphi_3, \\ \cdots\cdots\cdots\cdots\cdots\cdots\cdots\cdots\cdots\cdots \\ x_{n-1} = \rho\sin\varphi_1 \cdot \cdots \cdot \sin\varphi_{n-2}\cos\varphi_{n-1}, \\ x_n = \rho\sin\varphi_1 \cdot \cdots \cdot \sin\varphi_{n-2}\sin\varphi_{n-1}. \end{cases}$$

这种形式球坐标变换的雅可比行列式为

$$\frac{\partial(x_1, x_2, \cdots, x_n)}{\partial(\rho, \varphi_1, \cdots, \varphi_{n-1})}$$
$$= \rho^{n-1}\sin^{n-2}\varphi_1\sin^{n-3}\varphi_2\cdots\sin\varphi_{n-2}.$$

对这种形式的变换,通常让 $\rho, \varphi_1, \cdots, \varphi_{n-1}$ 在如下的范围内变动:

$$\rho \geqslant 0, \ 0 \leqslant \varphi_1, \cdots, \varphi_{n-2} \leqslant \pi,$$
$$0 \leqslant \varphi_{n-1} \leqslant 2\pi.$$

例 16 把以下重积分化为单积分:

$$I = \int_{B_n(a)} f(\sqrt{x_1^2 + \cdots + x_n^2})\mathrm{d}(x_1,\cdots,x_n),$$

这里设

$$B_n(a) = \{(x_1,\cdots,x_n) \mid x_1^2 + \cdots + x_n^2 \leqslant a^2\},$$

并设(一元)函数 f 在闭区间$[0,a]$连续.

解　做球坐标变换,我们得到

$$I = \int_0^a \mathrm{d}r \int_S f(r)\,|J_n(r,\theta)|\,\mathrm{d}\theta,$$

这里 S 是满足以下条件的 $\theta = (\theta_1,\cdots,\theta_{n-1})$ 的集合:

$$0 \leqslant \theta_1 \leqslant 2\pi,$$

$$-\frac{\pi}{2} \leqslant \theta_2,\cdots,\theta_{n-1} \leqslant \frac{\pi}{2};$$

而 $J_n(r,\theta)$ 是球坐标变换的雅可比行列式:

$$J_n(r,\theta) = r^{n-1}\cos^{n-2}\theta_{n-1}\cos^{n-3}\theta_{n-2}\cdots\cos\theta_2.$$

显然有

$$J_n(r,\theta) = r^{n-1}J_n(1,\theta).$$

由此可得

$$I = \int_0^a \mathrm{d}r \int_S f(r)\,|J_n(r,\theta)|\,\mathrm{d}\theta$$

$$= \int_0^a f(r)r^{n-1}\,\mathrm{d}r \int_S |J_n(1,\theta)|\,\mathrm{d}\theta.$$

下面,我们设法计算积分

$$\int_S |J_n(1,\theta)|\,\mathrm{d}\theta.$$

用等于 1 的式子

$$n\int_0^1 r^{n-1}\,\mathrm{d}r$$

与之相乘就得到:

$$\int_S |J_n(1,\theta)|\,\mathrm{d}\theta$$

$$= n\int_0^1 r^{n-1}\,\mathrm{d}r \int_S |J_n(1,\theta)|\,\mathrm{d}\theta$$

$$= n\int_0^1 \mathrm{d}r \int_S |J_n(r,\theta)|\,\mathrm{d}\theta$$

$$= n \int_{B_n(1)} dx$$

$$= nV_n(1),$$

这里 $V_n(1)$ 是 n 维单位球体的体积. 利用这些结果, 我们得到:

$$I = \int_0^a dr \int_S f(r)\,|J_n(r,\theta)|\,d\theta$$

$$= \int_0^a f(r) r^{n-1}\,dr \int_S |J_n(1,\theta)|\,d\theta$$

$$= nV_n(1) \int_0^a f(r) r^{n-1}\,dr.$$

在例 15 中, 我们已经求得:

$$V_{2k}(1) = \frac{\pi^k}{k!}, \quad V_{2k+1}(1) = \frac{2^{k+1}\pi^k}{(2k+1)!!}.$$

最后, 我们得到

$$I = \begin{cases} \dfrac{2\pi^k}{(k-1)!} \displaystyle\int_0^a f(r) r^{2k-1}\,dr, & n = 2k; \\[4mm] \dfrac{2^{k+1}\pi^k}{(2k-1)!!} \displaystyle\int_0^a f(r) r^{2k}\,dr, & n = 2k+1. \end{cases}$$

§6　重积分变元替换定理的证明

在上一节中, 我们已经陈述了重积分变元替换的基本定理:

定理　设 Ω 是 $\mathbb{R}^m$ 中的一个开集,

$$\varphi: \Omega \to \mathbb{R}^m$$

是一个连续可微映射, $E \subset \Omega$ 是一个闭若当可测集. 如果

(1) $\det D\varphi(t) \neq 0, \forall t \in \mathrm{int}E$;

(2) φ 在 $\mathrm{int}E$ 中是单一的,

那么 $\varphi(E)$ 也是一个闭若当可测集, 并且对于任何在 $\varphi(E)$ 上连续的函数 $f(x)$ 都有

$$\int_{\varphi(E)} f(x)\,dx = \int_E f(\varphi(t))\,|\det D\varphi(t)|\,dt. \tag{6.1}$$

本节就来证明这一基本定理. 为了叙述方便, 我们把证明过程

分成小段,先陈述并证明若干引理,最后完成定理的证明.

6. a   若当可测集的变换

对于 $x = (x^1, \cdots, x^m) \in \mathbb{R}^m$ 和 $y = (y^1, \cdots, y^m) \in \mathbb{R}^m$,我们约定记

$$\rho(x, y) = |x - y| = \max_{1 \leqslant i \leqslant m} |x^i - y^i|.$$

在涉及若当可测性的讨论中,采用这种距离往往比用欧氏距离更为方便. ——因为按照这种距离定义的邻域是便于计算体积的开正方块:

$$U_\rho(a, \eta) = \{x \in \mathbb{R}^m \mid \rho(x, a) < \eta\}$$
$$= (a^1 - \eta, a^1 + \eta) \times \cdots \times (a^m - \eta, a^m + \eta).$$

对于 $x \in \mathbb{R}^m$, $\varnothing \neq S \subset \mathbb{R}^m$,我们又定义

$$\rho(x, S) = \inf_{z \in S} \rho(x, z).$$

对任意 $x, y \in \mathbb{R}^m$, $z \in S$,我们有

$$\rho(x, z) \leqslant \rho(x, y) + \rho(y, z).$$

由此可得

$$\rho(x, S) \leqslant \rho(x, y) + \rho(y, S).$$

由此又可得到

$$|\rho(x, S) - \rho(y, S)| \leqslant \rho(x, y).$$

由此, $\rho(x, S)$ 作为 $x \in \mathbb{R}^m$ 的函数是连续的. 如果 F 是 $\mathbb{R}^m$ 中的一个闭集, $x \notin F$,那么存在 $\delta > 0$,使得

$$U_\rho(x, \delta) \bigcap F = \varnothing,$$

因而

$$\rho(x, F) \geqslant \delta > 0.$$

对于任何一个集合 $S \subset \mathbb{R}^m$ 和 $\eta > 0$,我们约定记

$$S_\eta = \{x \in \mathbb{R}^m \mid \rho(x, S) \leqslant \eta\}.$$

显然 S_η 是包含 S 的一个闭集. 另外,如果 S 是一个有界集,那么 S_η 是包含 S 的一个有界闭集.

引理 1   设 Ω 是 $\mathbb{R}^m$ 中的一个开集,

$$\varphi : \Omega \to \mathbb{R}^m$$

是一个连续可微映射. 则对任何紧致集

$$K \subset \Omega,$$

存在实数 $\lambda = \lambda(K) > 0$，使得

$$|\varphi(x) - \varphi(y)| \leqslant \lambda |x - y|, \quad \forall x, y \in K.$$

证明　我们记 $F = \mathbb{R}^m \backslash \Omega$. 变元 x 的连续函数 $\rho(x, F)$ 在紧致集 K 的某一点 a 达到它在 K 上的最小值

$$\zeta = \inf_{x \in K} \rho(x, F).$$

因为 F 是闭集，$a \notin F$，所以

$$\zeta = \rho(a, F) > 0.$$

记 $\eta = \dfrac{1}{2}\zeta > 0$. 显然

$$K_\eta = \{y \in \mathbb{R}^m \mid \rho(y, K) \leqslant \eta\}$$

是一个紧致集，并且有

$$K \subset K_\eta \subset \Omega.$$

我们记

$$L = \sup_{\xi \in K_\eta} |\mathrm{D}\varphi(\xi)|,$$

$$M = \sup_{\xi \in K} |\varphi(\xi)|,$$

$$\lambda = \max\left\{L, \frac{2M}{\eta}\right\}.$$

如果 $x, y \in K$ 使得

$$|x - y| < \eta,$$

那么联结 x 与 y 的闭线段包含在 K_η 之中：

$$[x, y] \subset K_\eta,$$

因而有

$$|\varphi(x) - \varphi(y)|$$
$$\leqslant \left(\sup_{\xi \in [x, y]} |\mathrm{D}\varphi(\xi)|\right) \cdot |x - y|$$
$$\leqslant L |x - y| \leqslant \lambda |x - y|.$$

如果 $x, y \in K$ 使得

$$|x - y| \geqslant \eta,$$

那么也有

$$|\varphi(x) - \varphi(y)| \leqslant 2M \leqslant \lambda\eta$$
$$\leqslant \lambda|x - y|. \quad \square$$

引理 2 设 Ω 是 $\mathbb{R}^m$ 中的开集,

$$\varphi : \Omega \to \mathbb{R}^m,$$

是一个连续可微映射. 如果 Λ 是 $\mathbb{R}^m$ 中的一个零集, 它的闭包

$$\mathrm{Cl}\Lambda \subset \Omega,$$

那么 $\varphi(\Lambda)$ 也是一个零集.

证明 因为 $F = \mathbb{R}^m \setminus \Omega$ 是一个闭集, $\rho(x, F)$ 是变元 x 的连续函数, $\mathrm{Cl}\Lambda$ 是一个紧致集, 所以存在 $a \in \mathrm{Cl}\Lambda$, 使得

$$\rho(a, F) = \inf_{x \in \mathrm{Cl}\Lambda} \rho(x, F) = \zeta > 0.$$

记 $\eta = \dfrac{1}{3}\zeta$, 并记

$$K = \Lambda_\eta.$$

显然 K 是一个紧致集. 根据引理 1, 存在常数 $\lambda > 0$. 使得

$$|\varphi(x) - \varphi(y)| \leqslant \lambda|x - y|, \quad \forall x, y \in K. \qquad (6.2)$$

对于任意给定的 $\varepsilon > 0$, 我们取

$$\varepsilon' = \min\left\{\frac{\varepsilon}{\lambda^m}, \eta^m\right\}.$$

因为 Λ 是零集, 所以存在开正方块

$$G_1, \cdots, G_r,$$

使得

$$\Lambda \subset \bigcup_{j=1}^{r} G_j, \quad \sum_{j=1}^{r} \mathrm{Vol}(G_j) < \varepsilon'.$$

不妨设所有这些 G_j 都与 Λ 相交 (否则可以去掉一些多余的 G_j), 因为

$$l(G_j) < \eta,$$

所以

$$G_j \subset K = \Lambda_\eta.$$

由 (6.2) 式可知, 每个 $\varphi(G_j)$ 都包含在某个开正方块 H_j 之中, 这开正方块满足条件

$$\mathrm{Vol}(H_j) \leqslant \lambda^m \mathrm{Vol}(G_j).$$

于是,开正方块 $H_1,\cdots,H_r$ 满足条件

$$\varphi(\Lambda)\subset\bigcup_{j=1}^{r}\varphi(G_j)\subset\bigcup_{j=1}^{r}H_j,$$

$$\sum_{j=1}^{r}\mathrm{Vol}(H_j)\leqslant\lambda^m\sum_{j=1}^{r}\mathrm{Vol}(G_j)<\varepsilon.$$

这证明了 $\varphi(\Lambda)$ 是一个零集. $\square$

设 $\varphi:\Omega\to\mathbb{R}^m$ 是连续可微映射,$E\subset\Omega$ 是若当可测集. 如果想要考察集合 $\varphi(E)$ 的若当可测性,就需要了解 $\mathrm{Bd}\,\varphi(E)$ 是否零集. 请不要误以为

$$\mathrm{Bd}\,\varphi(E)=\varphi(\mathrm{Bd}\,E).$$

以下的反例说明了该等式一般并不成立.

例 考察 $\mathbb{R}^2$ 中的点集

$$E=\{(x,y)\mid x^2+y^2\leqslant 1,\ y\geqslant 0\}$$

和连续可微映射

$$\varphi:\mathbb{R}^2\to\mathbb{R}^2,$$
$$(x,y)\mapsto(x^2-y^2,2xy)$$

(这是复映射 $w=z^2$ 所对应的实映射). 显然 φ 在 E 的内部是单一的,并且

$$\det\mathrm{D}\varphi(x,y)=\begin{vmatrix}2x & -2y\\ 2y & 2x\end{vmatrix}$$
$$=4(x^2+y^2)>0,\quad\forall\,(x,y)\in\mathrm{int}E.$$

但即使在这样的条件下,仍不能保证

$$\mathrm{Bd}\,\varphi(E)=\varphi(\mathrm{Bd}\,E).$$

实际上,E 的一部分边界点经 φ 映射之后变成了 $\varphi(E)$ 的内点,所以对本例的情形有

$$\mathrm{Bd}\,\varphi(E)\neq\varphi(\mathrm{Bd}\,E).$$

引理 3 设 Ω 是 $\mathbb{R}^m$ 中的一个开集,

$$\varphi:\Omega\to\mathbb{R}^m$$

是一个映射,$E\subset\Omega$ 是一个有界闭集.

(1) 如果 φ 是连续映射,那么 $\varphi(E)$ 也是一个有界闭集;

(2) 如果 φ 是连续可微映射,并且满足这样的条件

$$\det D\varphi(x) \neq 0, \quad \forall x \in \text{int}E,$$

那么

$$\text{Bd}\,\varphi(E) \subset \varphi(\text{Bd}E).$$

证明 （1）我们指出 $\varphi(E)$ 是一个列紧集,因而也就是有界闭集.设 $\{v_n\}$ 是 $\varphi(E)$ 中的任意一个点列.因为 $v_n \in \varphi(E)$,所以存在 $u_n \in E$,使得 $\varphi(u_n) = v_n$,$n = 1,2,\cdots$.因为 E 是有界闭集,也就是列紧集,所以从 $\{u_n\}$ 中可以抽出一个子序列 $\{u_{n_k}\}$,这子序列收敛于 E 中的某点 x:

$$\lim u_{n_k} = x \in E.$$

于是有

$$v_{n_k} = \varphi(u_{n_k}) \to \varphi(x) \in \varphi(E).$$

我们证明了 $\varphi(E)$ 是列紧集——有界闭集.

（2）因为 $\varphi(E)$ 是有界闭集,所以

$$\text{Bd}\,\varphi(E) \subset \varphi(E).$$

对任何 $y \in \text{Bd}\,\varphi(E) \subset \varphi(E)$,存在 $x \in E$,使得 $\varphi(x) = y$.我们指出:$x \notin \text{int}E$,否则由逆映射定理就得出 $y = \varphi(x) \in \text{int}\,\varphi(E)$,与所设矛盾.于是,只能有

$$x \in \text{Bd}E, \quad y \in \varphi(\text{Bd}E).$$

这样,我们证明了

$$\text{Bd}\,\varphi(E) \subset \varphi(\text{Bd}E). \quad \square$$

推论 设 Ω 是 $\mathbb{R}^m$ 中的一个开集,

$$\varphi:\Omega \to \mathbb{R}^m$$

是一个连续可微映射,$E \subset \Omega$ 是一个闭若当可测集.如果

$$\det D\varphi(x) \neq 0, \quad \forall x \in \text{int}E,$$

那么 $\varphi(E)$ 也是一个闭若当可测集.

6.b 简单图形逼近

如果 $\mathbb{R}^m$ 的子集 S 可以表示为有限个两两无公共内点的闭方块的并集,那么我们就说 S 是一个简单图形.任何简单图形当然都是闭若当可测集.

引理 4 设 Ω 是 $\mathbb{R}^m$ 中的一个开集,

$$\varphi : \Omega \to \mathbb{R}^m$$

是一个连续可微映射, $E \subset \Omega$ 是一个闭若当可测集. 如果

$$\det \mathrm{D}\varphi(t) \neq 0, \quad \forall t \in \mathrm{int}E,$$

那么对任何 $\varepsilon > 0$, 存在简单图形

$$S = S_\varepsilon \subset \mathrm{int}E,$$

使得

$$v(E \backslash S) < \varepsilon,$$

$$v(\varphi(E) \backslash \varphi(S)) < \varepsilon.$$

证明　记 $F = \mathbb{R}^m \backslash \Omega$. 变元 t 的连续函数 $\rho(t, F)$ 在紧致集 E 的某点 τ 达到最小值

$$\zeta = \inf_{t \in E} \rho(t, F).$$

因为 F 是闭集, $\tau \notin F$, 所以

$$\zeta = \rho(\tau, F) > 0.$$

我们记

$$\eta = \frac{1}{3}\zeta.$$

根据引理 1, 对于紧致集

$$K = E_\eta \subset \Omega,$$

存在常数 $\lambda > 0$, 使得

$$|\varphi(s) - \varphi(t)| \leqslant \lambda \, |s - t|, \quad \forall s, t \in K. \tag{6.3}$$

对于任意的 $\varepsilon > 0$, 我们取

$$\varepsilon' = \min \left\{ \varepsilon, \frac{\varepsilon}{\lambda^m}, \eta^m \right\}.$$

因为 $\mathrm{Bd}E$ 是零集, 所以存在开正方块

$$G_1, \cdots, G_r,$$

使得

$$\mathrm{Bd}E \subset \bigcup_{k=1}^r G_k, \quad \sum_{k=1}^r \mathrm{Vol}(G_k) < \varepsilon' < \varepsilon.$$

可以认为所有这些 G_k 都与 E 相交. 因为

$$l(G_k) < \eta,$$

所以

$$G_k \subset E_\eta = K.$$

由(6.3)式可知,每一 $\varphi(G_k)$ 都包含在一个开正方块 H_k 之中,这开正方块满足条件

$$\mathrm{Vol}(H_k) \leqslant \lambda^m \mathrm{Vol}(G_k).$$

于是,开正方块 $H_1, \cdots, H_r$ 满足条件

$$\sum_{k=1}^r \mathrm{Vol}(H_k) \leqslant \lambda^m \sum_{k=1}^r \mathrm{Vol}(G_k)$$

$$< \lambda^m \varepsilon' < \varepsilon.$$

任取一个闭方块 $Q \supset E$. 作 Q 的分割 P,使得各 $G_k (k=1, \cdots, r)$ 的边界在 Q 中的部分都被 P 的分界所覆盖. 设 Q 被分成了闭子方块 $\{Q_J\}$. 我们记

$$S = S_\varepsilon = \bigcup_{Q_J \subset \mathrm{int}E} Q_J.$$

显然 S 是简单图形,并且

$$E \backslash S \subset \bigcup_{Q_J \cap \mathrm{Bd}E \neq \varnothing} Q_J \subset \bigcup_{k=1}^r \overline{G}_k,$$

$$\varphi(E) \backslash \varphi(S) \subset \varphi(E \backslash S)$$

$$\subset \varphi\left(\bigcup_{k=1}^r \overline{G}_k \right)$$

$$\subset \bigcup_{k=1}^r \overline{H}_k.$$

因而有

$$v(E \backslash S) \leqslant \sum_{k=1}^r \mathrm{Vol}(\overline{G}_k) < \varepsilon,$$

$$v(\varphi(E) \backslash \varphi(S)) \leqslant \sum_{k=1}^r \mathrm{Vol}(\overline{H}_k)$$

$$< \varepsilon. \quad \square$$

下面的引理说明,要证明重积分的变元替换公式,只需考虑积分区域最简单的情形.

引理 5　设 Ω 是 $\mathbb{R}^m$ 中的一个开集,$E \subset \Omega$ 是一个闭若当可测集,而

$$\varphi: \Omega \to \mathbb{R}^m$$

是一个连续可微映射,满足这样的条件:

(1) $\det D\varphi(t) \neq 0, \forall t \in \text{int}E$;

(2) φ 在 $\text{int}E$ 内是单一的.

如果函数 f 在集合 $\varphi(E)$ 上是连续的,并且对任意闭方块

$$\Pi \subset \text{int}E$$

都有

$$\int_{\varphi(\Pi)} f(x)\,\mathrm{d}x = \int_{\Pi} f(\varphi(t)) |\det D\varphi(t)|\,\mathrm{d}t,$$

那么就有

$$\int_{\varphi(E)} f(x)\,\mathrm{d}x = \int_{E} f(\varphi(t)) |\det D\varphi(t)|\,\mathrm{d}t.$$

证明 根据引理 4,对任何 $\varepsilon > 0$,存在简单图形

$$S_\varepsilon \subset \text{int}E,$$

使得

$$v(E \backslash S_\varepsilon) < \varepsilon,$$
$$v(\varphi(E) \backslash \varphi(S_\varepsilon)) < \varepsilon.$$

对于简单图形 S_ε,应该有

$$\int_{\varphi(S_\varepsilon)} f(x)\,\mathrm{d}x = \int_{S_\varepsilon} f(\varphi(t)) |\det D\varphi(t)|\,\mathrm{d}t. \qquad (6.4)$$

而我们又有

$$\left| \int_{\varphi(E)} f(x)\,\mathrm{d}x - \int_{\varphi(S_\varepsilon)} f(x)\,\mathrm{d}x \right|$$

$$= \left| \int_{\varphi(E) \backslash \varphi(S_\varepsilon)} f(x)\,\mathrm{d}x \right|$$

$$\leqslant Bv(\varphi(E) \backslash \varphi(S_\varepsilon))$$

$$< B\varepsilon$$

$$(B = \sup_{x \in \varphi(E)} |f(x)|),$$

$$\left| \int_{E} f(\varphi(t)) |\det D\varphi(t)|\,\mathrm{d}t \right.$$

$$\left. - \int_{S_\varepsilon} f(\varphi(t)) |\det D\varphi(t)|\,\mathrm{d}t \right|$$

$$= \left| \int_{E \backslash S_\varepsilon} f(\varphi(t)) |\det D\varphi(t)|\,\mathrm{d}t \right|$$

$$\leqslant Cv(E\backslash S_\varepsilon)$$
$$< C\varepsilon$$
$$(C = \sup_{t\in E}|f(\varphi(t))\det D\varphi(t)|).$$

在(6.4)式中让 $\varepsilon \to 0$ 取极限,就得到

$$\int_{\varphi(E)} f(x)\mathrm{d}x = \int_E f(\varphi(t))|\det D\varphi(t)|\mathrm{d}t. \quad \square$$

6.c 简单变换情形

设 $\varphi^h(t^1,\cdots,t^m)$ 是一个连续可微函数,我们把如下形状的变换叫作简单变换:

$$\begin{cases} x^i = t^i\,(i \neq h),\\ x^h = \varphi^h(t^1,\cdots,t^m). \end{cases}$$

换句话说,简单变换是这样一种连续可微映射

$$\varphi:\Omega \to \mathbb{R}^m,$$

它(至多)只改变 $t = (t^1,\cdots,t^m)\in\Omega$ 的一个坐标.

我们先对简单变换情形证明重积分的变元替换公式.

引理 6 设 Ω 是 $\mathbb{R}^m$ 中的一个开集, $E \subset \Omega$ 是一个闭若当可测集,而

$$\varphi:\Omega \to \mathbb{R}^m$$

是一个简单变换,满足这样的条件:

(1) $\det D\varphi(t)\neq 0$, $\forall t\in\mathrm{int}E$;

(2) φ 在 $\mathrm{int}E$ 内是单一的.

如果函数 f 在集合 $\varphi(E)$ 上连续,那么

$$\int_{\varphi(E)} f(x)\mathrm{d}x = \int_E f(\varphi(t))|\det D\varphi(t)|\mathrm{d}t.$$

证明 必要时给变元重新编号,可设变换 $x = \varphi(t)$ 具有这样的形式

$$\begin{cases} x^i = t^i\,(i = 1,\cdots,m-1),\\ x^m = \psi(t^1,\cdots,t^m). \end{cases}$$

根据引理5,只须对任意闭方块

$$\Pi \subset \mathrm{int}E$$

证明公式

$$\int_{\varphi(\Pi)} f(x)\,\mathrm{d}x = \int_{\Pi} f(\varphi(t)) |\det D\varphi(t)|\,\mathrm{d}t.$$

不妨设在 Π 上有

$$\det D\varphi(t) = \frac{\partial \psi}{\partial t^m}(t) > 0$$

(另一种情形可类似地讨论). 把 Π 写成:

$$\Pi = \Pi' \times \Pi'' \subset \mathbb{R}^{m-1} \times \mathbb{R},$$

这里

$$\Pi' = [\alpha^1, \beta^1] \times \cdots \times [\alpha^{m-1}, \beta^{m-1}],$$
$$\Pi'' = [\alpha, \beta].$$

我们有

$$\varphi(\Pi) = \left\{ (x', x^m) \,\middle|\, \begin{array}{l} x' \in \Pi', \\ \psi(x', \alpha) \leqslant x^m \leqslant \psi(x', \beta) \end{array} \right\},$$

因而

$$\begin{aligned}
\int_{\varphi(\Pi)} f(x)\,\mathrm{d}x &= \int_{\Pi'} \mathrm{d}x' \int_{\psi(x',\alpha)}^{\psi(x',\beta)} f(x', x^m)\,\mathrm{d}x^m \\
&= \int_{\Pi'} \mathrm{d}x' \int_{\alpha}^{\beta} f(x', \psi(x', t^m)) \frac{\partial \psi(x', t^m)}{\partial t^m}\,\mathrm{d}t^m \\
&= \int_{\Pi'} \mathrm{d}t' \int_{\alpha}^{\beta} f(t', \psi(t', t^m)) \frac{\partial \psi(t', t^m)}{\partial t^m}\,\mathrm{d}t^m \\
&= \int_{\Pi} f(\varphi(t)) |\det D\varphi(t)|\,\mathrm{d}t. \qquad \square
\end{aligned}$$

6. d 一般情形

引理 7 设 Ω 是 $\mathbb{R}^m$ 中的一个开集,

$$\varphi : \Omega \to \mathbb{R}^m$$

是一个连续可微映射, $\tau \in \Omega$. 如果

$$\det D\varphi(\tau) \neq 0,$$

那么存在 $\delta > 0$, 使得重积分的变元替换公式对于包含在 $U_\rho(\tau, \delta)$ 之中的任何闭若当可测集成立. 这就是说, 对任何闭若当可测集 $E \subset U_\rho(\tau, \delta)$ 和任何在 $\varphi(E)$ 上连续的函数 f 都有

$$\int_{\varphi(E)} f(x)\mathrm{d}x = \int_E f(\varphi(t))\,|\det \mathrm{D}\varphi(t)|\,\mathrm{d}t. \qquad (6.5)$$

证明   因为

$$\det \mathrm{D}\varphi(\tau) = \frac{\partial(\varphi^1,\cdots,\varphi^m)}{\partial(t^1,\cdots,t^m)}(\tau) \neq 0,$$

所以这行列式的前 $m-1$ 行至少含有一个不等于 0 的 $m-1$ 阶子式.
我们可以给变元 $t^1,\cdots,t^m$ 重新编号,使得 $\det \mathrm{D}\varphi(\tau)$ 的 $m-1$ 阶主
子式

$$\frac{\partial(\varphi^1,\cdots,\varphi^{m-1})}{\partial(t^1,\cdots,t^{m-1})}(\tau) \neq 0.$$

仿此,用归纳法就能证明:适当地给变元 $t^1,\cdots,t^m$ 编号,可以使得
$\det \mathrm{D}\varphi(\tau)$ 的各阶顺序主子式都不等于 0. 在下面的讨论中,假定变
元 $t^1,\cdots,t^m$ 已经按照这样的要求排列妥当.

我们定义 m 个变换

$$\theta_k : \begin{cases} x^i = \varphi^i(t^1,\cdots,t^m), & i \leqslant k, \\ x^j = t^j, & j > k, \end{cases}$$
$$k = 1,\cdots,m.$$

容易看出:$\det \mathrm{D}\theta_k(\tau)$ 与 $\det \mathrm{D}\varphi(\tau)$ 的第 k 个顺序主子式相等,因而

$$\det \mathrm{D}\theta_k(\tau) \neq 0, \quad k = 1,\cdots,m.$$

我们可以取 $\delta > 0$ 充分小,使得这 m 个变换 $\theta_1,\cdots,\theta_m$ 在开集
$U_\rho(\tau,\delta)$ 之上都是微分同胚(这里用到了逆映射定理). 再令

$$\psi_1 = \theta_1, \quad \psi_k = \theta_k \circ \theta_{k-1}^{-1}, \quad k = 2,\cdots,m.$$

又容易看出:$\psi_1 = \theta_1$ 是定义于 $U_\rho(\tau,\delta)$ 之上的简单变换,$\psi_k = \theta_k \circ \theta_{k-1}^{-1}$ 是
定义于 $\theta_{k-1}(U_\rho(\tau,\delta))$ 之上的简单变换,并且在 $U_\rho(\tau,\delta)$ 之上有

$$\varphi = \psi_m \circ \psi_{m-1} \circ \cdots \circ \psi_1,$$

请参看图 13-21.

我们已将 φ 局部地分解为简单变换的复合. 在此基础上,逐次
运用引理 6 就能得到所要证明的结果:

$$\int_{\varphi(E)} f(x)\mathrm{d}x = \int_{\psi_m \circ \psi_{m-1} \circ \cdots \circ \psi_1(E)} f(x)\mathrm{d}x$$
$$= \int_{\psi_{m-1} \circ \cdots \circ \psi_1(E)} f(\psi_m(u))\,|\det \mathrm{D}\psi_m(u)|\,\mathrm{d}u$$

$$= \cdots = \int_E f(\varphi(t))\,|\det \mathrm{D}\varphi(t)|\,\mathrm{d}t. \quad \square$$

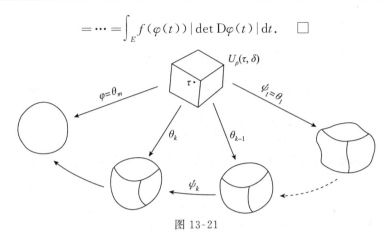

图 13-21

我们最后来完成重积分变元替换定理的证明.

定理　设 Ω 是 $\mathbb{R}^m$ 中的一个开集,

$$\varphi : \Omega \to \mathbb{R}^m$$

是一个连续可微映射, $E \subset \Omega$ 是一个闭若当可测集. 如果

(1) $\det \mathrm{D}\varphi(t) \neq 0,\ \forall t \in \mathrm{int}E$;

(2) φ 在 $\mathrm{int}E$ 中是单一的,

那么 $\varphi(E)$ 也是一个闭若当可测集,并且对于任何在 $\varphi(E)$ 上连续的函数 $f(x)$ 都有

$$\int_{\varphi(E)} f(x)\,\mathrm{d}x = \int_E f(\varphi(t))\,|\det \mathrm{D}\varphi(t)|\,\mathrm{d}t.$$

证明　根据引理 5,只须对任意的闭方块 $\Pi \subset \mathrm{int}E$ 证明以下的变元替换公式,

$$\int_{\varphi(\Pi)} f(x)\,\mathrm{d}x = \int_\Pi f(\varphi(t))\,|\det \mathrm{D}\varphi(t)|\,\mathrm{d}t.$$

为此目的,我们来考察

$$\Delta(\Pi) = \left| \int_{\varphi(\Pi)} f(x)\,\mathrm{d}x - \int_\Pi f(\varphi(t))\,|\det \mathrm{D}\varphi(t)|\,\mathrm{d}t \right|.$$

对于任意一个 $\tau \in E$,存在一个相应的 $\delta = \delta(\tau) > 0$,使得 $U_\rho(\tau, \delta)$ 满足引理 7 的要求. 开集族

$$\left\{ U_\rho\left(\tau, \frac{\delta(\tau)}{2}\right) \,\middle|\, \tau \in E \right\}$$

覆盖了有界闭集 E. 于是存在这开集族中的有限个开集

$$U_\rho\left(\tau_1, \frac{\delta_1}{2}\right), \cdots, U_\rho\left(\tau_q, \frac{\delta_q}{2}\right)$$

$(\delta_1 = \delta(\tau_1), \cdots, \delta_q = \delta(\tau_q))$,使得 $E \subset \bigcup_{h=1}^{q} U_\rho\left(\tau_h, \frac{\delta_h}{2}\right)$. 我们记

$$\eta = \min\left\{\frac{\delta_1}{2}, \cdots, \frac{\delta_q}{2}\right\}.$$

设闭方块 $\Pi \subset \text{int}E$. 我们可以把 Π 分割成两两无公共内点的闭子方块,

$$\Pi_1, \cdots, \Pi_r,$$

使得各闭子方块的棱长都小于 η:

$$l(\Pi_k) < \eta, \quad k = 1, \cdots, r.$$

每一个 $\Pi_k (k=1, \cdots, r)$ 必定与某个 $U_\rho(\tau_h, \delta_h/2)$ 相交. 因为 $l(\Pi_k) < \eta \leqslant \delta_h/2$,所以 Π_k 完全包含在 $U_\rho(\tau_h, \delta_h)$ 之中. 于是我们得到

$$\Delta(\Pi_k) = 0, \quad k = 1, \cdots, r.$$

闭方块 Π 是两两无公共内点的闭子方块 $\Pi_1, \cdots, \Pi_r$ 的并集. 根据 $\Delta(\Pi)$ 的定义并利用积分的可加性,容易证明

$$0 \leqslant \Delta(\Pi) \leqslant \Delta(\Pi_1) + \cdots + \Delta(\Pi_r).$$

由此得出结论

$$\Delta(\Pi) = 0.$$

我们最后完成了定理的证明.   □

重排本说明

  《数学分析新讲》这套书自 1990 年出版以来,深受广大读者欢迎,迄今为止每一册都已印刷 20 余次,三册累计印刷 206 000 册.由于本书最早是铅排版,虽然后来曾重录过一次,但仍存在各种各样的问题.为了延续经典,北京大学出版社决定按新式流行开本,采用新的排版印刷技术,对本书进行重排出版.

  在重排过程中,我们重绘了全部图形,使其更加美观;对所有的数学公式进行了重排校订;对一些明显的手误或录入的错误进行了修改.但在内容主体上,完全尊重原著,重排本与原版是一样的.中国海洋大学数学科学学院赵元章老师对本套重排本做了全面的审校,我们对他的辛勤工作表示由衷的感谢.

  本套书作者张筑生教授于 2002 年 2 月 6 日不幸逝世.我们谨以这套书的重排出版作为对他的深切怀念.

北京大学出版社

作者家属

2021 年 8 月